Andreas Buhr
Vertriebsführung

Herzlich
für
Meshu.
Dein (Dr)
Andreas Buhr
org

ANDREAS BUHR

VERTRIEBSFÜHRUNG

Aufbau, Führung und Entwicklung einer professionellen Vertriebsorganisation

Externe Links wurden bis zum Zeitpunkt der Drucklegung des Buches geprüft.
Auf etwaige Änderungen zu einem späteren Zeitpunkt hat der Verlag keinen Einfluss.
Eine Haftung des Verlags ist daher ausgeschlossen.

VertriebsIntelligenz® und Kunde 3.0® sind eingetragene Marken.
Vorsorglich wird darauf hingewiesen, dass verwendete Bezeichnungen und Titel,
die einem marken- oder urheberrechtlichen Schutz unterliegen, hier nur zu
informatorischen Zwecken genannt werden.

Vollständig überarbeitete Neuausgabe des 2014 bei inside partner Verlag und
Agentur erschienenen Buches »Führung im Vertrieb – 7 Schritte zur einfachen
Vertriebsführung« (ISBN 978-3-9812749-4-3).

Bibliografische Information der Deutschen Nationalbibliothek

Die Deutsche Nationalbibliothek verzeichnet diese Publikation
in der Deutschen Nationalbibliografie; detaillierte bibliografische
Informationen sind im Internet über http://dnb.d-nb.de abrufbar.

ISBN 978-3-86936-791-0

Redaktionelle Unterstützung und Recherche: text-ur agentur Dr. Gierke, Köln |
www.text-ur.de
Umschlaggestaltung: Martin Zech Design, Bremen | www.martinzech.de
Umschlagmotiv: Omelapics / Freepik
Autorenfotos: Philipp Reichwein (S. 326); Dominik Pietsch (Umschlagrückseite)
Satz und Layout: Das Herstellungsbüro, Hamburg |
www.buch-herstellungsbuero.de
Druck und Bindung: Salzland Druck, Staßfurt

Printed in Germany

www.gabal-verlag.de
www.twitter.com/gabalbuecher
www.facebook.com/Gabalbuecher

Inhaltsverzeichnis

Geleitwort

Ich hatte die Entscheidung, noch einmal nach Nepal auf das Dach der Welt zu reisen, schon in 2010 getroffen – damals in Gulmarg mit Blick auf den Nanga Parbat. Berge haben etwas Magisches für mich. Sie strahlen Souveränität, Klarheit, Orientierung und Stärke aus. Sie haben etwas Endgültiges. Zusammen mit meinem Freund und Kollegen Steve Kroeger habe ich mich schließlich 2014 einer Expedition zum Basecamp des Mt. Everest angeschlossen. Die Erfahrungen, die wir während dieser Expedition machen durften, werde ich noch in vielen Vorträgen und Veranstaltungen weitergeben können. Was mich besonders beeindruckt hat, war die vorbehaltlose Hilfsbereitschaft der Bevölkerung dort. Dieser Respekt, mit dem die Nepalesen anderen Menschen begegnen. Meinen Begleitern, Lakhpa Rita Sherpa und Tensing, habe ich viel zu verdanken, der ganzen Gruppe der »Climbers« und auch der fantastischen Bergwelt. Es gibt dort Orte, die so paradiesisch sind, dass sie für die Schöpfung der Welt als Vorlage gedient haben könnten.

Der Leitgedanke für dieses Buch entstammt einem Interview, das ich mit dem Bergführer Michael Horst im Basecamp des Everest geführt habe. Und ich gebe zu, eine solche Aussage zum Thema Führung hatte ich noch nicht gehört. Sie hat mich inspiriert, meine besten Erfahrungen zu diesem Thema in diesem Buch zusammenzutragen:

»Das Wichtigste in der Führung ist für mich, bei Menschen die Erlaubnis zu entwickeln, mir vertrauen zu können.«
MICHAEL HORST

Dieses Buch soll diejenigen inspirieren und unterstützen, die in der Führung von Verkäufern täglich gefordert sind. Die – wie beim Bergsteigen – den Gipfel, also das Ziel, im Blick haben und dennoch auf den jeweiligen nächsten Schritt achten, die nächste Entscheidung treffen, das nächste Gespräch im Fokus haben. Beides ist wichtig, wenn es um Vertriebsführung geht – gerade jetzt, gut drei Jahre nach meinem Besuch Nepals und in einer Zeit, in der sich für Verkäufer und für Führungskräfte nahezu alles verändert. In der die Digitalisierung und digitale Transformation für uns alle eine große Herausforderung ist. Gehen wir gemeinsam voran!

Ihr Andreas Buhr

Vorwort

Dieses Buch richtet sich an Sie, liebe Leserin, lieber Leser, wenn es Ihre Aufgabe ist oder in Kürze sein wird, ein Vertriebsteam auf- oder auszubauen, eine Vertriebsstruktur zu entwickeln oder Mitarbeiter im Vertrieb zu führen und erfolgreich zu machen.

Wie Sie am meisten von diesem Buch profitieren

Dieses Buch ist ein Standardwerk, geschrieben von einem, der unternehmerisch seit mehr als dreißig Jahren aktiv ist, eine große Vertriebsorganisation mit aufgebaut und Vertriebsteams entwickelt sowie Unternehmen zu Umsatz- und Gewinnrekorden geführt hat. Von einem Unternehmer, der selbst von unten kommt, der viele Erfahrungen gemacht und durchlebt hat. Von einem Praktiker, der jeden Tag – inzwischen als Gründer und CEO eines eigenen Trainingsunternehmens – an der »Vertriebsfront« ist und daher ständig hinterfragt, was sich in der Vertriebsführung aktuell ändert, wie die digitale Transformation sich auswirkt, welche neuen Tools und Systeme genutzt werden, welche indes Unsinn sind und vor allem, was sich aktuell bewährt, was bleibt und was Bestand hat.

Das Buch fokussiert auf die Grundlagen, Aktuelles dazu gibt es digital

In 2014 ist mit »Führung im Vertrieb. 7 Schritte zur erfolgreichen Vertriebsführung« der Vorgänger des vorliegenden Buches erschienen. Die erste und zweite Auflage waren in kurzer Zeit vergriffen, sodass wir den Verkauf von »Führung im

Der Vorgängerband »Führung im Vertrieb«

Vertrieb« einfach hätten weiterlaufen lassen können. Doch haben die damals schon beschriebenen technologischen und soziopolitischen Entwicklungen in den vergangenen drei Jahren so rasant an Dynamik und Wichtigkeit gewonnen, dass ich diese Version des Buches vom Markt genommen habe. Die gänzlich überarbeitete und aktualisierte Fassung haben Sie mit diesem Buch vor sich und ich freue mich, dass »Vertriebsführung« im September 2017 auch auf dem US-Markt in Englisch unter dem Titel »Sales Leadership. Building, Managing & Developing a Professional Sales Organization« erscheinen wird.

Vertrieb ist in erster Linie ein Geschäft zwischen Menschen und basiert immer auf sozialen Kompetenzen. Aber Vertrieb muss auch effektiv und zielorientiert strukturiert sein, um schlagkräftig zu sein. Diese Leitlinie gilt auch für dieses Buch. Hier fasse ich in einfachen, klaren Worten, übersichtlichen Checklisten und mit handlich-komprimiertem Hintergrundwissen die wesentlichen Schritte zusammen, die nötig sind, um heute erfolgreich ein Vertriebsteam auf- und auszubauen. Denn ich halte viel von Dingen, die auf den Punkt sind, und von Klartext.

Die drei Kernfragen: WAS, WARUM, WIE? Sie werden hier daher keine langen wirtschaftsphilosophischen Abhandlungen lesen und wir werden keine Theoreme diskutieren – in diesem Buch geht es immer konkret um die drei grundlegenden Kernfragen:

1. WAS ist in diesem Aufgabenbereich zu tun?
2. WARUM ist es zu tun?
3. WIE konkret ist es zu tun?

Wo immer möglich, habe ich aktuelle Beispiele aus realen Unternehmen und existierenden (Vertriebs-)Organisationen eingebracht. Die dazugehörigen Quellen und zusätzliches Hintergrundmaterial wie Studien und Tipps finden Sie als

Links – größtenteils mit QR-Codes zum einfachen Einscannen versehen – inklusive des jeweiligen Dokumentationsdatums im Text. Sollte ein Link oder eine Studie nicht mehr zugänglich sein, so lassen sich im Umfeld der angegebenen Quelle sicher Aktualisierungen finden.

Zudem erhalten Sie in diesem Buch zahlreiche Checklisten und Formular-Muster, die Sie direkt im Arbeitsalltag einsetzen können. Dieses und weiteres Zusatzmaterial steht für Sie auch zum kostenlosen Download zur Verfügung unter: www.buhr-team.com/vertriebsfuehrung.

Kostenlose Downloads

Mein Tipp: Drucken Sie sich das Material, das Sie brauchen, dann aus, wenn Sie es haptisch nutzen wollen. Oder arbeiten Sie von Anfang an konsequent online. Entscheiden Sie sich in jedem Fall für einen effizienten Weg. Was die Erfahrung zeigt und die Wissenschaft zwischenzeitlich bewiesen hat, ist, dass Verschriftlichung, also handgeschriebene Notizen, besser erinnert werden und damit hilfreich und nachdrücklich wirksam sind.

In einigen Kapiteln habe ich Fragen eingefügt, die häufig während meiner Kongress-Vorträge und Firmen-Keynotes an mich gerichtet werden – selbstverständlich inklusive meiner Antworten darauf. Wenn Sie weitere vertiefende Fragen an mich haben, dann schreiben Sie mir diese gern als Nachricht auf meiner Facebook-Seite www.facebook.com/ andreas.buhr.unternehmer.redner.autor.

Am Ende eines jeden Kapitels werden Sie aufgefordert, eine Stichwortliste anzulegen, in der Sie notieren können, um welche Aufgaben, Tools oder Strukturen Sie sich künftig noch besser kümmern wollen oder was Ihnen beim Lesen besonders wichtig erschienen ist und wo Sie weiterdenken oder woran Sie weiterarbeiten wollen.

Am Ende dieses Buches haben wir für alle Leser zwei Gut-
scheine bereitgestellt:

- Gutschein für Seminarteilnahme
- Gutschein für Teilnahme am Online-Kurs
  »Machen statt meckern« (Führung)

**Ihre Aufgabe: Auf-
und Ausbau einer
professionellen
Vertriebsstruktur**

Nehmen wir an, Sie haben jahrelang an Ihrer Karriere im
Vertrieb gearbeitet. Mit Spaß Herausforderungen angenommen. Sie haben Erfolge erzielt, sind von Kollegen immer
wieder darauf angesprochen worden, wie (gut) Sie Kunden
gewinnen, wie Sie überzeugen können. Sie sind vielleicht
sogar gefragt worden, was genau Ihr Erfolgsrezept ist. Sie
haben beachtliche Umsätze und Erträge erzielt, die auch Ihren Vorgesetzten nicht verborgen geblieben sind. Und nun
sitzen Sie in einem Gespräch der Chefin der Personalabteilung oder dem Chef des Unternehmens gegenüber, die oder
der Ihnen die Führung der Vertriebsabteilung anvertrauen
möchte.

Oder aber Sie sind Gründer, Inhaber, Unternehmer und haben selbst ein gut laufendes Business aufgebaut, das jetzt
noch eines braucht: sehr gute und für die Aufgaben passende
Vertriebsmitarbeiter.

**Vertriebsführung
basiert auf guter
Selbstführung**

In beiden Fällen – ob Sie angestellt oder Unternehmer sind –
kommt es zunächst auf den Ausbau Ihrer persönlichen Füh-
rungs- und Vertriebskompetenzen an. Denn wirksame Führung steht und fällt mit der Fähigkeit, sich selbst führen zu
können. Wer sich selbst nicht führen kann, der führt auch
kein Team. Wie wichtig und erfolgsrelevant ist weiterhin die
Fähigkeit, sich führen lassen zu können? Sich einlassen, Teil
eines Teams, einer Aufgabe werden zu können? Interessanter Gedanke? Ich finde schon. Niemand ist unersetzbar!
Handle so, dass du schrittweise entbehrlich wirst. Und wie
sieht es bei Ihnen mit der Fähigkeit aus, andere führen zu

können? Ehemalige Kollegen und neue Mitarbeiter zu Best-leistungen bewegen zu können?

Ganz unter uns: Ich möchte Ihnen ein Geheimnis verraten, das eigentlich keines ist. Vertrieb ist kein Hexenwerk, und das Führen von Verkäufern ist es ebenso nicht! Die wichtigste Herausforderung haben Sie mit dem Lesen dieses Buches bereits angenommen: sich führen zu lassen. Das ist die Basis. Nur, wer sich führen lassen kann, wird auch wirksam führen können. Dann kommt die Selbstführung: die Fähigkeit, die eigenen Ziele zu verfolgen und dabei seinen Werten treu zu bleiben. Der nächste Schritt ist, Verantwortung für Ihr Team und das gesamte Unternehmen zu übernehmen. Denn was Sie als künftige Führungskraft entscheiden, hat weitreichende Folgen für alle.

Dieses Buch wird Ihnen dabei helfen. Es richtet sich an alle Leserinnen und Leser, die vor der Aufgabe stehen, die Vertriebsführung in einem Unternehmen zu übernehmen, zu entwickeln und zu etablieren. Es unterstützt Sie – ausgehend von der aktuellen Marktsituation und den neuen Anforderungen der Kunden 3.0 im B2B- und B2C-Segment – mit zahlreichen Tipps aus der Praxis beim Aufbau und Ausbau, in der Führung und in der Entwicklung von Teams im Vertrieb.

Mit diesem Buch erhalten Sie Tipps aus der Praxis

Die Aufgaben, die auf Sie in der Vertriebsführung warten, sind umfangreich und verlangen Ihr ständiges Dazulernen. Von der Entwicklung der Vertriebs- und Kundenstrategie, der Kundensegmentierung und Kundenselektion über die Auswahl der Vertriebsmitarbeiter, deren Einarbeitung, Führung, Training, Coaching und Begleitung zum Kunden bis hin zum Aufbau von Vertriebsprozessen, inklusive der notwendigen Kennzahlen zur Steuerung im Vertrieb, dem Etablieren von Systemen und der Einführung und Aktualisierung von Tools wie Customer-Relationship-Management(CRM)-Systemen –

all dies sind Dinge, die zum Aufgabenprofil der Führungskräfte im Vertrieb dazugehören.

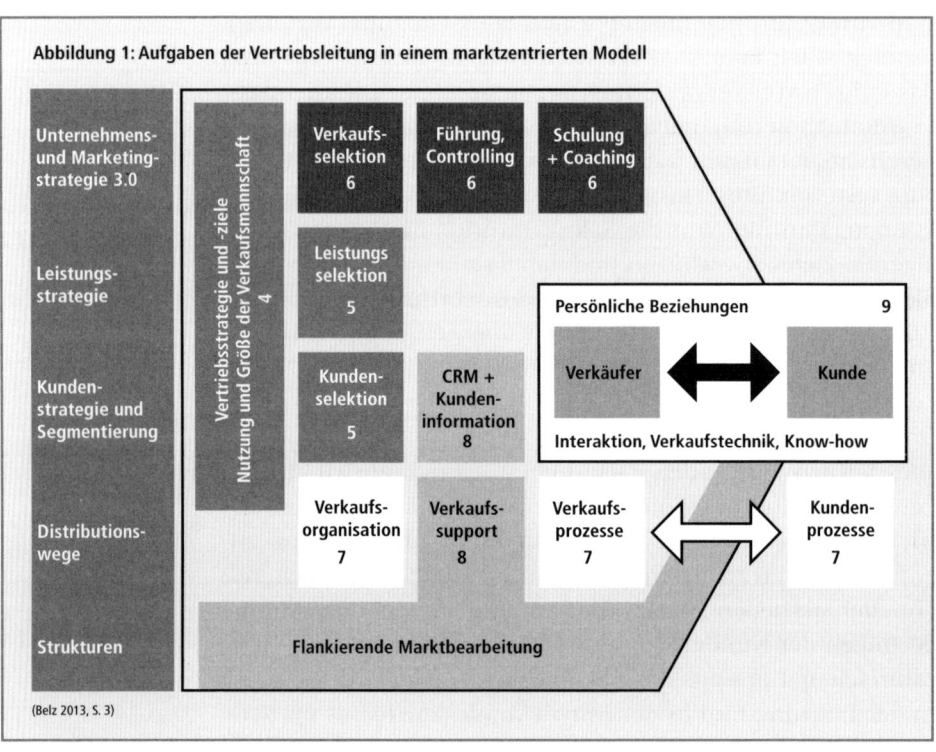

Abbildung 1: Aufgaben der Vertriebsleitung in einem marktzentrierten Modell

(Belz 2013, S. 3)

Führung versus Management

Ob Sie vom Kollegen zum Chef, also vom Verkäufer zur Führungskraft, befördert werden oder ob Sie Ihren eigenen Vertrieb aufbauen wollen: In jedem Fall werden Sie Führungsaufgaben und Managementaufgaben zu lösen haben. Führung bedeutet, dass Sie auf Basis ethischer Werte, moralischer Ansprüche, einer unternehmerischen Vision und einer wirtschaftlichen Erfolgsmission die richtigen Dinge tun. Führung ist stets emotional geprägt und basiert auf einer passenden Strategie. Management dagegen bedeutet, dass Sie Dinge richtig tun: mit der Festlegung von Zielen und Vertriebskennzahlen, mit Administration und Regelkommunikation. Management bedeutet, Dinge zu organisieren und Aufgaben zu verteilen. Beides, Führung und Management, ist wichtig. Draußen im Markt beim Kunden und im Office. Außen wie innen. Das eine bedingt das andere.

Sie brauchen also eine gute Vertriebsstruktur und effektive, einfache Tools zum Vertriebsaufbau sowie erprobte Strategien zur Vertriebsführung. Kurz: Sie brauchen ein einfaches »Einmaleins der Vertriebsführung«, das Ihnen in allen Arbeitsphasen und -bereichen mit Praxiswissen und nützlichen Tools zur Hand ist. Eine Anleitung für Führung im Vertrieb und eine Anleitung für bessere Ergebnisse. Und genau das liefert Ihnen dieses Buch!

Der Aufbau des Buches richtet sich nach Ihren Bedürfnissen: **Aufbau des Buches** Wir beginnen damit, dass wir einen Blick auf den Markt werfen, auf die Faktoren, die ihn und damit Ihren Vertrieb beeinflussen, und wagen vorsichtige Blicke in die Zukunft. Anschließend beschäftigen wir uns mit Ihren Selbstführungs- und Selbstmanagementkompetenzen und beleuchten, wie Sie diese aktuell und zukunftsorientiert so ausbauen können, dass Sie Ihrer vornehmsten Aufgabe gerecht werden: Ihre (neuen) Mitarbeiter wirksam zu führen.

Im Weiteren geht es um die Aufgabe, die richtigen, zu Ihnen und zum Unternehmen passenden neuen Mitarbeiter zu finden, zu rekrutieren und einzustellen. Es folgen das Onboarding und das Teaming, also das Zusammenstellen funktionierender Vertriebsteams im Außen- und Innendienst, Ansätze zur Lösung von Konflikten bis hin zu Performance im Team. Auch den Themen Festlegung von Vertriebszielen, Vertriebskennzahlen und deren Controlling, Teamspirit und Motivation sowie den wichtigen Führungs- und Mitarbeitergesprächen wird ausreichend Platz eingeräumt. Schlussendlich haben Sie damit ein Kompendium, das Sie immer wieder zur Hand nehmen können, wenn Sie sich der einen oder anderen Aufgabe vertieft widmen wollen.

Nahe am und mit dem Kunden arbeiten

Wenn Sie sich an den Tipps in diesem Buch orientieren, werden Sie schnell entdecken, dass Vertriebsführung bedeutet, Verantwortung zu übernehmen, und gleichzeitig auch viel Freude macht. Kunden sind das Lebenselixier, sind der Zweck und die Existenzberechtigung von Unternehmen. In der Vertriebsführung selbst und persönlich nah am Kunden und mit dem Kunden zu arbeiten, ist Verpflichtung, ist Freude, Ehre und vorbildlich zugleich. Auf dass Ihre Erfolge in der Vertriebsführung unvergessen bleiben – für das Unternehmen, für die Mannschaft und für Sie selbst. Dabei wünsche ich Ihnen viel Erfolg!

KAPITEL 1

Markt: Was Wandel und digitale Transformation für den Vertrieb bedeuten

WAS ist in diesem Aufgaben-gebiet zu tun?	▸ Den Markt als »Spielfeld« des Vertriebs unter einer größeren Perspektive betrachten und Erkenntnisse für die eigene Vertriebs-tätigkeit daraus ziehen.
	▸ Die Ansprüche des Kunden 3.0 kennen und vom Best Practice anderer Unternehmen lernen.
	▸ Weiter in die Zukunft schauen: Nicht nur bei Fintechs und Securetechs tritt die klassische Vertriebsorganisation immer stärker in Konkurrenz mit »digitalen Kollegen« und Bots.
	▸ Sich der fortschreitenden Digitalisierung im Vertrieb und bei den Kunden und Einkaufsabteilungen aktiv stellen und Vertriebs-organisationen »digital adaptiv« ausbauen.
WARUM ist es zu tun?	▸ Vertriebsführung bedeutet immer auch ein Stück Unternehmens-führung, denn der Vertrieb bringt das notwendige Geld ins Unternehmen.
	▸ Vertrieb ist direkt am Kunden dran und fungiert damit zugleich auch als Marktforschung und Impulsgeber.
	▸ Das Wissen um Märkte und Kunden dient der Unternehmensführung zur Strategieentwicklung.
WIE konkret ist es zu tun?	▸ Wir analysieren die großen Markttrends und hinterfragen, was dies für Sie als (künftige) Führungspersönlichkeit im Vertrieb bedeutet.
	▸ Sie erhalten einen Überblick über das Thema »Digitalisierung im Vertrieb« und entwickeln daraus Ideen für Ihre konkreten Maßnahmen.
	▸ Sie lernen die Aktionsfelder der vertriebsstärksten Unternehmen kennen, die den Herausforderungen des Vertriebs angesichts der digitalen Transformation und des Kunden 3.0 besonders gut gerecht werden.
	▸ Sie nutzen die (digitalen) Tools, die Sie beim Vertriebsaufbau und der Vertriebsführung unterstützen können – eine Synopse.

»Mögest du in interessanten Zeiten leben«, lautet ein alter chinesischer Fluch. Und wir können konstatieren, dass dies in vielerlei Hinsicht zurzeit der Fall ist. Besonders für Sie im Vertrieb. Und ja, viele fluchen noch! Doch in diesem Fluch steckt auch eine positive Botschaft. Denn wir können (Vertriebs-)-Führung stemmen, wenn wir all die Herausforderungen als förderliche Stimulanz begreifen. Dazu müssen wir unseren Markt immer wieder auch unter einer größeren Perspektive betrachten, nicht nur lokal, regional und national nach Vertriebsgebieten und Kunden-Unternehmens-Kriterien, sondern auch hinsichtlich der Zukunftsentwicklungen. Denn es sind die globalen Märkte, die die großen Trends bestimmen.

1.1. Langfristige Marktbedingungen und -voraussagen für Ihren Vertrieb

»Was dich nicht tötet, macht dich nur härter« gilt als altes Vertriebsmotto. Aber weder wollen wir beim Auf- oder Ausbau einer Vertriebsorganisation »getötet« werden, weil wir kein Auge auf die großen Entwicklungstrends hatten, noch wollen wir einfach nur »härter« werden. Hart zu sein ist zwar eine hilfreiche Fähigkeit, aber heute geht es nicht mehr nur darum, härter und konsequenter zu sein. Es geht darum, smarter zu sein: informierter, aufmerksamer, eleganter, trainierter – nur so kann man heute und künftig Orientierung bieten sowie Sicherheit und Motivation geben.

Große Verunsicherungen und rasante Veränderungen

Denn momentan – und dieser Moment währt schon einige Jahre und wird dies noch einige weitere Jahre tun – ist die Verunsicherung in vielen Firmen so groß wie zuletzt während der Großen Depression, resümiert der *Economic Policy Uncertainty Index*. Kaum jemand in den Unternehmen weiß ob der politischen Entwicklungen so recht, wo die Reise hingeht. Und das wirkt sich direkt auf den Vertrieb aus.

Hinzu kommen die Herausforderungen der neuen Arbeitswelt, der Digitalisierung und Automatisierung der internen Fertigungs-, Abwicklungs- und externen Kommunikationsprozesse, der Artificial Intelligence (AI). Der veränderten Ansprüche der neuen Generationen von Mitarbeitern – der Generation Y und Z –, die die Unternehmen als Mitarbeiter, als die neuen Führungskräfte und als Kunden bestimmen. Der globalen Trends wie Virtualisierung, Disruption, Flexibilisierung und Automatisierung. Das ist alles nicht neu. Was neu ist, ist die Geschwindigkeit, mit der diese Trends das Marktumfeld der Unternehmen und die Unternehmen selbst aufmischen.

Acht Voraussagen für das Jahr 2030 hat das renommierte *World Economic Forum* getroffen, die unsere Volkswirtschaften, also auch Sie als Mensch, Unternehmer, Vertriebsleiter, radikal betreffen werden. Hier eine Synopsis der globalen Vorschau des WEF:

Acht Prognosen für 2030

- Es gibt keine Produkte mehr, nur noch Dienstleistungen (Services).
- Der Ausstoß von Kohlendioxid kostet weltweit einen (hohen) Preis.
- Es gibt eine Handvoll an Weltmächten – die bisherige Dominanz der USA wird Geschichte sein.
- Medizinische Versorgung verlagert sich vom allgemeinen Gesundheitswesen auf das private Umfeld.
- Fleisch zu essen und die Fleischindustrie sind out.
- Die heutigen Flüchtlinge sind die CEOs von morgen.
- Die vielzitierten westlichen Werte werden bis zu den Grenzen ihrer Belastbarkeit ausgetestet.
- Die Menschheit sucht neue Entwicklungsmöglichkeiten außerhalb unseres geliebten, aber unverantwortlich ausgebeuteten Planeten – geht es in Richtung Weltraum?

Aber noch können wir nicht einfach alles hinter uns lassen. Angesichts der Vorbeben und Tendenzen, die die Märkte und Volkswirtschaften auch gegenwärtig schon weltweit spüren, greift in vielen Firmen, kleinen wie großen, ein Gefühl der Unberechenbarkeit und der wirtschafts- und geopolitischen Verwerfungen um sich – und damit einhergehend eine große Zögerlichkeit. Eine gefährliche Zögerlichkeit, denn Zögern oder Stillstand ist in den heutigen Märkten gleichbedeutend mit Rückschritt. Das ist ein Tod auf Raten.

1.2. Digitale Transformation nach außen und innen

Für viele Unternehmen wird das Aus noch schneller kommen, nämlich für diejenigen, die die digitale Transformation zu lange verschlafen haben und sich an modifizierte Technologien und Geschäftsmodelle auf ihren Märkten nicht anpassen konnten. Die Disruption entweder ignorieren oder zu spät wahrnehmen und dachten, die digitale Transformation beträfe in ihrem Unternehmen nur den Bereich Forschung und Entwicklung und nicht etwa auch Marketing und Vertrieb. Dabei liegt gerade an der Schnittstelle zum Kunden, also in der digitalen Transformation nach außen, das größte und wichtigste Anwendungsfeld der Digitalisierung wie die folgende Abbildung zusammenfasst.

Was bedeutet die Digitalisierung für Ihr Business? Wenn Sie Ihre Vertriebsorganisation auf- und ausbauen wollen, kommen Sie nicht umhin, sich mit der Bedeutung der Digitalisierung für Ihre Branche, Ihren Vertrieb und für Ihre Führungsrolle auseinanderzusetzen. Denn in Zeiten der Digitalisierung hat der Kunde sein Verhalten geändert. Er kauft anders. Er ist selbst Experte für die Dinge, die ihn beschäftigen.

Interessanterweise hinken in der aktuellen Entwicklung derzeit Branchen hinterher, von denen wir es nicht erwartet

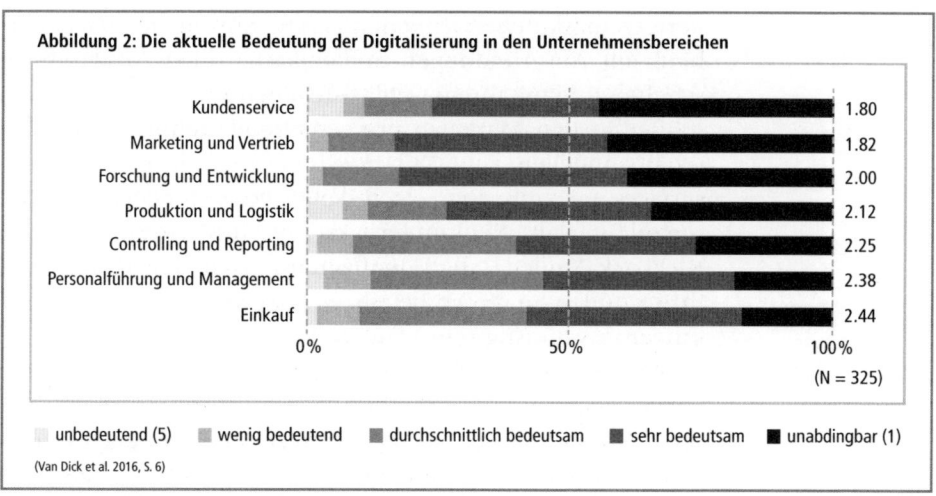

Abbildung 2: Die aktuelle Bedeutung der Digitalisierung in den Unternehmensbereichen

Kundenservice	1.80
Marketing und Vertrieb	1.82
Forschung und Entwicklung	2.00
Produktion und Logistik	2.12
Controlling und Reporting	2.25
Personalführung und Management	2.38
Einkauf	2.44

0 %　　　　　　　　　　50 %　　　　　　　　　　100 %

(N = 325)

unbedeutend (5)　　wenig bedeutend　　durchschnittlich bedeutsam　　sehr bedeutsam　　unabdingbar (1)

(Van Dick et al. 2016, S. 6)

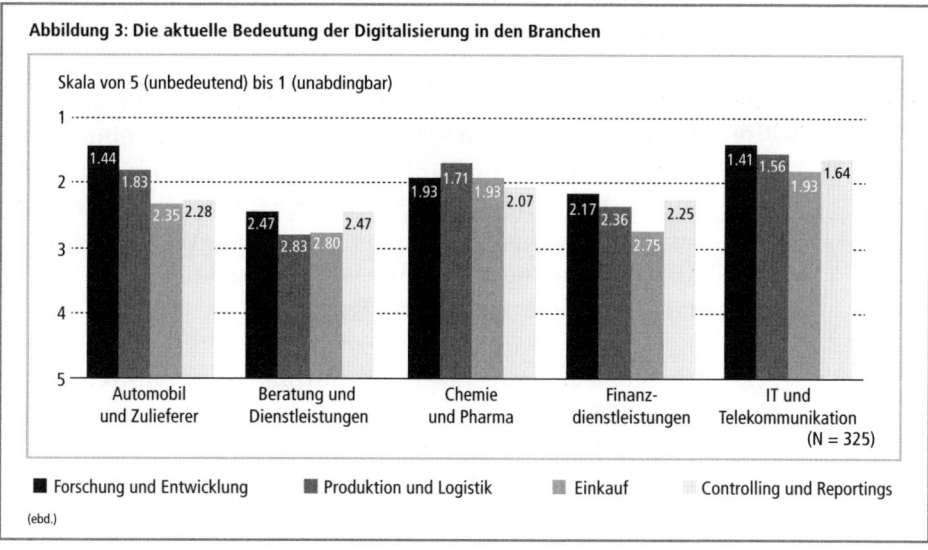

Abbildung 3: Die aktuelle Bedeutung der Digitalisierung in den Branchen

Skala von 5 (unbedeutend) bis 1 (unabdingbar)

	Automobil und Zulieferer	Beratung und Dienstleistungen	Chemie und Pharma	Finanz-dienstleistungen	IT und Telekommunikation
Forschung und Entwicklung	1.44	2.47	1.93	2.17	1.41
Produktion und Logistik	1.83	2.83	1.71	2.36	1.56
Einkauf	2.35	2.80	1.93	2.75	1.93
Controlling und Reportings	2.28	2.47	2.07	2.25	1.64

(N = 325)

Forschung und Entwicklung　　Produktion und Logistik　　Einkauf　　Controlling und Reportings

(ebd.)

hätten, wie etwa Beratung und Dienstleistungen, speziell die Finanzdienstleistungen. Gerade hier tobt jedoch der Kampf der Etablierten gegen die schnellen und aggressiven Fintechs und Securetechs erbittert. Eine Flut an digitalen Finanz- und Versicherungsplattformen und Apps schwappt über die bis-

Die Schnellen fressen die Langsamen und jetzt sogar die Großen

herigen marktbeherrschenden Player hinweg, die sich bemühen, mit Ausgründungen und Zukäufen den Anschluss zu schaffen und mit ihrem Geld neue Ideen zu übernehmen und größer in den Markt zu bringen. Dabei geht es ihren Geschäftsmodellen zum Teil massiv an den Kragen: Digitalservices wie moneymeets beispielsweise verzeichnen Riesenzuläufe an Neukunden, da sie die Provisions- und Kickback-Modelle der Finanzdienstleister offenlegen und ihre Kunden an diesen beteiligen. Dadurch können sie konkurrenzlos günstig sein. Andere wie Parlamind stürzen sich als Anbieter »virtueller Teammitglieder«, digitaler Kauf- und Serviceassistenten oder Online-Verkaufsagenten auf den Bereich Kundenservice und besetzen damit strategisch intelligent den nächsten Kontaktpunkt zum Kunden, also die Schnittstelle, wo die Customer-Experience zum großen Teil bestimmt wird.

Big Data verändern den Vertrieb

Welches Marktfeld wir auch betrachten, überall tauchen an der Schnittstelle zum Kunden neue digital oder online aufgestellte Vermittler und »Makler« auf, die den Vertrieb massiv ändern bzw. schon geändert haben. Die Assets, die sie mitbringen, bestehen u. a. aus der Sammlung, Verknüpfung und Analyse von Big Data, also von aussagekräftigen Kundendaten in großer Menge und Tiefe.

Weitere Faktoren, die Ihre Führungsarbeit im Vertrieb in den nächsten Jahren massiv beeinflussen werden, haben Dr. Martin Handschuh und Dr. Christian Gebhardt von A. T. Kearney in ihrer spannenden Studie »Wie die Digitalisierung den B2B-Vertrieb verändert« im Überblick zusammengestellt (Abb. 4).

Und klar ist: Auch wenn die Grafik mit »Vertrieb im Jahr 2024« überschrieben ist, die dahinter liegenden Entwicklungen sind bereits in vollem Gange. *Jetzt* entscheidet sich, ob Sie im Jahre 2024 noch auf dem Markt mitspielen.

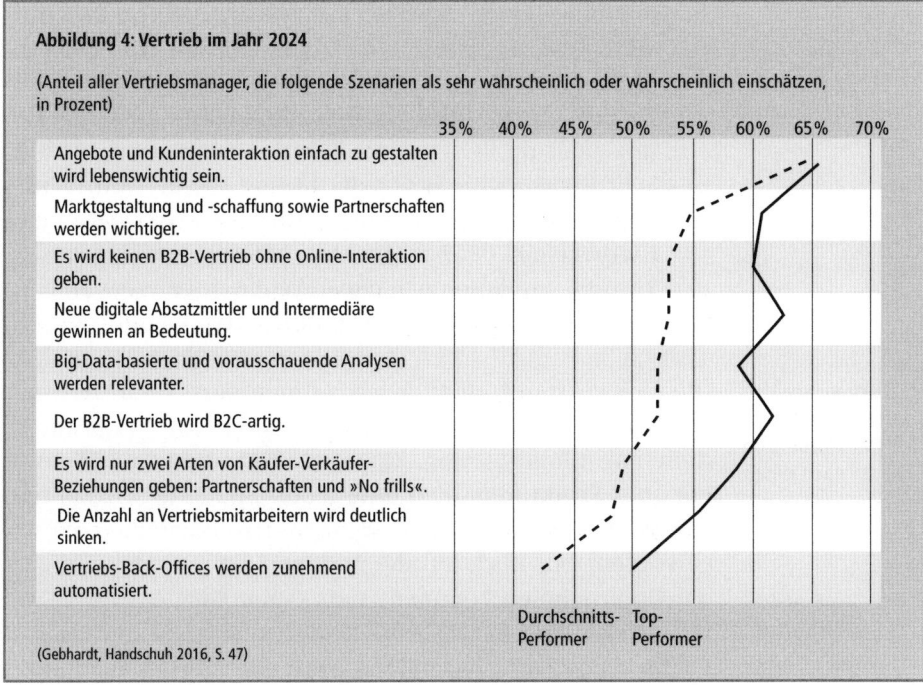

Abbildung 4: Vertrieb im Jahr 2024

(Anteil aller Vertriebsmanager, die folgende Szenarien als sehr wahrscheinlich oder wahrscheinlich einschätzen, in Prozent)

	35%	40%	45%	50%	55%	60%	65%	70%
Angebote und Kundeninteraktion einfach zu gestalten wird lebenswichtig sein.								
Marktgestaltung und -schaffung sowie Partnerschaften werden wichtiger.								
Es wird keinen B2B-Vertrieb ohne Online-Interaktion geben.								
Neue digitale Absatzmittler und Intermediäre gewinnen an Bedeutung.								
Big-Data-basierte und vorausschauende Analysen werden relevanter.								
Der B2B-Vertrieb wird B2C-artig.								
Es wird nur zwei Arten von Käufer-Verkäufer-Beziehungen geben: Partnerschaften und »No frills«.								
Die Anzahl an Vertriebsmitarbeitern wird deutlich sinken.								
Vertriebs-Back-Offices werden zunehmend automatisiert.								

Durchschnitts-Performer   Top-Performer

(Gebhardt, Handschuh 2016, S. 47)

Wie also reagieren wir auf die rasanten Entwicklungen? Eine konkrete Lösungsidee sehe ich zum einen in dem Ansatz »H2H (Human to Human) statt B2B oder B2C«. Denn wie die obige Studie zeigt, wachsen die Vertriebsbereiche B2B (Vertrieb an Unternehmen) und B2C (Verkauf an Privatpersonen) in Art und Struktur immer stärker zusammen und immer stärker in Richtung Human to Human, Mensch zu Mensch.

Lösungsansätze für die digitale Transformation nach außen

Meines Erachtens wird es in naher Zukunft nur noch zwei funktionierende Vertriebsausrichtungen nach außen geben:

1. Digital-to-digital-Vertrieb, also der digitalisierte oder digital vermittelte Verkauf an ebenso digital aufgestellte Einkäufer. Ganze Einkaufsabteilungen in großen Unter-

nehmen stellen sich derzeit bereits als »digital procurement« auf.

2. Hybrid-Vertrieb, also vertriebliche Maßnahmen, die das Internet und die reale Welt verbinden (mixed reality). Schrittmacher hierbei ist der Kunde 3.0, der sowohl offline als auch online präsent ist und also hybrid handelt. Hierbei bleibt der Faktor Mensch absolut erfolgskritisch; Vertrieb wird also noch persönlicher, noch menschlicher und noch individueller (vgl. Binckebanck / Buhr 2017).

Lösungsansätze für die digitale Transformation nach innen

Die digitale Transformation nach innen muss fokussiert sein auf Prozesse. Ein funktionierendes CRM, gern und perspektivisch als Cloud-Lösung, SEO und SEA, responsive Website etc. sind Strukturen, die heute schon Standard sein sollten. Die Welt ist schnell, transparent und weniger hierarchisch geworden. Mit Blick auf die nächsten Generationen, die in die Unternehmen kommen (Gen Y und Gen Z), stellen wir fest, dass immer häufiger die Krawatte wegfällt und das Du vorgezogen wird. Besonders spannend dürfte auch sein, Cross-Generation-Teams zusammenzustellen, zu entwickeln und zu führen. Hier wird es künftig immer mehr darum gehen, Projektmentalität in den Unternehmen zu etablieren. Aufgaben werden also für einen klaren, eher kurzen Zeitraum verteilt und in agiler Weise mit klaren Zielen umgesetzt.

Beide Richtungen der digitalen Transformation, nach außen auf den Kunden 3.0 ausgerichtet und nach innen auf Prozesse und wirksame, gemischte Teams fokussiert, sind die Herausforderungen heute.

Mehrwert schaffen

Mehrwert zu schaffen – das fordert natürlich jeder vom Vertrieb. Doch in der Realität ist dies eine schwierige Herausforderung für Sie als (neue) Vertriebsführungskraft, denn es stellt sich die Frage, was genau damit gemeint ist. Werfen wir auch hier noch einmal einen Blick auf die schon oben zitierte Studie von A.T. Kearney. Demnach betrifft »Mehrwert schaffen« drei Felder:

1. **Individualisierte Produkte:** Für und durch Kunden konfigurierbare Produkte werden als Mehrwert erlebt. Der Trend zum Produkt mit der Losgröße eins ist seit Jahren spürbar. Kunden möchten keine Standardware mehr, alles soll persönlich adaptiert, umgestaltet, individualisiert werden können. Der Selbstbewerkstelligungs- und Besitzerstolz à la »I made it my own« ist, das zeigen viele Untersuchungen, ein extrem starker Kaufauslöser und Abschlussreiz. Die zehn Prozent der vertriebsstärksten Unternehmen haben dies bereits verstanden: Sie bieten bis zu Dreiviertel ihrer Produkte mit der Option »customized« an und schaffen den Kunden so einen Mehrwert.

2. **Angebotsbreite:** Das zweite Feld ist das der Angebotsbreite, die beispielsweise durch Vernetzung oder Kollaboration mit Partnern – auch externen Anbietern – geschaffen werden kann. Kunden schätzen es, wenn sie für Produkte und Leistungen, die miteinander zu tun haben oder aufeinander aufbauen, nicht bei X verschiedenen Firmen und Anbietern kaufen müssen. Sie möchten vielmehr eine aufeinander abgestimmte maximale Angebotsbreite aus einer Hand (früher als »Cross-Selling« bezeichnet). Dieser Mehrwert zeichnet die Top 10 der vertriebsstärksten Unternehmen ebenfalls aus.

3. **Aufbau der Wertschöpfungskette:** Der dritte Bereich liegt sozusagen in der Umkehr der bisherigen Funktion des Vertriebs. Statt Unternehmensprodukte zu verkaufen, baut der Vertrieb aus dem Kontakt mit dem Kunden heraus die komplette Wertschöpfungskette auf und entwickelt Innovationen, die sich direkt aus dem Bedarf des Kunden ableiten.

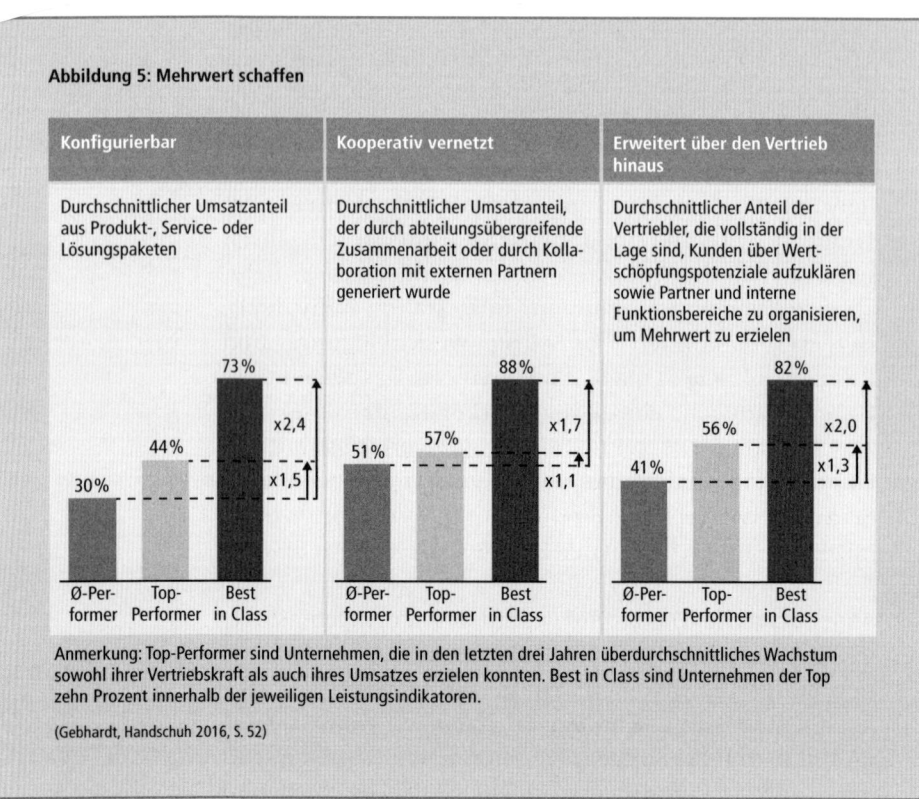

Abbildung 5: Mehrwert schaffen

Konfigurierbar	Kooperativ vernetzt	Erweitert über den Vertrieb hinaus
Durchschnittlicher Umsatzanteil aus Produkt-, Service- oder Lösungspaketen	Durchschnittlicher Umsatzanteil, der durch abteilungsübergreifende Zusammenarbeit oder durch Kollaboration mit externen Partnern generiert wurde	Durchschnittlicher Anteil der Vertriebler, die vollständig in der Lage sind, Kunden über Wertschöpfungspotenziale aufzuklären sowie Partner und interne Funktionsbereiche zu organisieren, um Mehrwert zu erzielen

Anmerkung: Top-Performer sind Unternehmen, die in den letzten drei Jahren überdurchschnittliches Wachstum sowohl ihrer Vertriebskraft als auch ihres Umsatzes erzielen konnten. Best in Class sind Unternehmen der Top zehn Prozent innerhalb der jeweiligen Leistungsindikatoren.

(Gebhardt, Handschuh 2016, S. 52)

Digital Leadership – (Vertriebs-)Führung in einer neuen Zeit

Durch die Digitalisierung werden von Ihnen als Führungspersönlichkeit im Vertrieb zusätzliche Kompetenzen gefordert, die Sie bereits heute aufbauen müssen. Neben die erforderlichen Kompetenzen der klassischen Mitarbeiterführung (siehe auch Kapitel 2.3., Clean Leadership) und Vertriebsführung treten die neuen Fähigkeiten der Digital Leadership, mit denen wir uns im nächsten Kapitel noch ausführlich beschäftigen werden.

Welche ersten Ideen leiten Sie aus den genannten Impulsen für Ihre Vertriebsführung und langfristige Vision ab?

_____

_____

_____

_____

_____

Wie wichtig ist das Training der verkäuferischen Skills für den Erfolg, und wie bauen Sie Ihren Trainingsprozess auf?

_____

_____

_____

_____

_____

1.3. Soziopolitische Megatrends verändern die lokalen Märkte

Das nächste Feld an Herausforderungen liegt im demografischen Wandel. Immer weniger Kinder kommen in den wohlhabenden westlichen Ländern zur Welt. Gleichzeitig steigt die Lebenserwartung, sodass Eltern die Pensionierung ihrer Kinder erleben. Anders als unsere Großeltern zieht sich die Generation der 60+ jedoch nicht in den Ruhestand zurück – sie bleibt aktiv. Sie ist informiert und weiß Bescheid. Sie reist, studiert, treibt Sport und genießt Kultur. Und dies bis ins hohe Alter. Für den Vertrieb bedeutet das, dass die Interessengruppen der Älteren nominal immer größer und diese auch immer älter werden – ganz gleich, ob Sie Textilien, Elektronikgeräte, Baumaschinen, Dienstleistungen oder Finanzprodukte verkaufen, ob Sie Reiseanbieter oder Autoverkäufer sind. Um diese Kundschaft zu erreichen, sind neue Wege, neue Formen der Ansprache gefragt.

Der neue Kunde kommuniziert öffentlich

Und dies ist nur einer von vielen soziopolitischen Megatrends, die sich auf den Markt und damit auf Ihr Geschäft auswirken und neue Herausforderungen bieten, die Sie und Ihr Team täglich zu bewältigen haben. Denn mit der Globalisierung, der Digitalisierung unseres Lebens und dem steigenden Bewusstsein für nachhaltigen Konsum ändern sich nicht nur die Möglichkeiten und Märkte. Es findet auch ein rasantes Umdenken bei den Verbrauchern statt. Diese informieren sich per Social Media über Produkte, Unternehmen und deren Image. Holen Preisvergleiche ein. Gleichen Lebensdauer, technische Features und Kundenservice ab. Befragen ihr persönliches Netzwerk und erhalten Empfehlungen. Sie freuen sich öffentlich auf Facebook, Pinterest und Twitter über neue Kleidung, Taschen, Töpfe, das gute Essen beim Italiener oder die gute Beratung. Sie stellen Videos bei YouTube ein, die minutiös zeigen, wie sie ein neues elektronisches Gadget auspacken oder über welche Features ihre Neuerwerbung verfügt. Dies alles ist für Unternehmen unbezahlbare – und unbezahlte – Werbung. Genauso öffentlich ärgern sich diese Verbraucher aber auch über schlechten Service, schleppende Antworten auf Kundenanfragen oder Produkte, die die Erwartungen nicht erfüllt haben. So füllen sie Blog um Blog mit Beschwerden (»Rants«) über Dienstleistungen, die enttäuscht haben. Selbst über einzelne Vertriebsmitarbeiter oder Verkäufer, die sich nach Meinung der Kunden nicht gerade mit Ruhm bekleckert haben, wird öffentlich debattiert.

1.4. Der Kunde 3.0 – der neue Experte H2H

Der Kunde 3.0, wie ich ihn schon seit 2010 bezeichne, ist schon lange der neue Experte. Er verlangt oft die Quadratur des Kreises – oder die »Quadratur des Preises«, wie ich es nenne. Einerseits möchte er einen möglichst preisgünstigen Einkauf – wobei er sein Marktwissen und seine Vergleichsmöglichkeiten ausspielt –, andererseits stellt er höchste Anforderungen an Qualität, Image, Service und an die Produktionsbedingungen. Wobei der kritische und interessierte Kunde unter den richtigen Umständen dann doch bereit ist, tiefer in die Tasche zu greifen und eben nicht dem billigsten Preis nachzujagen. Und dies gilt für den Endverbraucher, also den B2C-Käufer, genauso wie für den B2B-Kunden, also Firmenkunden und professionelle Einkäufer für Unternehmen. B2B und B2C werden zu H2H: *Human to Human.*

Die »Quadratur des Preises« ist dann nicht mehr der entscheidende Faktor, wenn:

Was die »Quadratur des Preises« aushebelt

1. die Produkte nicht nur einen emotionalen, sondern auch einen ethischen Mehrwert bieten. Wenn sie dem Käufer das gute Gefühl geben, nicht nur etwas gekauft zu haben, sondern damit auch bestimmte Werte zu un-

terstützen, die ihm wichtig sind – etwa ökologische oder regionale Produktion, faire Produktions- und Handelsbedingungen, erwiesene Nachhaltigkeit.

2. es sich um Produkte seiner absoluten Lieblingsmarken handelt, deren Image und Markenwerte er auf sich übertragen will.

3. es Produkte sind, die er selbst mitgestalten und konfigurieren kann, sodass sie einzigartig werden. »Produktpersönlichkeiten«, die in Auflage eins hergestellt werden.

Der Kunde 3.0 ist Gestalter und Experte

Auf diese Anforderungen müssen Sie, muss Ihr Team vorbereitet sein. Der klassische Verkäufer der 80er- und 90er-Jahre, aber auch der 2000er-Jahre ist passé. Der Kunde ist vom Konsumenten zum Gestalter und zum Experten geworden. Ihm steht der weltweite Markt offen. Er kann in Hongkong einkaufen, ohne das Haus zu verlassen. Sich Mode aus Spanien ordern. Oder sich im 3D-Druck individuelle Schmuckstücke und Geschenke für die Lieben herstellen lassen. In Taiwan werden Häuser gedruckt und bewohnt, in England werden Autos gedruckt, deren Form sich während der Fahrt der Geschwindigkeit anpasst.

Der Kunde 3.0 steht im ständigen Trommelfeuer immer neuer Produkte und Dienstleistungen: in Fernsehen und Radio, auf Videoplattformen und in Blogs, in Mailings und E-Mails, in Zeitschriften und Zeitungen, im Internet, auf seinem Smartphone und Tablet, über Messenger, in fast jeder kostenfreien App. Ich empfehle dringend, davon auszugehen, dass Ihr Wettbewerb alle Kanäle nutzt, um Ihren (potenziellen) Kunden von sich und seinen Produkten zu überzeugen. Verstärkt wird dieser Wettbewerb durch »elektronische Kollegen«: Mit (Re-)Targeting erhalten Verbraucher täglich Produktempfehlungen, die ihren Suchanfragen bei Google und Co. entsprechen. Sie werden immer wieder an die Produkte erinnert, die sie sich angesehen haben – und dies zum Teil auch noch Wochen nach dem Besuch der entsprechenden Website. Dank der Analyse der Cookies weiß der Computer mehr über Ihren Kunden, sein Surfverhalten und seine Interessen, als Sie – und er selbst – es ahnen. Damit ist er Ihnen einen entscheidenden Schritt voraus. Denn dieses Wissen über den Kunden müssen Ihre Mitarbeiter mühsam aufbauen. Müssen wissen, wo und wie sie die Informationen – im Einklang mit den rechtlichen Rahmenbedingungen – finden und auswerten. Sie müssen den Kunden zum richtigen Zeitpunkt mit dem richtigen Angebot ansprechen, sein Interesse wecken und überzeugen.

Dabei ist der Kunde 3.0 nicht nur anspruchsvoller als früher – er ist auch sehr viel besser informiert. Er hat ganz andere Fragen zu Materialien, Herkunft und Verarbeitung als in den Jahren zuvor. Ihn interessiert nicht nur der Preis eines Produktes, sondern auch, welchen Lohn die Arbeiter für die Herstellung erhalten haben. Der Kunde 3.0 stellt bessere Fragen, er fordert damit den Verkäufer heraus. Der Kunde 3.0 ist der neue Experte! Er fordert das Management, das ganze Unternehmen auf einer anderen Ebene. Wir sollten uns darüber im Klaren sein, dass dies nicht nur eine durch die Digitalisierung bedingte Entwicklung, sondern ein Paradigmenwechsel ist! Der neue Kunde möchte ein faires Angebot – und das in jeder Hinsicht. Er möchte sich und seine Werte wiederfinden. Im Produkt, aber auch bei dem Unternehmen, der Marke, dem Vertriebsmitarbeiter, mit dem er in Kontakt steht. »Unsympathen« haben keine Chance bei ihm. Wer nur auf Verkauf aus ist und sich dann dem nächsten Kunden zuwendet, verschwendet bei ihm seine Zeit. Kaufen lassen ist das neue Verkaufen. Die Zukunft des reinen Produkte-Verkaufens heißt: kein Verkauf!

Kaufen lassen ist das neue Verkaufen

Für Sie bedeutet das: Sie müssen einen ganz neuen Typ Verkäufer und Vertriebsmitarbeiter aufbauen. Sie müssen von Anfang an, also schon bei der Auswahl Ihrer Mitarbeiter, darauf achten, wer den neuen Anforderungen des Kunden 3.0 gerecht wird oder wer es künftig werden kann. Doch worauf genau kommt es dem Kunden 3.0 an? Welche Erwartungen hat er an den Verkäufer, an die Führung und an das Unternehmen?

1.5. Neue Anforderungen an den Vertrieb: das Forschungsprojekt VertriebsIntelligenz®

Dieser Frage geht das Forschungsprojekt VertriebsIntelligenz® in zwei Studien (2010 bis 2011 und 2014 bis 2015) nach, in dessen Rahmen bisher rund 250 Führungskräfte und Geschäftsführer aus unterschiedlichen Branchen befragt wurden.

Begriffsklärung »VertriebsIntelligenz®« VertriebsIntelligenz® – was ist das überhaupt? Der Begriff bezeichnet ein ganzheitliches, wertebewusstes Kompetenzmodell für vertriebsorientierte Unternehmen. Dieses umfasst die vier Kompetenzfelder Marktstrategie, Clean Sales, Clean Leadership und Gestalterkraft. Hinter jedem dieser vier Felder verbirgt sich eine Kompetenzmatrix mit einem aufgeschlüsselten Set an Einzelkompetenzen.

Im Rahmen unserer Forschungsprojekte wollten wir von den Führungskräften unter anderem wissen, welche Kompetenzen einen erfolgreichen Vertriebsmitarbeiter ausmachen. Denn es sind ja nicht die tollen Dienstleistungen und bunten Produkte, die Geld in die Kassen spülen – sondern der Kunde. Ohne ihn läuft nichts. Ist er nicht überzeugt, bleibt das beste Produkt im Regal.

Ergebnisse des Forschungsprojektes Die Antworten der Teilnehmer geben Rückschlüsse darauf, wie Sie Ihren Vertrieb erfolgreich aufbauen können. Und vor allem: worauf Sie bei der Mitarbeiterauswahl, beim Coaching und als Vorbild achten sollten. Denn der Wertewandel findet nicht nur bei den Kunden statt – er ist auch im Vertrieb gefragt. Wichtig sind, das brachte das Forschungsprojekt zutage, *Zuverlässigkeit, Qualität* und *Ehrlichkeit*, gefolgt von *Vertrauen*. Erst auf Platz 4 steht das *Preis-Leistungs-Verhältnis*. Auch bei der Frage, welcher Wert am zweit- und drittwichtigsten sei, lautete die häufigste Antwort *Zuverlässigkeit*. Damit erhält dieser Wert eine besonders hohe Bedeutung für den nachhaltigen Unternehmenserfolg. Und die häufige Nennung dieses Wertes zeigt noch mehr: Es geht nicht um den schnellen Euro, den schnellen Abverkauf. Es geht um langfristigen Beziehungsaufbau mit den Kunden. Um eine gemeinsame Weiterentwicklung, gemeinsames Wachsen.

Erkenntnis Nummer zwei aus der Studie ist, dass *treue Kunden* zu den entscheidenden Erfolgskriterien für ein Unternehmen gehören. Am zweithäufigsten wurden *loyale Mitarbeiter* genannt, gefolgt von *klaren Zielen*.

Welche Eigenschaften und Fähigkeiten muss ein Verkäufer heute mitbringen? Geht es um die Frage, welche Eigenschaften ein Verkäufer mitbringen sollte, steht die Fähigkeit, besonders *gut mit Menschen umgehen zu können*, an erster Stelle. Erfolgreiche Vertriebsmitarbeiter wirken zudem *authentisch* und streben *langfristige Kundenbeziehungen* an. Gefragt sind zudem *gute Kenntnisse* über die Kunden, die eigenen Leistungen und Produkte. Diese sollten zudem gut erklärt werden können. Mogeln ist dabei tabu: Wer mit Halbwahrheiten arbeitet, um möglichst viele Abschlüsse zu erzielen, hat als Vertriebsmitarbeiter einen schlechten Ruf. Dies wirkt sich direkt auf den Unternehmenserfolg aus – davon sind die Teilnehmer des Forschungsprojektes überzeugt.

Nach dem Zusammenhang von vertriebsintelligentem Handeln und Unternehmenserfolg befragt, hat *Vertriebsintelligenz* einen Mittelwert von 1,71 erreicht – und liegt damit noch vor Zuverlässigkeit (1,36). Die 1 steht dabei für die Aussage »trifft voll bis ganz zu«, während ein Wert von 5 für »trifft überhaupt nicht zu« steht.

Am zweithäufigsten wurde übrigens bei dieser Frage *Nachhaltigkeit* genannt (1,65). Dabei verstehen die Befragten unter »Nachhaltigkeit im Vertrieb« vor allem »*durch langfristige Leistung überzeugen*« (1,43). Platz zwei erreichte die Aussage »*Kunden langfristig binden*« (1,60). Die Aussage »langfristige Leistungen erbringen« kann dabei durchaus mit »Zuverlässigkeit« und »Qualität« übersetzt werden. Aber auch mit »Kompetenz«.

Fassen wir zusammen, was dies für Sie, Ihr Team und den Vertriebsmitarbeiter bedeutet.

Ein guter Vertriebsmitarbeiter sollte ...

- sich mit dem Unternehmen, den Produkten und Leistungen identifizieren.
- an sich glauben und sich mit seinem Beruf identifizieren.
- sich mit gesellschaftlichen und wirtschaftlichen Trends und ihren Auswirkungen auf die Märkte und Kundenanforderungen beschäftigen.
- Kunden auf verschiedenen Wegen identifizieren und ansprechen – via Telefon, aber auch per Mail, gern per Brief sowie über Facebook, XING, LinkedIn, Twitter, SMS, WhatsApp und andere Kanäle.
- Informationen aus Social Media, aus Blogs, Vlogs (Video-Tagebücher) nutzen, um sich umfangreich auf die Gespräche vorzubereiten – mit dem Ziel, den Kunden kompetenter und umfassender beraten zu können.
- sich in den Kunden hineindenken können, für ihn denken und handeln.
- Menschenkenntnis und Empathie mitbringen.
- dem Kunden zuhören, seine Anforderungen besonders gut (er)kennen.
- Bedarf erkennen können – beispielsweise durch gute Fragen und aktives Zuhören.
- Leistungen und Produkte anbieten, deren Stärken und Schwächen er kennt.
- Leistungen und Produkte so präsentieren, dass der Kunde den Nutzen für sich erkennt, aber auch auf eventuelle Risiken hingewiesen wird.
- Bedenken und Widerstände erkennen, bei Einwänden sauber argumentieren können.

- es dem Kunden leicht machen, Kunde zu werden und zu bleiben
- vertriebsintelligent denken und handeln
- die Produkte und Leistungen des Unternehmens verkaufen

Vom Konsumenten zum Mitgestalter

Was also hat sich durch die rasanten Entwicklungen geändert? Nun: Der Kunde ist nicht mehr passiv. Er wählt nicht aus einem Angebot fertiger Produkte, er will mitgestalten. Gewünscht ist ein Produkt mit Auflage eins, kein Angebot von der Stange. Er will gefragt und gehört werden, sich aktiv in die Produktionsprozesse einbringen, er will einbezogen sein. Und er ist informierter als die Verbraucher früher. Wenn Sie zu ihm kommen, kennt er Ihr Produkt, Ihre Dienstleistung in der Regel schon. Hat Vergleichsangebote Ihres Wettbewerbers vorliegen. Kennt die Erfahrungen seiner Freunde und Bekannten. Hat das Internet auf die Schwachstellen Ihres Produktes, Ihrer Dienstleistungen hin durchsucht. Und auf die Vorteile der Konkurrenzprodukte. Vielleicht weiß er sogar mehr als der Verkäufer ...

Der informierte Kunde hat kein Interesse mehr am klassischen Verkaufsgespräch. Er möchte kein Marktgeschrei und keine falschen Versprechungen. Er will aktive Moderation oder allerhöchstens kundenorientierte Beratung. Er möchte selbst entscheiden, was er braucht und was er kauft oder abschließt. Oder eben auch nicht! All dies wirkt sich direkt auf die Anforderungen an Ihre Mitarbeiter aus.

**Dies ist für mich aus diesem Kapitel besonders wichtig –
um diese Punkte werde ich mich noch genauer kümmern:**

1) _____

2) _____

3) _____

4) _____

5) _____

6) _____

7) _____

8) _____

9) _____

10) _____

KAPITEL 2

Führung: Von Selbstführung zur Führungspersönlichkeit

IHR CHECK AUF EINEN BLICK: Worum es in diesem Kapitel geht

WAS ist in diesem Aufgabengebiet zu tun?	▸ Die Selbstführungskompetenzen reflektieren und analysieren. ▸ Lernen, wo persönliches Verbesserungspotenzial ist. ▸ Den Sprung von der (verbesserten) Selbstführung zur Führung von (Vertriebs-)Mitarbeitern bewusst als lernende Führungspersönlichkeit angehen. ▸ Sich das geeignete Führungsinstrumentarium beschaffen, aktuelle, digitale Führungsmodelle und -ansätze verstehen und sich so aktiv in die Rolle der Führungspersönlichkeit einarbeiten.
WARUM ist es zu tun?	▸ Gute Selbstführung ist die Grundlage guter Mitarbeiterführung. ▸ Jemand, der »aus dem Stand« eine Vertriebsorganisation auf- oder ausbauen soll, verfügt nicht automatisch über Selbstführungskompetenzen. ▸ Das stillschweigende Voraussetzen von Selbstführungs- und Führungskompetenz ist ein häufiger Grund für das Scheitern neuer Vertriebsführungskräfte. – Die digitale Transformation fordert zudem ganz neue zusätzliche Führungskompetenzen, die erst einmal aufgebaut und trainiert werden müssen.
WIE konkret ist es zu tun?	▸ Sie lernen, Ihre Selbstführungs- und Führungskompetenzen zu hinterfragen und zu verbessern. ▸ Zusammenfassungen aktueller Führungsansätze wie agile Führung, Scrum, BarCamp, Working Out Loud, Holacracy etc. sowie klassischer Führungsansätze verschaffen Ihnen in diesem Kapitel eine konkrete Übersicht und Wahlmöglichkeiten. ▸ Sie verstehen, wie die Gen Y und Gen Z geführt werden wollen (und selbst führen). ▸ Sie erhalten einen Überblick an Tools, die Sie bei der (Vertriebs-)-Führung unterstützen können.

Beim Auf- und Ausbau von Vertriebsorganisationen bewahrheitet sich eine Weisheit immer und immer wieder: Ein guter Verkäufer ist noch lange kein guter Verkaufsleiter, keine gute Führungskraft im Vertrieb. Oftmals ist eher das Gegenteil der Fall. Wenn ein Unternehmen einen sehr guten Verkäufer ohne gründliche Weiterbildung in Führung, speziell in Vertriebsführung, zum Verkaufsleiter befördert, hat es meist eine Spitzenkraft im Vertrieb verloren und eine schlechte Führungskraft gewonnen. Eine weitere Auswirkung einer solchen personellen Veränderung ist häufig, dass die restlichen Vertriebsmitarbeiter demotiviert werden und die Teamleistung kollektiv abfällt. Daher sind der Aufbau spezifischer Leadership-Kompetenzen und der Ausbau der persönlichen Selbstführungs- und Selbstmanagementfähigkeiten bei der neuen Vertriebsführungskraft unerlässlich.

2.1. Die vornehmste Aufgabe der Mitarbeiterführung

Ihre Aufgabe als Vertriebsführungskraft ist es, die Mitarbeiter auf die in Kapitel 1 beschriebenen neuen Herausforderungen vorzubereiten. Sie dabei zu unterstützen, die Anforderungen des Kunden 3.0 zu erfüllen, ihn zu überraschen – mit Wissen, Kompetenz und Kundenorientierung. Damit dieser Kunde aus einem Interessenten zu einem loyalen Kunden wird, der Ihrem Unternehmen treu bleibt. Der Sie, Ihr Unternehmen und Ihre Produkte weiterempfiehlt.

Seien Sie Vorbild! Hier geht es unter anderem um Sie als beweisendes Vorbild. Vielleicht ist der Begriff zu eng gewählt? Nun, dann passt wohl eher »Orientierung«. Leben Sie Ihren Mitarbeitern das vor, was Sie von ihnen im Umgang mit den Kunden erwarten: respektvolles, ehrliches und faires Miteinander. Üben Sie dieses Verhalten, wiederholen Sie es – indem Sie auch selbst immer wieder zum Kunden fahren. Sich mit seinen Anforderungen, Wünschen und Vorbehalten beschäftigen. Ihr »Ohr auf der Schiene, am Markt« haben. Informiert bleiben, wie der Kunde heute tickt und was er morgen braucht.

Bieten Sie Ihren Mitarbeitern als Vorgesetzter und / oder Arbeitgeber eine Zukunftsperspektive und Orientierung. Vermitteln Sie Sicherheit. Denken Sie daran: Sie sind es, der die Regeln macht, nach denen in Ihrem Team gearbeitet wird. Sie schaffen den Raum und die Atmosphäre, in denen sich Unternehmenskultur und -klima entwickeln. Sie haben es in der Hand, ob jemand gern zur Arbeit kommt, Freude an seiner Aufgabe hat und zum Botschafter Ihrer Marke, Ihres Unternehmens und Ihrer Produkte wird. Und damit auch, ob Kunden gerne bei Ihnen, bei Ihrem Team kaufen. Denn die Art und Weise, wie Sie mit Ihren Mitarbeitern umgehen und kommunizieren, wirkt sich auch auf den Umgang und die Kommunikation Ihrer Mitarbeiter mit den Kunden aus.

Sie machen die Regeln

Ein Beispiel: Aufgrund schlechter Kommunikation kann sogar innerhalb weniger Minuten eine langjährig gewachsene Kundenbeziehung zerbrechen. So geschehen bei einer Bekannten von mir, die jahrelang einem Versicherungsanbieter treu war. Dann kam ein Wechsel in der Betreuung. Der neue Berater war kein Berater mehr – er wollte auftrumpfen und stellte meine Bekannte als zu dumm dar, ihre eigene Vorsorge zu kennen. Statt zuzuhören, belehrte er sie. Und bekam natürlich keinen Fuß in die Tür. Im Gegenteil: Als er sie nach einiger Zeit erneut anrief, weil er einen Beratungs- und Besuchsauftrag vorliegen hätte, sagte sie sachlich: »Klären Sie das mit demjenigen, der Ihnen diesen Auftrag gegeben hat. Ich möchte nicht von Ihnen beraten werden.« Anschließend kündigte sie die Versicherung. Den Wettbewerber hat es gefreut – dieser Versicherungsmakler hatte mit seinem belehrenden Verhalten für die Konkurrenz gearbeitet.

Ergänzt wird diese persönliche Erfahrung auch durch den *Ketchum Leadership Communication Monitor (KLCM)*, für den 6500 Teilnehmer in 13 Ländern befragt wurden. Die internationale Studie bescheinigt den Führungskräften schlechtes Leadership und mangelnde Kommunikation. Demnach finden nur 22 Prozent der Befragten, dass Führungskräfte effizientes Leadership betreiben. In Europa sind es sogar nur 15 Prozent. Besonders die Kommunikation in der Chefetage wurde kritisiert und von nur 29 Prozent als effizient eingestuft. Gleichzeitig wird von den Studien-Teilnehmern einer offenen, transparenten Kommunikation große Bedeutung beigemessen. Für drei Viertel der Befragten ist sie ausschlaggebend für gutes Leadership.

Schlechte Führung und mangelnde Kommunikation – kein Thema für Kunden? Im Gegenteil: Die Mehrheit der Befragten des KLCM gab an, in den letzten zwölf Monaten auf Produkte und Dienstleistungen von Unternehmen mit schlechtem Leadership verzichtet zu haben. Stattdessen kauften sie bei Unternehmen mit gutem Leadership.

Sie als Führungskraft lenken den Erfolg Ihrer Mitarbeiter

Sie als Führungskraft haben es in der Hand, wie erfolgreich Ihre Mitarbeiter sind: durch die Art und Weise, wie Sie führen, wie Sie kommunizieren und welches Vorbild Sie Ihren Mitarbeitern sind. Die Lösung heißt: Die Rahmenbedingungen für Leistung und Ergebnisse zu schaffen macht Erfolg – auch Umsatzerfolg – skalierbar. Und dafür müssen die erwarteten Ergebnisse ganz schlicht festgelegt, mit den Mitarbeitern durchgesprochen und eindeutig und verbindlich kommuniziert werden. Genau daran scheitert es oft. Entweder werden die Ziele, also die erwarteten Ergebnisse, nicht quantitativ und qualitativ festgelegt oder aber sie werden so kommuniziert, dass sie den Mitarbeiter »nicht betreffen«.

2.2. Führung geht heute anders

Um Ihre Mitarbeiter zu Bestleistungen zu motivieren, braucht es Regeln, es braucht Führung. Gleichbehandlung ist hierbei jedoch ungerecht, denn Menschen sind bekanntlich sehr unterschiedlich und daher ist Führung heute individuell verschieden. Klar, es wird nach gleichen Regeln für alle gearbeitet und bewertet. Dennoch sollten die Ansprache, die Anforderung und Behandlung von Menschen an diese angepasst, eben individuell sein. Wie Mitarbeiter am besten geführt werden, hängt von unterschiedlichen Faktoren ab: organisationalen, individuellen und persönlichen Ansprüchen und Zielen.

Führungsmodelle erlauben eine gute Annäherung an das weite Feld der Führung. Sie unterstützen die Selbstreflexion der Führungskraft ebenso wie das ergebnisorientierte Denken und Handeln. Im Folgenden werden stellvertretend drei klassische Führungsmodelle vorgestellt. Es ist für eine Führungspersönlichkeit immer wieder gut, sich mit solchen Modellen vertraut zu machen, um die Reflexion über das eigene Führungsverhalten voranzubringen.

Viele Führungskräfte führen ihre Mitarbeiter mithilfe eines einzigen Führungsstils, den sie sich angewöhnt haben und von dem sie glauben, er sei der allein richtige. Führungskräfte im digitalen Zeitalter hingegen führen stets situations- und personenbezogen: Sie wählen individuell, sie wählen den situativen Führungsstil. Sie müssen also ein ganzes Set an Führungsstilen beherrschen, um Mitarbeiter in ihrer Individualität zu erreichen.

Führungskräfte im digitalen Zeitalter führen situations- und personenbezogen

Wer alle gleich behandelt, ist schließlich ungerecht. Entscheidend ist, dass Resultate erzielt werden, dass Ergebnisse zustande kommen. Erst strikte Ergebnisorientierung macht Führung im Sinne des Unternehmens wirksam. Es gilt, Mit-

Harzburger Führungsmodell: 1956 entstanden, sollte das Harzburger Modell den autoritären Führungsstil ablösen. Im Mittelpunkt des Modells steht die Delegation von Verantwortung an die Mitarbeiter, um so Vorgesetzte von Routineaufgaben zu entlasten. Dieser Kerngedanke findet sich heute in zahlreichen anderen Führungsmodellen wieder.

Die Vorteile dieses Modells liegen unter anderem in den klaren Informationsbeziehungen, den transparenten Aufgaben- und Handlungsbereichen sowie in der Förderung der Selbstständigkeit der Mitarbeiter. Es handelt sich um ein geschlossenes Anweisungssystem, das leicht umsetzbar und damit breit anwendbar ist.

Gruppenkonzept von Likert: Dieses Modell wurde 1961 entwickelt und sieht vor, dass jeder Mitarbeiter in zwei Gruppen mitarbeitet: einmal als Teilnehmer, einmal als Moderator. Auf diesem Weg soll die Kommunikation im Unternehmen verbessert werden. Allerdings ist dieses Modell sehr personalintensiv. Dies macht es für viele Teams unattraktiv.

St. Gallener Führungsmodell: Dieses Modell geht auf Hans Ulrich, Gründer des St. Gallener Instituts für Wirtschaftslehre, und seine Schüler zurück. Entwickelt Anfang der 1970er-Jahre, wurde es zuletzt in 2002 von Rüegg-Stürm als das neue St. Gallener Führungsmodell modifiziert und veröffentlicht. Es folgt im Grundsatz dem systemorientierten Ansatz der betriebswirtschaftlichen Führungslehre. Dabei besteht es aus drei Teilmodellen: Das normative Management oder Unternehmensmodell (1) umfasst die Bereiche Umwelt, Märkte, Funktionsbereiche, Gestaltungsebenen sowie die repetitiven und innovativen Aufgaben. Dabei sollen – ausgehend von der Unternehmensphilosophie – Zielvorstellungen und Leitsätze formuliert und entsprechende Maßnahmen definiert werden, mit denen diese umgesetzt werden sollen. Die Effizienz dieser Maßnahmen wird kontrolliert vom strategischen Management (2). Das dritte Teilmodell ist das Führungsmodell. Dabei handelt es sich um eine mehrdimensionale Verknüpfung von verschiedenen Führungsstufen, -phasen und -funktionen. Das Modell stellt einen einheitlichen Begriffsapparat zur Verfügung und ist leicht implementierbar.

arbeiter zu fördern und Leistung zu fordern, wobei Fördern und Fordern in einem ausgewogenen Verhältnis zueinander stehen müssen.

Beim **patriarchalischen Führungsstil** wird die vorhandene Macht durch die Erfahrung und den Status des Vorgesetzten legitimiert. Die Identifikation mit dem Chef – und damit die Motivation – ist oft größer als beim Autokraten. Denn der Patriarch übernimmt oft eine väterliche Rolle, ist für seine Mitarbeiter da. Dasselbe gilt für das weibliche Pendant, das Matriarchat und die Matriarchin.

Hat der Chef überdies auch noch Ausstrahlung, erfüllt also die Rolle als Leitfigur und Vorbild, spricht man vom **charismatischen Führungsstil**. Dieser Führungsstil kann sehr motivierend sein, vor allem in Krisensituationen.

Die beiden Führungsstile gehen übrigens auf Max Weber zurück.

Eine weitere sehr bekannte Klassifizierung hat Kurt Lewin entwickelt. Er unterscheidet zwischen dem heute nicht mehr verbreiteten autoritären Stil, dem kooperativen Stil und dem **Laissez-faire-Stil**. Letzterer verzichtet weitestgehend auf die Einmischung der Führungskraft. Die Mitarbeiter arbeiten eigenständig, gestalten ihr Arbeitsumfeld nach eigenen Vorstellungen. Die Führungskraft tritt in den Schatten. Der Umgang mit den Mitarbeitern ist unpersönlich, die Aussagen schwammig. Dieser Stil eignet sich immer dann, wenn man Dinge laufen lassen möchte, wenn Mitarbeiter ihre eigenen Erfahrungen sammeln sollen. Dies kann aufgrund des fehlenden Feedbacks jedoch auch schnell in Frust umschlagen. Deshalb ist dieser Stil nur für kurze Phasen empfehlenswert.

Beim **kooperativen Stil** arbeiten Führungskräfte und Mitarbeiter eng zusammen, entwickeln gemeinsam Ideen und setzen sie gemeinsam um. Mitarbeiter übernehmen dabei einen Teil der Verantwortung. So wird Eigeninitiative gefördert und Kreativität freigesetzt.

Damit entspricht der kooperative Führungsstil am ehesten den heutigen Werten: Menschen wollen ernst genommen, auf Augenhöhe beraten werden. Das gilt auch für Mitarbeiter. Wer von oben herab zurechtgewiesen wird, sucht sich schnell einen neuen Job.

Wer seiner Mannschaft Sinn bietet, Vertrauen schenkt, Kompetenzen auf Mitarbeiterseite aufbaut, Anreize – auch ökonomische – schafft, darf auch fordern: Loyalität, Motivation, Einsatzbereitschaft. Wirksame Führung ist der entscheidende

Faktor für vertriebsintelligentes Handeln, für mehr Umsatz, für bessere Ergebnisse!

Bei den Führungsstilen gibt es gravierende Unterschiede. Beispiel bürokratischer Führungsstil: Hier liegt die Macht in den Strukturen. Vorschriften, Gesten und Rahmenbedingungen bestimmen den Arbeitsablauf. Vorgesetzte sind austauschbar und haben hinsichtlich der Abläufe keine Macht. Schwierig wird es, wenn – beispielsweise in Krisensituationen – schnelle Veränderungen notwendig sind.

Trotz Kooperation müssen Sie als Chef darauf achten, dass möglichst alle oder mindestens die meisten Teammitglieder an einem Strang ziehen, damit am Ende gute Ergebnisse erzielt werden. Und dies in einem angemessenen Zeitrahmen. Denn hier liegt die Gefahr des kooperativen Führungsstils: Gerade bei neu gebildeten Teams kann die Konsensfindung sehr viel Zeit in Anspruch nehmen. Dies gilt auch bei der Integration neuer Teammitglieder. Denn mit ihnen gerät die bestehende Teamordnung – kurzfristig – ins Schwanken. Rollen müssen neu definiert, Stärken neu betont werden.

Dieses Risiko gehen Menschen mit autoritärem Stil nicht ein. Dafür besteht die Gefahr, häufiger Fehlentscheidungen zu treffen, da die Entscheidungsgewalt allein bei ihnen als Führungskraft liegt. Autoritäre Führungskräfte verstehen Informationen als Machtinstrument. Stellen Leistungsorientierung in den Mittelpunkt. Lassen keinen Raum für Eigeninitiative und nehmen Frustrationen bei den Mitarbeitern in Kauf. Dieser Stil kann sich in Not- und Krisensituationen bewähren. Bei Feuerwehrmännern also – auch im übertragenen Sinn.

Ebenfalls etabliert hat sich der situative Führungsstil. Er basiert auf der Annahme, dass jeder Mitarbeiter nach seinem Reifegrad geführt werden muss. Neue Mitarbeiter zum Beispiel, die sich erst einarbeiten müssen, benötigen zunächst einmal genaue Anweisungen. Erst in der zweiten Phase erklären Sie Ihre Entscheidungen und übernehmen die Rolle des Lotsen, der gefragt werden kann. Diese Rolle wandelt sich in Phase 3: Hier werden Sie zum Berater, der bereitsteht, Hilfe anbietet und Fragen beantwortet, um letztendlich nur noch als Koordinator aufzutreten.

Was ich in mehr als dreißig Jahren Führungserfahrung gelernt habe: Es ist immer gut, die Menschen mitzunehmen, sie möglichst früh und transparent in Prozesse und Entscheidungen einzubeziehen. Das hilft, um ein Commitment zu erreichen. Denn ohne Zustimmung, ohne Identifikation, ohne Loyalität und ein gemeinsames Mittun gibt es keinen Führungsanspruch. Und es gibt keine nachhaltig besseren Resultate. Nicht für Sie. Für niemanden.

2.3. Clean Leadership im Vertrieb

Ich nenne die Führung durch beweisendes Vorbild und Zuweisung durch die Geführten *Clean Leadership*, also saubere, klare, auf das Wesentliche fokussierte Führung. Clean Leadership basiert auf den drei Säulen Nachhaltigkeit, Gewinnorientierung und Werte-Basis. Da dieses Führungsmodell bereits ausführlich in meinen Büchern »Führungsprinzipien« (GABAL Verlag) und »Machen statt meckern!« (go! LiveVerlag) beschrieben ist, hier nur ein kurzer Überblick:

PRAXISTIPP:
Die drei Säulen des Clean Leadership

Säule 1: Nachhaltigkeit

Nachhaltigkeit umfasst die gleichberechtigten Aspekte Ökologie, Gesellschaft und Öko-
nomie. Was heißt dies für den Vertrieb? Zum einen: Die Ziele unseres wirtschaftlichen
Handelns müssen so angelegt sein, dass sie langfristig funktionieren. Sie antizipieren
Zukunftstrends und werden ihnen strategisch gerecht. Basis hierfür ist eine tragfähige
Vision der (Unternehmens-)Zukunft. Nachhaltig bedeutet zudem, dass wir etwas von Wert
schaffen, das dem Kunden nachweislich und langfristig nützt. In puncto Ökologie müssen
wir darauf achten, dass unser Handeln den künftigen Ressourcen, Ansprüchen und Märkten
gerecht wird.

Säule 2: Gewinnorientierung

Kein Unternehmen kann ohne Gewinn existieren. Nur wer Gewinne macht, bleibt im Spiel –
heute und morgen. Kann in neue und verbesserte Produkte und Leistungen investieren. Und
in die Qualifikation seiner Mitarbeiter. Umsatzwachstum ohne Gewinnwachstum bedeutet
langfristig das Aus. Das klingt fast banal, sollte aber immer wieder in die Köpfe der Menschen gebracht werden. Dabei haben Unternehmen durchaus einen gesellschaftspolitischen
Auftrag. Und der lautet: dem Markt und den Kunden Produkte und Dienstleistungen zu
einem fairen Preis-Leistungs-Verhältnis zur Verfügung zu stellen. Den (potenziellen) Kunden
das Leben zu verschönern und die Welt damit zu einem besseren Ort zu machen. Nachhaltig
zu produzieren und damit Gewinn zu erzielen. Und hier sind die Gewinne von heute die
Basis für die Kosten von morgen! Erfüllen Sie diesen Auftrag – und Sie können Arbeits-
plätze schaffen, Wohlstand sichern und investieren. In neue Techniken, neue Produkte, in die
Zukunftsfähigkeit Ihres Unternehmens. Gewinnorientierung ist existenziell, um den gesellschaftspolitischen Auftrag auch morgen noch ausführen zu können.

Für diese Aufgabe sind Führungskräfte mit ausgeprägtem Verantwortungsbewusstsein
gefragt. Und zwar nach innen und außen. Nach innen hinsichtlich der Prozesssteuerung
und Qualität. Und nach außen in Bezug auf die Wirkung des eigenen Unternehmens
gegenüber Kunden, Geschäftspartnern und Gesellschaft. Führungskräfte müssen den
Rahmen schaffen, in dem sie – und ihr Team – heute und künftig verantwortungsbewusst
und gewinnorientiert agieren können.

Auch bei der Wahl des Arbeitsplatzes spielen Werte heutzutage eine größere Rolle als noch vor zehn oder zwanzig Jahren. So ergab die Arbeitgeberstudie *Most wanted 2013*, durchgeführt von e-fellows.net, dass »Spaß an der Arbeit« für die High Potentials wichtiger ist als »Arbeitsplatzsicherheit«.  Letzterer Wert lag im Ranking der 25 abgefragten Kriterien nur im Mittelfeld, die Werte »Einstiegsgehalt« und »Gehaltssteigerung« sogar nur im unteren Viertel. Auf Platz 2 bis 4 der wichtigsten Kriterien stehen hingegen »kollegiale Zusammenarbeit«, »herausfordernde Aufgaben« und »Weiterbildungsmöglichkeiten«.

Dieser Trend hat sich in den letzten Jahren noch verstärkt, wie eine Vielzahl von Studien und Umfragen zu den Job-Erwartungen und -Einstellungen der sogenannten Generation Y zeigen. Hinzu kommt, dass 63 Prozent der Arbeitnehmer nach einer Umfrage des Karriereportals monster.de wechselbereit sind: Selbst wenn sie nicht aktiv nach neuen Herausforderungen suchen, sind sie doch immer auf dem

Sprung zu einem Arbeitgeber, der ihren Vorstellungen entspricht, der ihnen Raum für die persönliche Work-Life-Balance bietet und der sie an einer Idee oder Aufgabe teilhaben lässt. Denn der Mitarbeiter heute möchte sich nicht nur mit seiner persönlichen Karriere identifizieren – er möchte Teil einer Aufgabe, einer großen Sache sein. Er möchte sich mit seinem Arbeitgeber und mit den Produkten identifizieren. Er will nicht gegen, sondern mit seinen Überzeugungen verkaufen. Und er verlangt von seinen Vorgesetzten, seinem Team, dass er dabei unterstützt wird.

Mitarbeiter wünschen den Ausbau ihrer digitalen Kompetenzen

Zur Unterstützung, die er von seinen Führungskräften erwartet, gehören eine kollegiale Zusammenarbeit und vor allem fachliche Weiterentwicklung. Denn trotz wichtiger Schlagwörter wie »Glück schlägt Geld« oder »Sinn schlägt Status« – die Mitarbeiter heute sind keine Träumer. Herausfordernde Aufgaben stehen für sie aktuell an erster Stelle (McKinsey 2016) und Geld verdienen wollen sie auch (Most wanted 2016) sowie dort arbeiten, wo sie sich verwirklichen können. Dies sehen sie aktuell in den Branchen Unternehmensberatung, Wissenschaft, Automobilindustrie und Gesundheitswesen, eher nicht in den klassisch vertriebsorientierten Branchen wie Banking (Platz 5 / 20), Versicherungen (Platz 19 / 20) und Handel (Platz 20 / 20). (ebd.)

Was sie zudem erwarten, ist, dass ihre Digitalkompetenzen im Job ausgebaut werden. 90 Prozent der Teilnehmer an der e-fellows-Studie 2016 halten Digitalkompetenzen wie die Analyse großer Datenmengen, den Umgang mit Enterprise Software, die Webanalyse und Programmierkenntnisse für sehr wichtig. 75 Prozent gaben aber an, dass sie selbst über keine oder nur sehr geringe Digitalkenntnisse verfügen. Als sehr gut bezeichneten sie nur ihre Kenntnisse bei der Nutzung von Präsentationswerkzeugen, bei der Recherche von Informationen im Internet und im Umgang mit Social Media. Auch hier zeigt sich also, dass Sie Ihre Kompetenzen als Digital Leader heute ausbauen müssen, um die (neuen) Mitarbeiter im Vertrieb als Vorbild entwickeln und führen zu können.

Was bedeuten solche Studienergebnisse für Sie, für die Führung Ihres Teams und jedes einzelnen Mitarbeiters? Offenbar reicht es heute nicht mehr aus, Mitarbeitern klare Jahres- oder Umsatzziele zu setzen. Der Mitarbeiter von heute hat weniger wirtschaftlichen Druck. Er oder sie sucht sich den Arbeitgeber aus – nicht umgekehrt. Auch dies hat sich verändert und ist eine Folge der Demografie und der Globalisierung.

Die vier Ebenen der Vertriebsführung in digitalen Zeiten

Um neue Leute zu halten, müssen Sie sie integrieren und zu einem Teil der Aufgabe machen, die gemeinsam gelöst wird. Sie müssen die Neuen wertorientiert führen. Dies ist eine komplexe Aufgabe, für die eine Reihe von Hard und Soft Skills notwendig sind.

Dabei gilt: Nur wer sich selbst führen und Verantwortung für sich und seine Taten übernehmen kann, kann auch andere verantwortungsbewusst führen. Und es gilt auch: Nur wer sich selbst führen lässt, wer als Führungskraft akzeptiert, dass auch er ein Teil eines Ganzen ist, der hat die Voraussetzungen dafür, auch andere führen zu können.

Die Selbstführung ist die erste Ebene der vier Führungsebenen. Sie ist Bedingung und Basis, Fundament und Voraussetzung. Die weiteren Ebenen sind die dialogische Mitarbeiterführung, die Teamführung und die Unternehmensführung.

Was bedeutet es, sich selbst führen zu können? Um sich selbst führen zu können, müssen Sie in der Lage sein, sich selbst und Ihr Handeln zu reflektieren und Ihre Ziele immer wieder zu prüfen. Sie müssen sich quasi von außen betrachten. Damit schaffen Sie den Rahmen, sich selbst führen lassen zu können. Nur wer diese besondere Situation kennt und ak-

Erfolge sind Überwindungsprämien

zeptiert, ist dazu fähig, sich in andere hineinzuversetzen, und erlebt durch eigene Erfahrung, was es bedeutet, sich einzulassen und zu begreifen, dass niemand unersetzlich ist. Diese Selbstbewusstheit ist die Basis für Selbstvertrauen. Daraus folgt Selbstverantwortung und die macht schließlich Selbstüberwindung möglich. Persönliche Erfolge sind immer auch Überwindungsprämien. So ist Selbstführung erfolgreich und so gleichen Sie Ihr Handeln und Ihre Fähigkeiten kritisch mit dem ab, was Sie von sich und was andere von Ihnen erwarten. Dieser kontinuierliche Abgleich von Fremd- und Selbstbild zählt zu den Kardinaltugenden erfolgreicher Führungspersönlichkeiten.

Messen Sie sich, Ihr Handeln und Ihre Ergebnisse an objektiven Maßstäben. Beschäftigen Sie sich mit Ihren Stärken. Stärken Sie Ihre Stärken und finden Sie Lösungen für Ihre Schwächen. Lernen Sie, beides zu akzeptieren. Erkennen Sie, von welchen Werten Ihr Handeln geleitet wird und welche Potenziale schlicht ungenutzt brachliegen. Nur wenn Sie solche Reflexionen anstellen und konsequent an sich selbst arbeiten, können Sie sich und andere erfolgreich führen. Können Sie zum Vorbild für Ihre Mitarbeiter und Ihr Team werden. Können Sie natürliche Autorität ausstrahlen und als Taktgeber agieren und damit Ihr Team und jeden einzelnen Mitarbeiter zum Erfolg führen.

Eigenes Führungscontrolling Wir haben oben schon die vier Ebenen der Führung angesprochen: Selbstführung, Mitarbeiterführung 1:1, Teamführung, Unternehmensführung.

Die erste Ebene bedeutet: Wer andere führen möchte, muss sich zunächst selbst führen. Muss das eigene Handeln kritisch hinterfragen, sich selbst reflektieren, sich führen lassen. Als Führungskraft müssen Sie Ihr Wissen, Ihr Können und Ihre Wirkung auf andere immer wieder prüfen. Sie müssen sich aktiv weiterbilden, Ihre Kompetenzen stärken und Ihre eigene VertriebsIntelligenz® fördern. All diese Anforderungen an Sie als Führungskraft lassen sich unter dem Begriff Führungscontrolling zusammenfassen.

Dazu habe ich Ihnen im Folgenden eine Übersicht an Verhaltensweisen, Impulsen und Handlungen zusammengestellt, die Ihrer eigenen persönlichen Reflexion Ihres (Selbst-)Führungsverhaltens und Ihrer (Selbst-)Führungskompetenzen dienen kann. Es handelt sich jeweils um positive Beschreibungen für Verhalten und Handlungen, die hervorragende, reflektierte Führungskräfte auszeichnen. Prüfen Sie sich bei jeder dieser Aussagen selbst, inwieweit sie auf Sie zutrifft.

REFLEXION: Wie handeln Sie?

Übung

Ich definiere strategische Ziele größerer Bereiche und setze Leitlinien zur Umsetzung. Dafür stelle ich die notwendigen Ressourcen zur Verfügung und entwickle die Kompetenzen meiner Mitarbeiter im Hinblick auf die Operationalisierung der Ziele. ❑

Ich habe ausgezeichnete Führungseigenschaften, binde alle Ebenen in den Kommunikationsprozess ein. Ich integriere Shareholder-Value-Gedanken und erziele überdurchschnittliche Ergebnisse. Außerdem entwickle ich strategische Innovationen zur permanenten Ausweitung der Märkte. ❑

Ich definiere Ziele meiner Arbeitsumgebung, der Abteilung, des Teams und kommuniziere dies meinen Mitarbeitern. ❑

Ich nutze digitale Tools und bin mir diesbezüglich meiner Vorbildfunktion für meine Mitarbeiter der Gen Y und Gen Z bewusst. ❑

Ich verfüge über ein reichhaltiges Führungsrepertoire aufgrund meiner guten theoretischen Ausbildung und meiner umfangreichen Erfahrung. Ich kommuniziere Strategien und definiere erforderliche Prozesse. ❑

Ich habe mich in die Führungsmodelle und -tools der Digital Leadership eingearbeitet. ❑

Ich gelte als ausgewiesener Spezialist in meiner Branche. Dafür verfeinere ich meinen Expertenstatus stetig. Ich kenne meine Schwächen und habe Wege gefunden, sie auszugleichen. ❑

Ich kenne meine Stärken, fördere und entwickle sie gezielt zum Expertentum. Ich gestalte Situationen aktiv so, dass meine Stärken zum Tragen kommen. ❑

Ich habe eine ungefähre Vorstellung meiner Stärken, setze sie allerdings nur sporadisch, eher zufällig oder außengesteuert ein. Ehrlich gesagt, pendle ich zwischen Stärken- und Schwächenorientierung. ❑

Ich bin in der Lage, mich und andere zur kontinuierlichen Arbeit anzuregen. Ich liefere mit zunehmender Projekt-/ Aufgabendauer ständig bessere Arbeitsergebnisse ab. ❑

Ich bin mir aller Aspekte der vier Ebenen der Führung (Selbstführung, Mitarbeiterführung, Teamführung, Unternehmensführung) bewusst und fähig, mich auf der Ebene der Selbstführung und des Selbstmanagements effektiv zu führen. ❑

Ich habe über die verschiedenen Ebenen der Führung gelesen und mir theoretisches Wissen angeeignet. ❑

Ich bin mir aller Aspekte der vier Ebenen der Führung bewusst und bilde mich ständig über die neuen Erkenntnisse im Bereich der Führung weiter. Ich wende diese Erkenntnisse an und reflektiere ständig meinen Führungsstil, den ich auf allen vier Ebenen ausübe. ❏

Ich bin mir der Aspekte der vier Ebenen der Führung bewusst und erweitere mein theoretisches Wissen ständig, da ich meine Mitarbeiter zu Umsatzerfolg im Unternehmen und persönlicher Zufriedenheit führen möchte. ❏

Ich analysiere selbstständig die betrieblichen Produktionsfaktoren und erstelle mögliche Kombinationsszenarien, die einen Mehrwert erwarten lassen / erzielen. ❏

Ich kann unter Anleitung die betrieblichen Produktionsfaktoren analysieren und kombinieren; ich versuche, darauf einen Weg zur Erzielung eines Mehrwerts aufzubauen. ❏

Ich kann aufgrund unternehmensinterner und externer Analyseergebnisse und persönlicher Beobachtungswerte Produktionsfaktoren so miteinander kombinieren, dass ein schneller, nachhaltiger und deutlicher Mehrwert für das Unternehmen entsteht. Ich entwickle die wirtschaftlichen Visionen und leite dieses Können an die Mitarbeiter weiter. ❏

Ich entwickle aufgrund der definierten Unternehmensziele die Wachstumsstrategie auf Basis meines Wissens über digitale Transformation (nach außen, nach innen), neue Märkte, neue Trends, neue Produkte und auf Basis der aktuellen Wettbewerbssituation. Ich kümmere mich um die Ausweitung bestehender Märkte und versetze mein Team in die Lage, die Ziele operativ umzusetzen. ❏

Ich definiere die Entwicklungs- und Wachstumsdynamik meines Unternehmens und berechne optimale Wachstumsschübe, denn meine Aufgabe ist es, die sichere Eroberung des Zukunftsmarktes für mein Unternehmen zu unterstützen. ❏

Ich unterstütze den Wachstumsprozess meines Unternehmens im Bereich der Zukunftsmärkte durch Abwicklung von Teilprojekten. ❏

Ich kontrolliere die Entwicklung meiner Abteilung oder meines Unternehmens mit geeigneten Tools wie BI-Systemen (Business-Intelligence-Systeme) und generiere Wachstumsziele auf Ebene des Gesamtunternehmens. Ich lege die Marktstrategien für die Zukunft fest und definiere übergeordnete Marktziele und Positionierungsziele. Dafür übertrage ich einzelne Projekte an strategische und operationale Einheiten der Unternehmensentwicklung. Zuverlässig erreiche ich so die definierten Ziele der Eroberung der Zukunftsmärkte. ❏

Ich bin kreativ in der Neudefinition von Prozessen und Verfahren. Ich habe keine Angst, bestehende Prozesse oder Machtverhältnisse im Unternehmen anzugreifen und dafür alternative Vorschläge zu erarbeiten. Am Veränderungsprozess des Unternehmens (Changemanagement) bin ich beteiligt. ❏

Seien Sie dabei ehrlich zu sich selbst. Denn Selbst(er)kenntnis ist die Grundlage der Selbstführung. Fragen Sie sich regelmäßig, ...

• über welche Stärken Sie verfügen, die Sie durch konsequentes Stärkenmanagement noch weiter ausbauen müssen.

- von welchen Werten Ihr Handeln geleitet wird.
- welche Potenziale bei Ihnen brachliegen, die Sie stärken sollten.
- in welchen Situationen Sie sich führen lassen.
- wo Ihr »Engpassfaktor« liegt – welche Potenziale Sie mittels Training, Seminaren oder Coaching bearbeiten sollten.
- welche Einstellung Sie zu anderen Menschen und zu Ihrem Job haben.
- welcher Stresstyp Sie sind und wie Sie mit belastenden Situationen am besten umgehen.
- wie Sie mit notwendigen Veränderungen zurechtkommen.
- welcher Motivationstyp Sie sind.

Erst diese Selbst(er)kenntnis versetzt Sie in die Lage, verantwortlich, selbstbestimmt, zielorientiert und bewusst zu handeln. Sich selbst – und darauf aufbauend – andere zu führen. Sie schaffen sich eine emotionale Basis als »stabile« Führungspersönlichkeit, die Ihnen bei den neuen Herausforderungen hilft. Denn Führung findet ja nicht in einem geschützten Raum statt, in dem Sie und Ihre Mitarbeiter sich wie in einem ruhigen Zeitkokon bewegen, sondern sie wird von außen ständig mit neuen Anforderungen konfrontiert. Aktuell insbesondere natürlich mit den massiven Herausforderungen, die der digitale Wandel mit sich bringt. Führung wird zu »Digital Leadership«.

Selbsterkenntnis ist die Basis für Führung

2.4. Digital Leadership im Vertrieb

Die digitale Transformation verlangt herausragende klassische Führungskompetenzen und neue Kompetenzen im Bereich Digital Leadership. Noch steht es darum in vielen Unternehmen schlecht, wie folgende Abbildung zeigt:

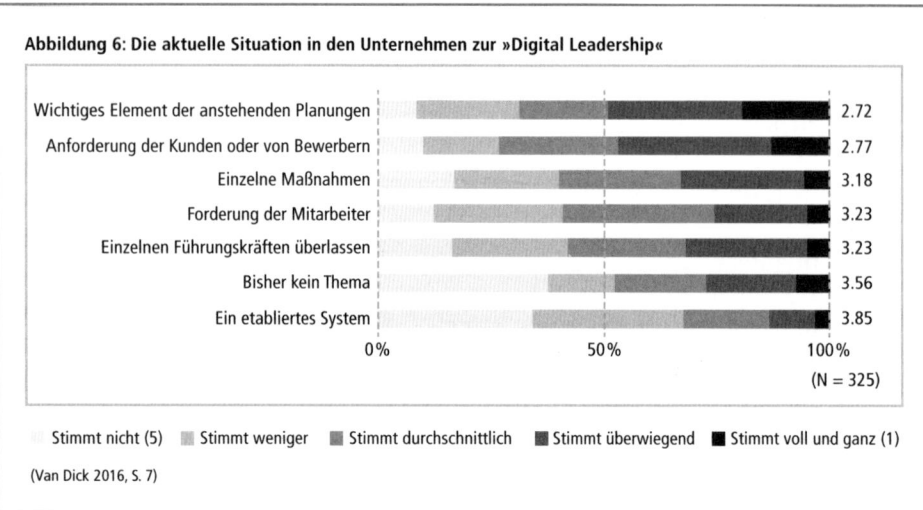

Abbildung 6: Die aktuelle Situation in den Unternehmen zur »Digital Leadership«

Wichtiges Element der anstehenden Planungen	2.72
Anforderung der Kunden oder von Bewerbern	2.77
Einzelne Maßnahmen	3.18
Forderung der Mitarbeiter	3.23
Einzelnen Führungskräften überlassen	3.23
Bisher kein Thema	3.56
Ein etabliertes System	3.85

0%   50%   100%
(N = 325)

■ Stimmt nicht (5)   ▨ Stimmt weniger   ▨ Stimmt durchschnittlich   ■ Stimmt überwiegend   ■ Stimmt voll und ganz (1)

(Van Dick 2016, S. 7)

Mit diesem Grundlagenbuch erhalten Sie einen Überblick über relevante Kompetenzen, Verhaltensweisen und Maßnahmen, die in verschiedenen Studien als entscheidend für einen Digital Leader bezeichnet wurden. Dazu gehören:

- Veränderung der eigenen Führungskommunikation
- stärkere Vernetzung mit Mitarbeitern
- Aneignung neuer Führungskompetenzen
- Umsetzung digitaler Geschäftsprozesse
- hierarchiefreies Denken und Verhalten
- aktive Nutzung neuer Methoden
- Zusammenstellen von effizienten, agilen Teams
- aktive eigene Nutzung von sozialen Medien

Klingt ja alles schön, mögen Sie jetzt denken – aber was heißt das für Sie konkret? Es bedeutet, dass Sie sich als digital Leader einige neue Führungsinstrumente aneignen müssen – Führungsinstrumente, die Ihre Vertriebsführung agil, zukunftsorientiert und stimmig für die neuen Mitarbeiter machen sowie partizipativ und transparent sind. Einige dieser neuen Führungsinstrumente möchte ich im Folgenden kurz vorstellen, bevor wir konkret in die Umsetzung gehen.

HINTERGRUNDWISSEN:
Führungssysteme und -instrumente von Digital Leadership

Agile Führung

Agilität bedeutet zunächst einmal, als Individuum oder Unternehmen rasch auf Veränderungen reagieren zu können. Der Begriff »agiles Management« beruht auf dem ursprünglichen Konzept von »Agilität« aus der Softwareentwicklung, womit in erster Linie ein höchst anpassungsfähiges Projektmanagement gemeint war. »Agile Führung« gab es als Konzept schon in den 1950er-Jahren, sie erlebt in der aktuellen digitalen Transformation jedoch eine Blüte. Das Konzept der hohen Anpassungsfähigkeit bedeutet: Es wird mit kurzen Umsetzungszyklen gearbeitet, in denen schnell konkrete Ergebnisse, sogenannte Prototypes, erzielt werden sollen, die anschließend angepasst werden. Die Rahmenbedingungen werden dabei ständig analysiert und nach dem Motto »inspect and adapt« werden Anpassungen vorgenommen (siehe auch https://www.haufe.de/thema/agilitaet/). In der aktuellen Konnotation verweist das Konzept der agilen Führung auch auf eine Vertrauenskultur, die interdisziplinäres und vernetztes Vorgehen sowie die Eigenverantwortung ihrer Mitarbeiter unterstützt. Es zeichnet sich durch kurze Planungszyklen, hohe Adaptivität, iteratives, also schrittweises Vorgehen nach dem Prinzip »Trial and Error« aus und setzt auf laterale Führung.

Laterale Führung

Laterale Führung bedeutet wörtlich »Führung von der Seite« – und genau das ist auch gemeint: eine Führung ohne direkte Weisungsbefugnis. Das funktioniert auf Basis von Vertrauen, zugedachter Autorität für einen spezifischen Kompetenzbereich und der Schaffung eines gemeinsamen Projektrahmens, in dem die hierarchische Führung nicht wesentlich ist, um das Projekt zum Erfolg zu führen. (Fürstberger, Ineichen 2016)

Scrum

Scrum (englisch: »Gedränge«) bezeichnet einen hoch empirischen und iterativen Ansatz des Projektmanagements, der auf der Erfahrung beruht, dass viele Projekte zu umfangreich und komplex sind, um sie von Anfang an durchstrukturieren zu können. Stattdessen werden Teilziele und Zwischenergebnisse definiert, die wiederum dazu dienen, den Projektplan »laufend«

immer weiter zu verfeinern. Ursprünglich ist Scrum eine Entwicklungstechnik im Rahmen der agilen Softwareentwicklung, gedacht, um möglichst schnell und kostengünstig die Entwicklung von aufwendigen Produkten zu realisieren. Der Ansatz lässt sich aber auf jede Projektentwicklung übertragen. Dafür werden nicht wie bisher möglichst detaillierte Pflichtenhefte geschrieben, sondern es wird aus Anwender-/Kundensicht eine Vision entwickelt, was das Projekt leisten soll. Das ist das sogenannte Product Backlog, das in Sprint Backlogs, also Terminphasen, übersetzt wird. Wie genau diese Vision zu erreichen ist, entwickelt aber nicht der Kunde, sondern das Scrum-Team nach agilen Prinzipien. Der Scrum Master, der Spielführer des agilen Teams, achtet auf Resultate und darauf, dass die Fristen und die Regeln eingehalten werden. Zwischenschritte auf dem Weg dahin werden in sogenannten Sprints definiert, die Teilergebnisse oder Teilprodukte dann ausgeliefert und im nächsten Schritt verbessert und weitergeführt. Dafür sind intern und extern je drei Rollen vorgesehen: Intern gibt es den Product Owner (das könnten Sie als Vertriebsleiter sein), das Entwicklungsteam und den Scrum Master – also den Projektleiter. Und extern gibt es den Kunden, den Anwender und das Management. (Gloger, Margetisch 2014)

Bottom up und Holacracy

Als »Bottom up«-Führung bezeichnet man die Übernahme von Führungszielen von unten nach oben. Holacracy – im Deutschen auch »Holokratie« genannt – geht noch einen Schritt weiter. Es ist ein komplettes System der Selbstorganisation der Mitarbeiter eines Unternehmens. Dazu gibt es eine »Holokratie-Verfassung« (»Holacracy Constitution«), die im Wesentlichen die dynamische Steuerung nach Prinzipien der integrativen Entscheidungsfindung unterstützt. Entwickelt wurde Holacracy von dem US-Unternehmer Brian Robertson als Systematik, um Entscheidungen über alle Ebenen hinweg transparent und partizipativ zu halten. (siehe auch http://www.holacracy.org/ und Robertson 2015)

Working Out Loud

Diese Methode des informellen Lernens und des Wissensmanagements beruht wesentlich darauf, in Netzwerken transparent und offen zusammenzuarbeiten. Der Begriff wurde von John Stepper, einem Managing Director der Deutschen Bank, geprägt, der den Ansatz so beschreibt: »Working Out Loud starts with making your work visible in such a way that it might help others. When you do that – when you work in a more open, connected way – you can build a purposeful network that makes you more effective and provides access to more opportunities.« (Stepper 2015)

Dazu wurden fünf Kernelemente definiert:

1. Making your work visible – Arbeits- und Zwischenergebnisse beispielsweise in Blogs oder E-Portfolios veröffentlichen

2. Making work better – Querverbindungen und Rückmeldungen nutzen, um bessere Ergebnisse zu erzielen

3. Leading with generosity – Großzügigkeit vorleben, damit auch andere sich engagieren

4. Building a social network – ein Unterstützer-Netzwerk mit interdisziplinären Themen und Beziehungen aufbauen

5. Making it all purposeful – dem ganzen einen Sinn und klare Zielrichtung geben

Mitarbeiter in Unternehmen werden mit dieser Methode zum Teilen und zur Selbstorganisation von Wissen befähigt. In 2017 arbeitete zum Beispiel die Deutsche Post (DHL) mit diesem Instrument. (http://www.managerseminare.de/blog/offenheit-lernen-working-out-loud-deutschepostdhl/2017/02)

BarCamp

Diese Form der Großgruppenmoderation ist auch als »Unkonferenz« oder »Ad-hoc-Nicht-Konferenz« bekannt. Charakteristisch für BarCamps sind der ungehinderte Wissensaustausch und die aktive Gestaltung vor Ort ohne vorher festgelegte Sessions. Oft, aber nicht zwingend, ist ein Ziel vorgegeben; ansonsten werden Ablauf, Inhalte und Diskussion von den Teilnehmern selbst entwickelt und gestaltet. BarCamps sind grundsätzlich offen für Interessierte (aber nicht immer kostenfrei); eingeladen wird via Social Media, Blogs oder auch Plattformen. Eine Übersicht über geplante BarCamps findet sich beispielsweise unter www.barcamp-liste. de. (Schüller 14.06.2015)

Führungsprinzipien der Zukunft: So führt die Gen Y
Eine Studie mit der Universität Luxemburg 2014–2016

Transparenz und Partizipation, Schnelligkeit und höchste Adaptivität – das sind grundlegende Muster der neuen Führung im Vertrieb. Aber sind das Phrasen?

Keineswegs, denn die Generation der Digital Natives, also der zwischen 1980 und 1995 Geborenen, die mit der digitalen Transformation, mit Smartphone und Social Media aufgewachsenen sind, ist jetzt nicht mehr nur Bewerber, Nachwuchs oder Mitarbeiter im Unternehmen, sondern übernimmt in vielen Firmen bereits die erste und zweite Führungsebene. Die Generation Y bringt veränderte Ideale mit und ist in Bezug auf Technologie anders sozialisiert als ältere Führungskräfte. (Feltes 2016)

In einem eigenen Forschungsprojekt mit der Universität Luxemburg habe ich untersuchen lassen, was das Führungsverhalten und die Social-Media-Nutzung im Führungsalltag dieser Digital Natives, die ganz schnell zu Digital Leaders werden, auszeichnet. Es konnte unter anderem festgestellt werden, »[…] dass Gen-Y-Führungskräfte nicht nur einen Führungsstil praktizieren, sondern Mischformen aus aufgabenbezogener, personenbezogener, transaktionaler und transformationaler Führung. Die Mitarbeiterführung der Gen-Y-Führungskräfte kann trotz unterschiedlicher Kombinationen der einzelnen Führungsstile als ergebnisorientiert und teamorientiert bezeichnet werden und ist durch flache Hierarchien und den häufigen Einsatz von Feedback gekennzeichnet. Bezogen auf die Social-Media-Nutzung zeigte dies, dass Gen-Y-Führungskräfte ein ausgeprägteres Social-Media-Profil aufweisen, als […] Babyboomer-Führungskräfte. Es konnte zudem festgehalten werden, dass signifikante Zusammenhänge zwischen dem praktizierten Führungsstil und der Social-Media-Nutzung der Gen-Y-Führungskräfte bestehen. Für die Generation Y weisen Führungskräfte mit personenbezogenem Führungsstil die qualitativ stärkste Social-Media-Nutzung auf«.

Die von Feltes (2016) entwickelten Social-Media-Profile zeigen deutlich, dass Social-Media-Nutzung nicht bei Google und dem Versenden von Nachrichten endet. Wie in Abbildung 7 erkennbar, können bestehende Arbeitsprozesse (APs) durch den Einsatz von Social Software kollaborativer gestaltet und somit der Workflow und die Zusammenarbeit über Hierarchien, Abteilungen, Standorte verbessert werden. Wenn es um den Einsatz sozialer Medien im Unternehmenskontext geht, sollte nicht der Fehler gemacht werden, bestehende Prozesse eins zu eins von analog in digital zu übersetzen, Prozesse und Arbeitsweisen sollten viel eher an die Grundprinzipien und Funktionsweisen sozialer Medien angepasst werden. Um dieses neue Mindset erfolgreich im Unternehmen zu implementieren, zeigen Generation-Y-Führungskräfte, dass sie maßgebliche Gestalter sein können, um die Social-Media-Nutzung auf ein neues Level zu heben.

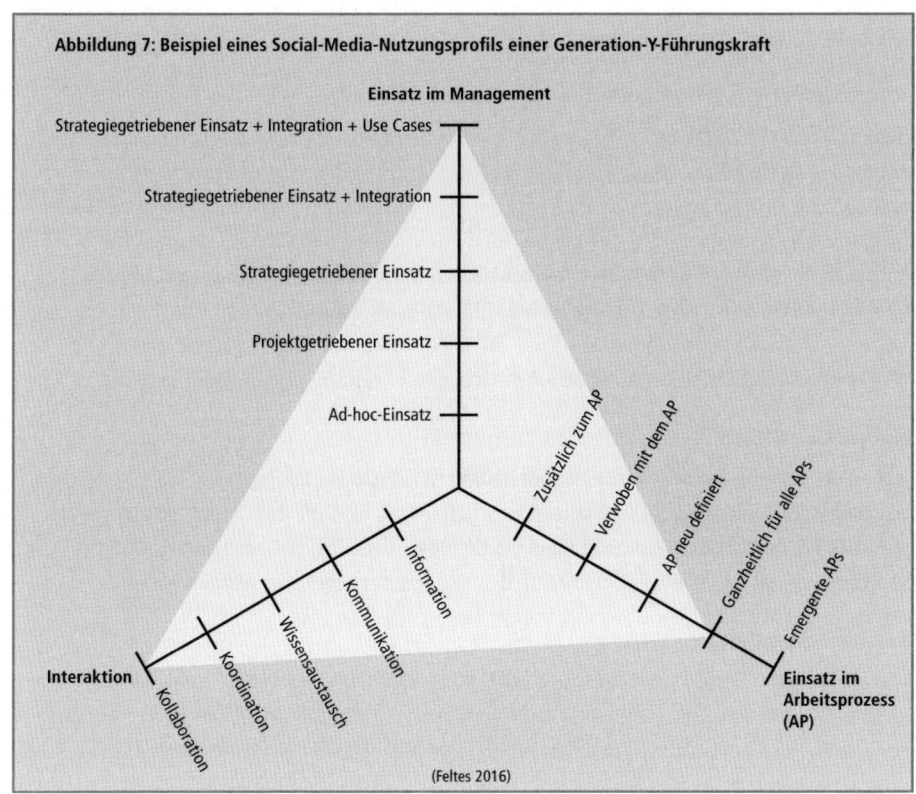

Abbildung 7: Beispiel eines Social-Media-Nutzungsprofils einer Generation-Y-Führungskraft

Einsatz im Management

Strategiegetriebener Einsatz + Integration + Use Cases

Strategiegetriebener Einsatz + Integration

Strategiegetriebener Einsatz

Projektgetriebener Einsatz

Ad-hoc-Einsatz

Zusätzlich zum AP

Verwoben mit dem AP

AP neu definiert

Ganzheitlich für alle APs

Emergente APs

Information

Kommunikation

Wissensaustausch

Koordination

Kollaboration

Interaktion

Einsatz im Arbeitsprozess (AP)

(Feltes 2016)

Weiter heißt es in der Studie bezogen auf das Führungsverhalten der Gen Y:

HINTERGRUNDWISSEN:
Führungsverhalten in der Digital Leadership der Gen Y (Studie)

Transformational

Die Führungskraft der Gen Y tritt als moralisches, werteorientiertes Vorbild für ihre Mitarbeiter auf. Sie setzt Mitarbeiter stärkenorientierter in einem Arbeitsumfeld ein, das ihren Bedürfnissen entspricht. Dieser Führungsstil ist geprägt von Vertrauen und Zutrauen in das Individuum und das Kollektiv. Die kollektive Zusammenarbeit zeichnet sich durch eine hierarchielose Führungsstruktur aus, in der über inhaltliche Zuständigkeiten Verantwortungsbereiche geschaffen werden. Die Führungskraft erwirbt sich Vertrauen, Respekt und damit Loyalität.

Transaktional + Transformational = Full Range Leadership

Bass & Avolio (1990) fassen die beiden Ansätze der transaktionalen und transformationalen Führung unter dem Konzept der Full Range Leadership zusammen. Die charismatischen, emotionalen Eigenschaftsansätze der transformationalen Führung sollen zusammen mit den Belohnungssystemen und Weg-Ziel-Elementen der transaktionalen Führung das gesamte Spektrum der positiven Mitarbeiterführung abbilden. Verschiedene Studien zeigen, dass bei langfristigen Veränderungsprozessen die transformationale Führung Erfolg versprechender ist als die transaktionale Führung. Als Kritik am Konzept der Full Range Leadership ist zu nennen, dass der Bereich der Aufgabenorientierung nicht explizit berücksichtigt wird.

Aufgabenorientiert

Neben der Mitarbeiter- oder Personenorientierung ist Aufgabenorientierung eine der wichtigsten Dimensionen des Führungsverhaltens. Hier geht es um die Definition klarer Ziele, der Wege zum Ziel, um Aufgabenstrukturierung und um Kontrolle, die durch entsprechende Techniken wie Lob und Tadel, Anerkennung und Kritik dem Mitarbeiter gegenüber aktualisiert wird.

Personenorientiert

Mitarbeiter- oder Personenorientierung – auch »Consideration« genannt – ist ein Führungsansatz, der sich menschlich um den Mitarbeiter kümmert, nach seinem Wohlergehen fragt und nach tendenziell hoher Arbeitszufriedenheit im Team und beim einzelnen Mitarbeiter strebt.

Kurz und knapp: Lassen Sie sich nicht abhängen! Die Ansprüche der Gen Y sind klar werteorientiert. Freiheit schlägt Firmenwagen. Glück schlägt Geld. Die jetzt in die Führungsetagen drängenden jungen Führungskräfte sind nicht ohne weiteres bereit, die Extrameile zu gehen, Überstunden zu machen, sich reinzuhängen. Schon gar nicht nur für Geld. Sie wollen Teil einer Story sein, sich einbringen, Verantwortung tragen und einer sinnvollen Tätigkeit nachgehen, die in Übereinstimmung mit den eigenen gelebten Werten steht. Ist das nicht gegeben, kündigen sie. Auch ohne sofortige Alternative. Und da Status als Motiv nicht mehr zieht, ist diese Generation auch nicht so einfach zu führen. Ohne Akzeptanz und ohne Respekt geht es nicht, und ohne Antworten auf das Warum (Motivation) und das Wozu (Sinn, Mission) auch nicht. Ich möchte Ihnen im vorliegenden Standardwerk auch konkrete Ansätze liefern. Schauen wir uns im Folgenden einige Anregungen für die Praxis an.

Das Web als internes Managementtool

Ein Team zu führen, zu Bestleistungen zu motivieren und als Führungskraft am Ball zu bleiben, erfordert Kraft, Ausdauer und Motivation. Vor allem bei größeren Teams ist es dabei wichtig, die Fäden in der Hand zu halten. Nur so können Sie effizient führen, gegensteuern, wenn nötig, und vor allem unterstützen.

Schnelle und transparente Information, Wissenstransfer und Zugriff auf relevante Informationen – diese Faktoren helfen Ihnen dabei, diesen Auftrag zu erfüllen. Bevor Sie sich jetzt fragen, wie Sie das bei einem Team von zehn, zwanzig oder mehr Mitarbeitern sicherstellen können: Es gibt einen Weg. Und der ist einfacher, als Sie denken.

Virtuelle Kommunikation für mehr Transparenz und schnellen Wissenstransfer

Die Lösung heißt Social Media. Oder konkreter: Social Intranet. Dabei ist es unerheblich, ob Sie eigene Plattformen nutzen, wie dies beispielsweise die Ing DiBa oder die Telekom machen, oder ob Sie bestehende Lösungen wie Salesforce, XING oder Facebook in Form geschlossener Gruppen einsetzen. Die interaktiven Plattformen bieten Ihnen eine Bandbreite an Möglichkeiten, die Transparenz und den Wissenstransfer zu schaffen, die Sie für erfolgreichen Vertrieb benötigen. Und sie bieten eine Möglichkeit, um annähernd in Echtzeit mit Ihren Mitarbeitern kommunizieren zu können. Zu zweit, zu dritt oder bei Bedarf gleichzeitig mit allen. Per Textnachricht, im Chat oder via Video. Vor allem eigene Social-Intranet-Lösungen bieten Ihnen erhebliche Vorteile: Sie können Präsentationen zeigen und diskutieren oder schnell einen Kollegen um Rat fragen. Das Social Intranet holt das ganze Team an einen Bildschirm, in einen virtuellen Großraum zurück – ganz gleich, wo sich Ihre Mitarbeiter oder Sie gerade befinden.

Viele Mitarbeiter haben Social Media bereits für sich entdeckt – zumindest privat. Sie tauschen sich in den Social Media mit Freunden, aber auch mit Kollegen aus, gründen ihre eigenen kleinen geschlossenen Gruppen auf Facebook, um sich gegenseitig auf dem Laufenden zu halten. Nahezu jeder ist heutzutage im sozialen Netzwerk unterwegs. Schreibt Mails. Chattet mit Freunden. Schlägt bei Wikipedia nach. Oder sucht in Foren nach Antworten. Wir haben unser Standardtelefon gegen Smartphones getauscht, mit denen wir ständig online sind. Informationen abrufen. Oder weitergeben. Aber auch beruflich ist der Klick ins Netz selbstverständlich: Wir schauen bei XING und LinkedIn, welchen Werdegang der neue Kollege hat. Stöbern in Einkaufsforen nach Tipps für Anbieter aus Asien. Stellen in XING-Foren Fragen oder beantworten sie. Wir rufen den Speiseplan der Kantine im Intranet ab, statt zum Schwarzen Brett zu laufen – und genau dies können Sie für Ihre Kommunikation, Ihre Führung nutzen: Die Welt von heute ist hybrid, wir alle sind offline und online.

Mit dem Social Intranet lassen sich Informationen effizienter verteilen, lässt sich die operative Arbeit unterstützen und das Gefühl der Zusammengehörigkeit stärken. Nehmen wir als Beispiel die Informationsvermittlung: Lange Zeit wurden wichtige Informationen am Schwarzen Brett ausgehängt, per Mail gestreut oder in persönlichen Gesprächen vermittelt. Das findet auch noch heute statt. Hinzugekommen ist jedoch das Intranet der Unternehmen. Hier werden Hintergrundinformationen hinterlegt, wichtige Formulare, Arbeitsanweisungen, Organigramme, interne Telefonbücher und natürlich der Speiseplan der Kantine – sozusagen als Anreiz, um in die Informationsquellen einmal reinzuschauen.

Was Social Intranets bieten

Das Intranet ist mehr als ein virtueller Aktenschrank, der ab und zu entstaubt werden will. Es ist das Social Network für Ihre Mitarbeiter, in dem Informationen in einer völlig neuen Qualität verteilt werden können. Anders als bei der Verbreitung der Informationen durch E-Mails, Schwarze Bretter und persönliche Gespräche haben Sie mit dem Intranet eine einzige, aber umfassende Kommunikationsplattform, um Ihre Botschaft, Ihre Fragen und Aufforderungen zu transportieren. Ob die Botschaft ankommt, hängt nicht mehr davon ab, ob Ihr Mitarbeiter auf dem Weg zur Kantine am Schwarzen Brett vorbeikommt, denn er hat jederzeit Zugriff auf das Intranet. Er kann sich über eine Push-Funktion digital (z. B. per E-Mail oder Office-Messenger-System) benachrichtigen lassen, wenn neue Informationen eingestellt werden oder wenn er in Postings erwähnt wird, weil ein Kollege von ihm Infos wünscht oder hofft, dass er eine Frage beantworten kann. Das alles geschieht schnell und auf jedem digitalen, netzfähigen Gerät.

Personalisierte Informationen

Gleichzeitig droht im Social Intranet – im Gegensatz zu den offenen Social-Media-Plattformen im Internet – kein Overkill durch zu viele Informationen. Denn auch im Social Intranet lassen sich gezielt einzelne Mitarbeiter, bestimmte Teams oder definierte Unternehmensbereiche ansprechen. Für diese Feinheiten stehen rollen- und interessensbasierte Filter, Such- und Benachrichtigungsmechanismen zur Verfügung. Personalisierte Startseiten mit individuellen Informationen fördern die Nutzung des Social Intranets ebenso wie die Möglichkeit, schnell und unbürokratisch Feedback zu geben, Fragen zu beantworten, Präsentationen zu kommentieren oder digitale Inhalte wie Produkt-Videos mit anderen Kollegen zu teilen oder sie Kunden bei Präsentationen vorzuführen. In Gruppenräumen können Teams gemeinsam an Präsentationen arbeiten, neue Produkte und Verkaufsargumente entwickeln. Und dies ganz gleich, ob sich alle Teammitglieder an einem Ort befinden oder quer über die Welt verstreut sind.

Nun ist die Weitergabe von Informationen jedoch kein Selbstzweck. Vielmehr soll jede Information bei ihrem Empfänger etwas bewirken, eine Handlung auslösen oder ihn in die Situation versetzen, eine Aufgabe besser oder schneller zu lösen. Dies gilt auch für das Intranet: Neue Mitarbeiter können sich via Intranet schneller einarbeiten, sich über den aktuellen Status von Projekten informieren, einen Ansprechpartner finden, bestimmte Fragen stellen und sich ohne großen Aufwand intern vernetzen. Dies beschleunigt den Onboarding-Prozess enorm.

Beschleunigung von Prozessen

Die Vorteile des Intranets beschleunigen auch andere operative Prozesse: Informationen und Wissen werden schneller ausgetauscht, Entscheidungen damit schneller getroffen. Übergreifende Teams können schneller und unkomplizierter zusammenarbeiten, ohne dass sich einzelne Teammitglieder durch einen Wust von für sie irrelevanten Informationen kämpfen müssen. Dazu gibt es beispielsweise die personalisierten Startseiten.

Stärkung der Zusammengehörigkeit

Ein weiterer nicht zu unterschätzender Vorteil des Intranets ist die emotionale Bindung der Mitarbeiter an das Unternehmen, an Ihre Abteilung. Das digitale Großraumbüro, der schnelle Kontakt zu Kollegen stärkt das Zusammengehörigkeitsgefühl mehr als E-Mails und Telefon gemeinsam. Das hat verschiedene Gründe: Projektfortschritte werden gemeinsam erlebbar. Man lernt Kollegen besser kennen – durch die Art, wann sie antworten, wie sie antworten und worauf sie antworten. Videos mit kurzen Ansprachen von Ihnen als Führungskraft oder auch Interviews von zwei bis drei Minuten Dauer zu aktuellen Situationen im Unternehmen können Change-Situationen die Schärfe nehmen und Hintergründe erläutern. Und das viel persönlicher und näher an den Mitarbeitern als jedes Announcement.

Möglicherweise lernen Sie durch die hinterlegten Profile völlig neue Talente bei Ihren Mitarbeitern kennen. Zudem bekommen auch Telefonstimmen ein Bild, ein Profil, aus dem sich vielleicht Anknüpfungspunkte für ein persönliches Gespräch oder ein neues Projekt ergeben.

Vor allem aber: Mitarbeiter fühlen sich nicht mehr allein. Sie erfahren, dass sie bei Fragen Antworten bekommen oder dass andere für ihr aktuelles Problem bereits eine erprobte Lösung haben.

2.5. Social Intranet – ein Tool der Digital Leadership

Schaffen Sie eine breite Akzeptanz für das Social Intranet

Zweifelsohne ist das Social Intranet ein wesentliches Tool für Digital Leadership. Umso wichtiger ist es, dass Sie in Ihrem Team eine breite Akzeptanz für das Tool schaffen. Mit welchen Vorbehalten müssen Sie rechnen? Und wie können Sie diese entkräften?

Die praktische Seite des Intranets liegt in der einfachen Verteilung von Informationen an Ihr Team, Ihre einzelnen Mitarbeiter. Das Social Intranet jedoch allein auf diese Oneway-Funktion zu reduzieren, würde bedeuten, seine Möglichkeiten längst nicht auszuschöpfen. Denn auch für Sie als Führungskraft ist das Intranet keine Einbahnstraße. Im Gegenteil: Sie haben schnellen und zuverlässigen Zugriff auf aktuelle Projektstatus, Protokolle und – sofern freigegeben –

den Terminkalender Ihrer Mitarbeiter. Mit anderen Worten: Sie haben jederzeit Zugriff auf relevante Informationen, ohne sie aktiv bei den Mitarbeitern einfordern zu müssen.

Genau dies schreckt viele Mitarbeiter jedoch ab: Sie können nicht mehr steuern, wann ihr Chef welche Informationen erhält. Ihre Leistungen werden transparent und nachvollziehbar, ebenso wie ihr Beitrag zu bestimmten Problemlösungen. Die Kehrseite von Transparenz ist das Gefühl, überwacht zu werden. Hier hilft nur Vertrauen. Die Mitarbeiter müssen in Sie als Führungskraft das Vertrauen haben, dass es Ihnen nicht um die Überwachung Ihrer Mitarbeiter geht, sondern um den gemeinsamen Erfolg.

Die Ängste der Mitarbeiter vor Überwachung

Der Blick über die Schulter kann aber auch dann unangenehm sein, wenn er vom Kollegen kommt, der möglicherweise der interne Wettbewerber im Kampf um den »Man of the Month« oder die »Woman of the Month« ist. Auch hier liegt es an Ihnen, gegenzusteuern und den gemeinsamen Nutzen, die Vorteile der transparenten Zusammenarbeit zu betonen und gegenseitige Wertschätzung unter den Kollegen als Wert zu etablieren. Vielleicht führen Sie neben dem »Man of the Month« eine weitere Auszeichnung ein: den »Colleague of the Month«.

Machen Sie Ihren Mitarbeitern klar, dass Sie das Team für das nächste übergreifende Projekt anhand der im Intranet hinterlegten Profile auswerten. Dass dort die Ausschreibungen hinterlegt sind, auf die sich Ihre Vertriebsexperten bewerben können. Schaffen Sie interne Anreize, regelmäßig in das Intranet zu schauen – durch aktuelle Informationen. Beispielsweise zur Marktentwicklung, Informationen über die größten Wettbewerber und aktuelle Trends, die Ihren Mitarbeitern als Verkaufsargument dienen können.

Digitale Tools für den Vertrieb im digitalen Zeitalter

Welche Tools eignen sich? Um den Anforderungen der digitalen Transformation im Vertrieb gerecht zu werden, stellt sich die Frage, welche Tools Sie konkret einsetzen können, und zwar in der inneren Vertriebsorganisation – mit der wir uns in den Kapiteln 4 bis 10 beschäftigen – und in der äußeren Vertriebsorganisation zum Kunden hin. Aus meinen aktuellen Erfahrungen in der Beratung und Analyse von vertriebsstarken Unternehmen resultiert folgende Aufstellung, mit der keinerlei Kaufempfehlungen oder »Schleichwerbung« verbunden sind und die selbstverständlich keinen Anspruch auf Vollständigkeit erheben kann.

Beispiele für den Einsatz digitaler Tools im Vertrieb	
Eher intern orientiert	**Eher extern orientiert**
Gruppenanlage in Messenger-Systemen (Apps) wie WhatsApp, Threema oder Wire	Gruppenanlage (auch: Fanpages) auf Facebook, XING, LinkedIn, google+
Termin- und Aufgabenplanung in Online-Organisations- und Projektmanagement-Tools wie Outlook, Trello, Wrike, Evernote	Strukturierte Versendung von einfachen, wiederkehrenden Kommunikationsblöcken mit Autoresponder-Systemen wie Mail-Chimp, GetResponse, CleverReach, Klick Tipp, Sendeffect
Ablage und Verwaltung von Dokumenten, Präsentationen etc. in Cloud-Systemen, mobile Download-Möglichkeit via Dropbox	Service: Issue-Tracking(IST)- und Ticket-Systeme wie zendesk, TecArt, TickX, osTicket, eventbrite, XING
Umfassende Kunden-Datensammlung und »Diggen« (Zusammenführen, Vernetzen, Analysieren, zielorientiert Auslesen) von Big Data in aktuellen CRM-Systemen wie Salesforce, SAP CRM, Microsoft, CRMPATHY oder BSI CRM für Multichannel-Händler	Ablage und Verwaltung von gemeinsamen Dokumenten, kollaborativen Präsentationen etc. in Cloud-Systemen (soweit das Kundenunternehmen den Zugriff erlaubt)
Getextete Echtzeit-Kommunikation: Chat- / Messenger-Systeme	Getextete Echtzeit-Kommunikation: Bots, ChatBots
Visuelle Echtzeit-Kommunikation mit Skype, Google Hangout	Visuelle Echtzeit-Kommunikation mit Skype, Google Hangout
Aktuelle Informationsverbreitung: Intranet, Vertriebsblog	Vertriebsblog, Newsletter
Standortunabhängige Weiterbildung (Skills, Produkttrainings etc.) mittels Webinaren, Lernplattformen, Online-Kursen, live oder als Konserve	Standortunabhängige Weiterbildung (Skills, Produkttrainings etc.) des Kunden mittels Webinaren, Lernplattformen, Online-Kursen, live oder als Konserve

Business-Intelligence-Systeme, mit denen die Performance sämtlicher Unternehmens- und Vertriebsbereiche controlled werden kann wie etwa: Cubeware, Denzhorn BI, Oryalis, (komplett integriert:) Microsoft Dynamics 365	Vertriebliche Nutzung intermediärer digitaler Plattformen

Fazit

Dies ist für mich aus diesem Kapitel besonders wichtig – um diese Punkte werde ich mich noch genauer kümmern:

1) _____

2) _____

3) _____

4) _____

5) _____

6) _____

7) _____

8) _____

9) _____

10) _____

KAPITEL 3

Selbstmanagement: So entwickeln Sie die nötigen Kompetenzen

IHR CHECK AUF EINEN BLICK: Worum es in diesem Kapitel geht

WAS ist in diesem Aufgabengebiet zu tun?	▸ Erforderliche Kompetenzen der Selbstorganisation und des Selbstmanagements reflektieren und analysieren. ▸ Lernen, wo persönliches Verbesserungspotenzial ist. ▸ Die persönlichen Kompetenzen in wichtigen Arbeitsbereichen wie Zeitmanagement, Zielsetzung, Aufgabenpriorisierung und Umsetzung bis zur Zielerreichung aktualisieren.
WARUM ist es zu tun?	▸ Auch auf der persönlichen Ebene unterscheiden wir zwischen guter Führung und gutem Management. Geht es bei dem einen um die richtigen Werte, Visionen, Selbstreflexionen und Verhaltensweisen, so geht es bei dem anderen um die gute Selbstorganisation, das Zeitmanagement, die Planung und effektive Zielsetzung und -erreichung. ▸ Erst wenn Sie sich als Führungskraft im Vertrieb auch auf der persönlichen Ebene gut organisiert haben, können Sie Ihren Managementaufgaben auf der interpersonalen und organisationalen Ebene gerecht werden. Ansonsten versinken Sie angesichts der Vielzahl der zu erfüllenden Aufgaben und zu erreichenden Ziele im Chaos.
WIE konkret ist es zu tun?	▸ Sie ermitteln die für Ihre Aufgabe persönlich wichtigen (digitalen) Kompetenzen. ▸ Sie lernen, zu priorisieren und eigene Aufgabenziele zu setzen. ▸ Sie erarbeiten einen Maßnahmenplan zur Kompetenzsteigerung. ▸ Sie reflektieren Ihre Fähigkeit, Wissen und Können an Ihre Mitarbeiter weiterzugeben. ▸ Sie beschäftigen sich ganz konkret mit Trainingskonzepten für den Vertrieb.

Stellen wir uns den Tatsachen: In Ihrer (neuen) Rolle als Vertriebsleiter/in sind Sie die »immer leistende, ständig präsente eierlegende Wollmilchsau«. Von allen Seiten Erwartungen. Vom Topmanagement, von ihren neuen Mitarbeitern, vom Markt, von Kunden, von aktuellen Geschehnissen. Jeder schreit: »Hier brennt's, wir brauchen dich.« In anderen Unternehmensbereichen, in bestimmten Branchen (Technik, Chemie, Pharma, Wissenschaft) werden Fach- und Führungskarrieren oft voneinander getrennt – in der Vertriebsführung sicher nicht. Als Vertriebsleiter/in sollen Sie sein: erster Mann oder erste Frau im Vertrieb, Vorbild im Verkauf, Führungsheld und Organisationsgenie.

Aus diesen vielfältigen Anforderungen ergeben sich für Sie in Ihrer neuen Rolle der Vertriebsleitung Aufgaben in folgenden Bereichen: im Vertrieb selbst, der Mitarbeiterführung (Sie erinnern sich: die vier Ebenen der Führung: Selbstführung, Mitarbeiterführung 1:1, Teamführung, Unternehmensführung), in der Mitarbeiterentwicklung und in Trainings, in der Mitarbeiterauswahl, im Controlling, im Berichtswesen und in der strategischen Planung.

In der Abbildung auf Seite 85 haben die Wissenschaftler und Experten Seidenglanz, Nachtwei und Fischer exemplarisch zusammengetragen, wie viel Zeit Vertriebsleiter durchschnittlich für diese einzelnen Aufgabenbereiche haben – und wie viel Zeit sie sich wünschen.

Auf den ersten Blick halten sich die Abweichungen von aufgewendetem und erwünschtem Zeitbudget in Grenzen. Dennoch wird im Laufe der Studie deutlich: Je weiter am Anfang der Aufbau der Vertriebsorganisation steht, je kleiner das Unternehmen ist und je mehr Entwicklungsarbeit betrieben werden muss, desto mehr laufen dem Vertriebsleiter die Pferde davon und er muss organisatorisch viel selbst übernehmen, bevor er delegieren und sich auf die wesentlichen

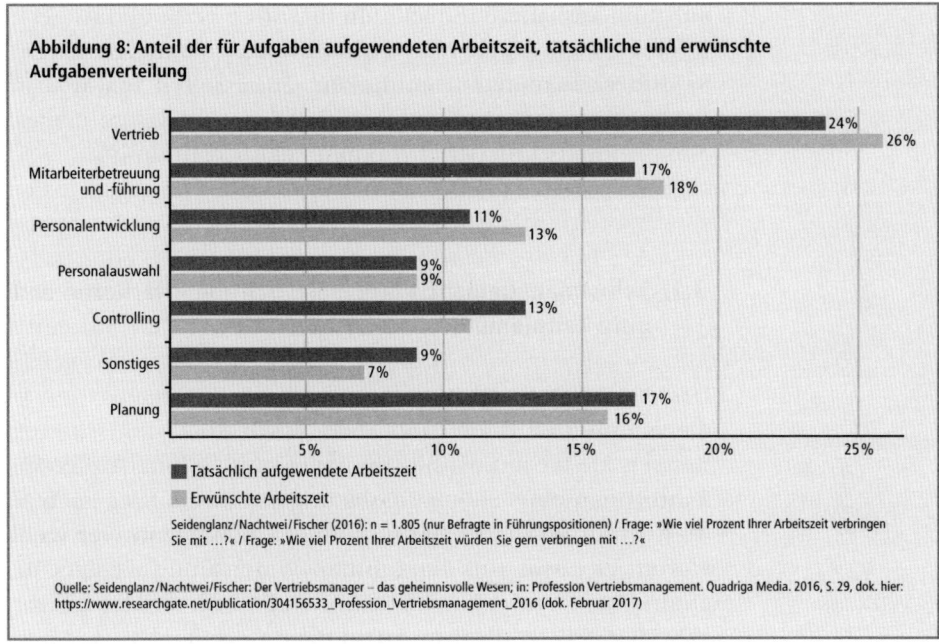

Abbildung 8: Anteil der für Aufgaben aufgewendeten Arbeitszeit, tatsächliche und erwünschte Aufgabenverteilung

Aufgabe	Tatsächlich	Erwünscht
Vertrieb	24%	26%
Mitarbeiterbetreuung und -führung	17%	18%
Personalentwicklung	11%	13%
Personalauswahl	9%	9%
Controlling	13%	
Sonstiges	9%	7%
Planung	17%	16%

■ Tatsächlich aufgewendete Arbeitszeit
■ Erwünschte Arbeitszeit

Seidenglanz/Nachtwei/Fischer (2016): n = 1.805 (nur Befragte in Führungspositionen) / Frage: »Wie viel Prozent Ihrer Arbeitszeit verbringen Sie mit …?« / Frage: »Wie viel Prozent Ihrer Arbeitszeit würden Sie gern verbringen mit …?«

Quelle: Seidenglanz/Nachtwei/Fischer: Der Vertriebsmanager – das geheimnisvolle Wesen; in: Profession Vertriebsmanagement. Quadriga Media. 2016, S. 29, dok. hier: https://www.researchgate.net/publication/304156533_Profession_Vertriebsmanagement_2016 (dok. Februar 2017)

strategischen und Führungsaufgaben fokussieren kann. (Seidenglanz / Nachtwei / Fischer 2016)

Erst wenn Sie sich als Führungskraft im Vertrieb auf der persönlichen Ebene gut organisiert haben, können Sie auch Ihren Managementaufgaben auf der interpersonalen und organisationalen Ebene gerecht werden. Denn sonst werden *Sie* ewig der Engpassfaktor sein und können der Fülle der Aufgaben und Verantwortlichkeiten nicht gerecht werden. Es erstaunt nicht, dass die Gesamtvertriebsleiter in Großkonzernen gemäß der genannten Studie am zufriedensten sind: Sie haben genügend Mitarbeiter, die sich um Organisation und Management, um Marktstudien und das Vertriebstraining der Mitarbeiter kümmern. So können sie sich ganz überwiegend auf strategische und auf klassische Führungsaufgaben fokussieren. Für alle anderen, die eine Vertriebsorganisation

Gutes Selbstmanagement ist die Basis

auf- und ausbauen und leiten sollen, aber heißt es: Es liegt in ihrer eigenen Verantwortung, Führung, Management und Selbstorganisation zu optimieren. Fokussieren wir uns im Folgenden also auf wichtige Aspekte des guten Selbstmanagements und der effizienten Selbstorganisation.

3.1. Selbstmanagement: klare Ziele, richtige Prioritäten und gute Zeitplanung

Das A und O für eine wirkungsvolle Selbstorganisation ist die genaue Definition Ihrer Ziele. Bevor Sie losmarschieren, müssen Sie wissen, wohin Sie überhaupt wollen. Außerdem kann Ihnen eine exakte Zielsetzung auf Ihrem Weg auch als Motivation und Orientierungshilfe dienen. Denn wer weiß, warum er etwas tut, den können Widerstände weniger beeindrucken! Und schließlich können Sie anhand der Zielvorgabe feststellen, ob Ihre Anstrengung erfolgreich war oder nicht. Um ein Ziel zu definieren, stellen Sie sich die Fragen:

- Motiviert es mich?
- Gibt es mir Orientierungshilfe?
- Ist mit dem Erreichen ein Erfolgserlebnis verbunden?
- Wann konkret gilt mein Ziel als erreicht?

Dazu haben wir Ihnen eine Erinnerungsbrücke gebaut: ein Ziel muss SMART sein. Dabei steht jeder Buchstabe des Wortes SMART für eine Eigenschaft, die Ziele besitzen müssen.

S = **spezifisch** – möglichst genau und konkret (mentale Vorstellung)

M = **messbar** – möglichst mit Angabe von Menge, Zeit oder eines anderen messbaren Kriteriums

A = **anspruchsvoll** und **attraktiv** – Balance zwischen Herausforderung und Chance

R = **realisierbar** – Ziele selbstständig in der festgelegten Zeit erreichen können

T = **terminierbar** – den Erfolg in Teilschritten und mit festen Fristen planen

Setzen Sie für ein konkretes Ziel nach der SMART-Formel Ihren Masterplan auf. Wie wäre es zum Beispiel mit dem Ziel, einen Entwicklungs- und Trainingsplan für die digitale Transformation im Vertrieb aufzustellen (vgl. Kapitel 3.2.)?

_____

_____

_____

_____

_____

Wichtigkeit und Dringlichkeit: Setzen Sie Prioritäten

Im Folgenden können Sie dieses smart formulierte Ziel direkt nutzen, um den nächsten Schritt in Angriff zu nehmen. Denn mit der bloßen Formulierung Ihres Ziels hat sich real ja noch nichts bewegt oder geändert. In Ihrer Planung oder auf Ihrem Schreibtisch herrscht vielleicht nach wie vor großes Durcheinander, da viele Aufgaben auf Sie hereinstürmen. Um Ordnung in die Vielzahl Ihrer Aufgaben zu bringen, leistet das sogenannte Eisenhower-Prinzip gute Dienste. Dem ehemaligen amerikanischen Präsidenten wird nachgesagt, dass er alle seine Aufgaben nur nach Wichtigkeit und Dringlichkeit unterschieden hat. Dabei handelte er nach der Maxime »Wichtiges vor Dringlichem«. Denn seine Erfahrung hatte ihm gezeigt, dass Wichtiges selten dringlich und Dringliches selten wichtig ist.

In unserem üblichen Tagesgeschäft ist es jedoch häufig so, dass eher die Dringlichkeit in Form von Terminzwängen und Zeitdruck im Vordergrund steht. Das Telefon, eine nicht enden wollende E-Mail-Flut und Alerts auf dem Smartphone suggerieren uns in besonderer Weise die Dringlichkeit von eigentlich oft unwichtigen Dingen. Am Abend haben wir dann viel getan und auch einiges erledigt, aber zu den wirklich wichtigen Dingen sind wir wieder nicht gekommen. Es gilt also, in Zukunft Prioritäten zu setzen.

Wichtig ist, was dem Ziel dient Was aber ist nun das Wichtige? Ganz einfach: Alles, was Sie näher an Ihr Ziel bringt, ist wichtig. Schreiben Sie dazu bitte als Übung sämtliche Aktivitäten auf, die Sie im Laufe eines Zeitraums – das kann ein Tag oder eine Woche sein – zu erledigen haben. Im nächsten Schritt geht es darum, all diese Aktivitäten nach Vorrangigkeit zu sortieren.

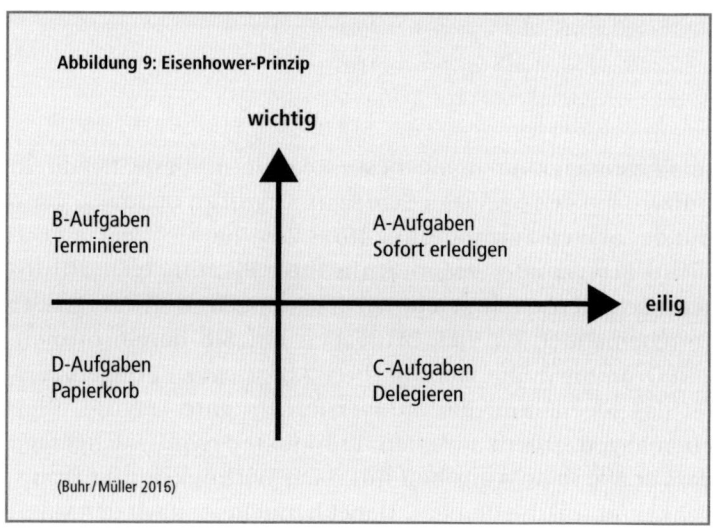

Abbildung 9: Eisenhower-Prinzip

wichtig

B-Aufgaben
Terminieren

A-Aufgaben
Sofort erledigen

eilig

D-Aufgaben
Papierkorb

C-Aufgaben
Delegieren

(Buhr/Müller 2016)

Priorität A bekommen jene Aktivitäten, die einerseits wichtig für Ihre Zielerreichung sind und andererseits kurzfristig erledigt werden müssen. Priorität B geben Sie den Maßnahmen, die zwar wichtig sind, aber deren Erledigung noch warten kann. Sie werden auf Termin gelegt und später in dafür vorgesehenen Zeitblöcken bearbeitet. C-Priorität erhalten alle Aktivitäten, die keinen Aufschub dulden, aber für Ihre Zielsetzung keine entscheidende Rolle spielen. Diese Aufgaben geben Sie zur Erledigung an andere weiter. Bleibt jetzt noch ein großer Rest von Dingen, die weder besonders eilig sind noch Sie in Richtung Ziel voranbringen. Ab in den Papierkorb damit. Angelegenheiten der Priorität D halten Sie nur auf, also streichen Sie diese Aktivitäten konsequent aus Ihrem Tagesprogramm.

Das Eisenhower-Prinzip

PRAXISTIPP

Falls es Ihnen schwerfällt, Dinge in den Papierkorb zu werfen, versuchen Sie es einmal mit einem zweiten Papierkorb, der nur einmal im Monat geleert wird. Was Sie in dieser Frist nicht vermisst haben, werden Sie wohl auch in Zukunft nicht brauchen. Oder Sie wenden die *Komposttechnik* an: Alles, was Sie nicht einschätzen können, legen Sie auf einen großen Stapel. Nach einem halben Jahr geben Sie den untersten Teil dieses Stapels in den Müll. Diese Sachen werden Sie sowieso nie mehr benötigen. Das geht übrigens auch mit der »gelöscht-Funktion« Ihres E-Mail-Programms oder dem Mülleimer diverser Software-Programme. Werfen Sie alles, was Sie belastet und nicht weiterbringt, in Stufen weg. Aber werfen Sie es weg!

Übung

Ordnen Sie jetzt konkret die Aktivitäten, die Sie zur Erreichung des Ziels »Entwicklungs- und Trainingsplan für die digitale Transformation im Vertrieb aufstellen« angehen müssen, nach ihrer Priorität:

_____

_____

_____

_____

_____

Ist Ihnen bei dieser Übung etwas aufgefallen? Höchstwahrscheinlich geht es Ihnen wie den meisten Menschen: Die Aktivitäten der Priorität A sind deutlich in der Überzahl. Grund für dieses Phänomen ist häufig die Kurzfristigkeit der Prioritäten. Differenzieren Sie, denken Sie weitsichtig und strategisch. Sie sind kein Krisenmanager oder Feuerwehrmann, der sofort an allen Ecken und Enden löschen muss. Sie müssen keineswegs alles umgehend erledigen, sondern können Ihre Handlungen mit Bedacht organisieren.

Aus den Augen, aus dem Sinn

In diesem Zusammenhang ist auch von Bedeutung, dass Aufgaben, die noch weit in der Zukunft liegen, automatisch an Dringlichkeit verlieren und von uns deswegen nicht beachtet werden. Wir alle kennen die Situation: »Plötzlich ist Weihnachten und ich habe noch gar keine Geschenke!« So kommt es, dass ursprünglich leicht zu terminierende Arbeiten in Vergessenheit geraten und dann mit aller Wucht geballt auf uns einstürzen. Schon sind wir wieder im Stress, handeln hektisch und haben keinen Blick mehr für andere B-Aktivitäten – womit der Teufelskreis von Neuem beginnt.

Um aus diesem Teufelskreis herauszukommen, gibt es einen sicheren Weg: Werden Sie ein cooler Aufgaben-Manager im Sinne von Stephen R. Covey, also ein Manager der wichtigen und zu terminierenden B-Aufgaben (weswegen Covey den Begriff »B-Manager« nutzt). Dazu hier ein 5-Punkte-Plan:

In fünf Schritten zum Aufgaben-Manager

Schritt 1: Investieren

Machen Sie sich klar, dass es ohne persönlichen Einsatz keine Gegenleistung gibt. Also nehmen Sie sich Zeit, um Ihre Arbeit effizient und neu zu organisieren oder um Personal zu finden, das Sie dabei unterstützt. Investieren Sie ausreichend Geld, um bessere Organisationsmittel anzuschaffen und Ihre Mitarbeiter angemessen zu bezahlen. Handeln Sie im Übrigen nach dem beschriebenen Schema: D-Prioritäten wegwerfen, C-Prioritäten konsequent an andere delegieren. Das heißt, dass Sie sich unter Umständen von liebgewonnenen Gewohnheiten trennen müssen. Gleichzeitig sollten Sie anerkennen, dass Sie kein perfekter Allrounder sind, sondern andere Menschen bestimmte Dinge besser können als Sie. Lernen Sie loszulassen. Denn erst dann, wenn Sie die Hände frei haben, können Sie neue Chancen ergreifen.

Punkt 2: Mitarbeiter fördern

Das Delegieren der C-Prioritäten ist nur der Anfang. Wirkliche Entlastung erfahren Sie erst, wenn Ihre Mitarbeiter auf der gleichen Wellenlänge liegen wie Sie. Versetzen Sie Ihre Leute durch gezielte Information und Motivation in die Lage, genauso zu denken und zu handeln, wie Sie es in vergleichbaren Situationen tun würden. Dann können Sie immer komplexere und wichtigere Aufgaben abgeben und sich selbst den visionären Themen widmen, die Sie Ihren Zielen tatsächlich näher bringen. Denken Sie bitte daran: Wer sich unentbehrlich macht, nimmt sich die Chance zur Weiterentwicklung.

Punkt 3: Nein sagen

Prägen Sie sich ganz fest ein: Es geht allein um Ihre Ziele und nicht um die der anderen. Handeln Sie danach. Lassen Sie sich nicht vor einen Karren spannen, den Sie gar nicht ziehen wollen. Zwingen Sie sich, nachdrücklich Nein zu sagen. Und bleiben Sie bei Ihrer Entscheidung mit allen Konsequenzen. Auch wenn es manchmal schwerfällt, die Verantwortung für die Folgen zu übernehmen.

Punkt 4: Diszipliniert und konsequent sein

Zu diesem Punkt passt eine Geschichte aus England. Ein Gartenbesitzer wurde einmal gefragt, was er unternehme, damit sein Rasen so gepflegt aussehe. »Schneiden und wässern ...«, antwortete der Mann. »Das mache ich auch. Aber trotzdem ist mein Rasen lange nicht so schön wie Ihrer«, entgegnete der andere. Darauf ergänzte der Engländer seinen Satz und bemerkte: »... seit hundert Jahren.« Auf unser Thema übertragen bedeutet das: Wenn Sie die ersten drei Punkte unseres Aufgaben-Manager-Plans nicht konsequent und diszipliniert weiterverfolgen, entfachen Sie lediglich ein Strohfeuer mit begrenzter Wirkung. Achten Sie also darauf, was Ihnen wirklich etwas bringt – und machen Sie es sich zur Gewohnheit. Denken Sie außerdem daran, dass es in der Regel 21 Tage dauert, bis sich die Menschen an etwas Neues gewöhnt haben. Erst dann verlieren wir das ungewohnte Gefühl der Umstellung; das Neue wird alltäglich.

Punkt 5: Starten Sie jetzt!

Noch ist alles blanke Theorie. Doch die besten Vorsätze sind Makulatur, wenn Sie nicht aktiv werden und sie umsetzen. Deshalb handeln Sie ab sofort planmäßig nach dem 5-Punkte-Modell. Sie werden sehen: Bald besitzen Sie alle Fähigkeiten, die einen tüchtigen Aufgaben-Manager auszeichnen.

Peu à peu verbessern sich die Arbeitsabläufe, Sie gewinnen Zeit, sich um die wirklich wesentlichen Dinge wie Ihre eigentlichen Führungsaufgaben zu kümmern. Das verschafft Ihnen ein Mehr an Lebensqualität, Wohlbefinden, Kraft und Fokus für wichtige organisationale Aufgaben wie beispielsweise die eigene Weiterentwicklung und die Weiterentwicklung und das Training Ihrer Mitarbeiter.

3.2. Selbstmanagement erweitern: eigene Kompetenzentwicklung

Greifen wir das Thema der eigenen Weiterentwicklung aus dem obigen 5. Punkt direkt auf. Überall werden Sie hören und lesen, dass Sie als (neue Vertriebs-)Führungskraft ständig besser werden und neue Kompetenzen erwerben müssen. Doch welche Kompetenzen sind gemeint? Allgemein geantwortet: Sie müssen lernen, Zukunftsthemen und Zukunftskompetenzen zu identifizieren und in ihrer Bedeutung für die eigene Vertriebs- und Führungsarbeit zu evaluieren.

Zukunftskompetenzen identifizieren

Nehmen wir einmal ein konkretes Beispiel: der vorher bereits angesprochene »eigene Entwicklungs- und Trainingsplan für die digitale Transformation im Vertrieb«. Sie haben in den ersten Kapiteln dieses Buches eine Reihe neuer Anforderungen kennengelernt, die in Zukunft für Sie noch wichtiger werden. In der folgenden Matrix habe ich diese – laut Studie der Universität Luxemburg (vgl. Kapitel 2.4.) als relevant und zielführend bezeichneten – Kompetenzen ergänzt und zusammengeführt.

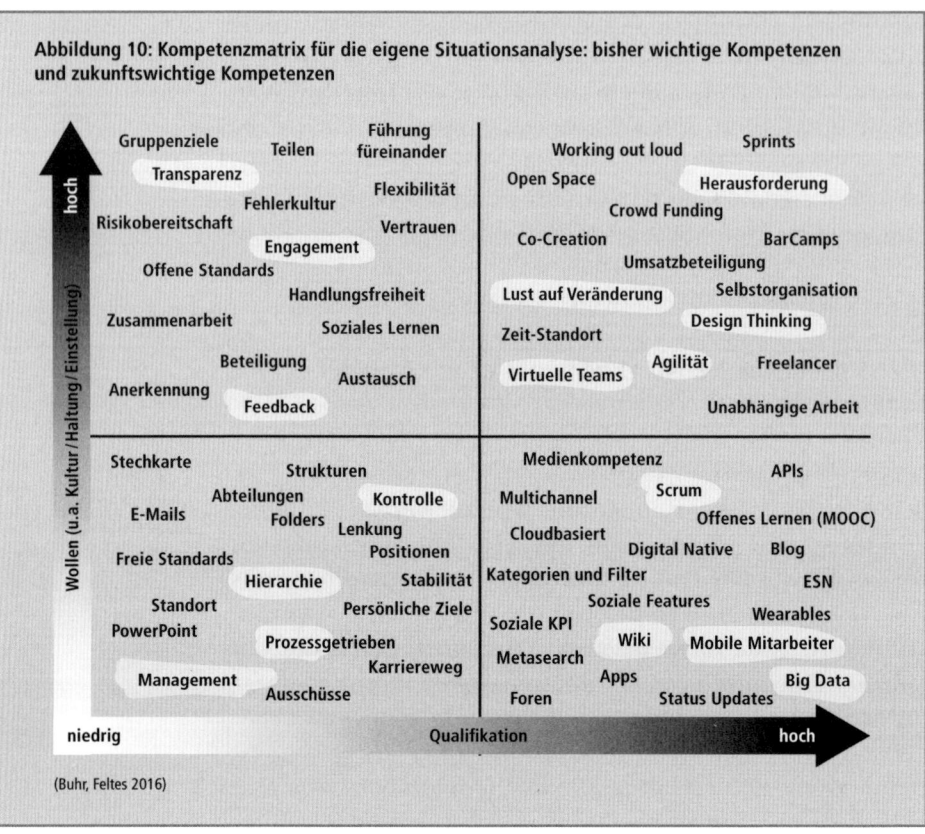

Abbildung 10: Kompetenzmatrix für die eigene Situationsanalyse: bisher wichtige Kompetenzen und zukunftswichtige Kompetenzen

(Buhr, Feltes 2016)

In dem unteren linken Quadranten spiegelt sich das »alte Denken« wider, das alte Paradigma des zahlen- und kontrollgetriebenen Managements. Im linken oberen Quadranten finden Sie die zielführenden Fähigkeiten, um »positives Wollen« zu erreichen, darunter klassische Führungskompetenzen wie unter anderem: Zusammenarbeit unterstützen, offenes Feedback geben, Engagement unterstützen, Flexibilität ermöglichen, Vertrauen geben und auch bei Mitarbeitern erzielen können. Unten rechts finden Sie allerhand technologisch-induzierte Fähigkeiten, Hard Skills, die das Können im Umgang mit Technologien der digitalen Transformation beschreiben. Darunter, um nur wenige zu nennen, Data-mining (im Vertrieb) zur Analyse und Nutzung von Big Data. Der sinnvolle (und das heißt: auf Ihre Situation, Ihr Unternehmen passende) Einsatz von cloudbasierten Anwendungen – einige sind auch hier im Buch erwähnt. Das Wissen um die technische Übergabe und Umsetzung von Daten an Systemschnittstellen: API, »Application Programming Interface« oder »Anwendungsprogrammierschnittstelle« genannt. Wohl verstanden: Als (neue) Führungskraft im Vertrieb müssen Sie nicht wissen, wie genau solche APIs zu programmieren sind, aber Sie müssen verstehen und entscheiden können, welche (digitalen) Systeme Sie einkaufen und welche Daten bei der Übergabe an der Schnittstelle wichtig sind und übergeben – gegebenenfalls dann in nachfolgenden Systemen wie BI im Controll-Panel ausgelesen und kumuliert dargestellt – werden müssen. Das ist dann Ihre Aufgabe. Ebenso wie die technische Kompetenz der Steuerung mobiler Mitarbeiter mittels entsprechender digitaler Kommunikationssysteme (auch dazu finden Sie Beispiele im Buch). Oder auch das Wissen um neue Management- oder Führungsideen wie Scrum (vgl. Seite 65 f.).

Oder – und hier sind wir bei einer Kompetenz, die direkt zum wichtigsten Quadranten oben rechts führen wird – wie Sie die Weiterbildung und das offene ständige Lernen Ihrer Mitarbeiter (und ja, auch von Ihnen selbst) und das Wissensmanagement sowie den Wissenstransfer gestalten: Sie müssen den Wissenserwerb immer und überall möglich machen. Stellvertretend dafür stehen in der Grafik oben Wiki, Blog – beides gegebenenfalls auch im Intranet 3.0 – sowie MOOC (»Massive Open Online Course«), also webbasierte, für alle offene Weiterbildungskurse.

Dies führt zu den für die Zukunft entscheidend wichtigen Fähigkeiten, die im rechten oberen Quadranten zusammengefasst sind. Dass Sie virtuelle Teams zeit- und standortunabhängig führen und unterstützen können müssen, haben wir schon diskutiert. Dass in solchen Teams und Netzwerken auch immer mehr Freelancer und Digital Natives sind, die hohe Ansprüche an die Unabhängigkeit ihrer Arbeit – und damit besonders an Ihre agilen Führungskompetenzen – stellen, wissen Sie schon. Und so finden Sie in diesem Quadranten auch die Fähigkeit genannt, Ansätze und Tools der agilen Führung zu nutzen wie beispielsweise Sprint / Sprint Logs, die dem Scrum entstammen, oder das Design Thinking als Methodik, möglichst viele kreative Ideen bei allen in einem Innovations- oder Changeprozess aus Anwender-, also in Ihrem Fall: Kundensicht, hervorzubringen (mehr unter: https://de.wikipedia.org/wiki/Design_Thinking). Oder auch, um die selbstorganisierte Leistungserbringung mit Freude und Sinnorientierung voranzubringen: Dafür stehen Working out loud, Open Space und BarCamp, die weiter oben in diesem Buch ausführlich beschrieben sind.

Ihre Mitarbeiter erwarten Digitalkompetenzen von Ihnen

Wie wir sehen, sind künftig nicht alle zielorientierten Kompetenzen und Fähigkeiten aus den ersten drei Quadranten obsolet, doch wenn Sie Ihrer Führungsposition im Vertrieb in Zukunft gerecht werden wollen, erwarten Ihre Mitarbeiter erweiterte Digitalkompetenzen von Ihnen, das zeigt unter anderem unsere Studie mit der Universität Luxemburg » Wie Social Media und das Internet das Führungsverhalten in Unternehmen beeinflussen«, die auch einen umfangreichen Interviewteil enthält. Daraus geht hervor, dass insbesondere die jungen Mitarbeiter der Gen Y eine Führungspersönlichkeit stärker respektieren – ihr also mehr Autorität zuweisen –, wenn sie in höherem Maße als sie selbst über digitale Kompetenzen verfügt und in Sachen Weiterbildung als Vorbild vorangeht.

Die eigene Weiterbildung organisieren

Tja, eigene Weiterbildung als Vorbild organisieren, das klingt so einfach. Doch dafür müssen Sie Trainingspläne erstellen und eine Fristen- und Milestone-Planung erarbeiten. Gegebenenfalls das Training aufsetzen oder externe Fachleute, Seminare / Trainings / Webinare heranziehen. Messgrößen und Controlling aufsetzen. Denn nur, was man messen kann, kann man auch besser machen. Performance immer wieder überprüfen. Um die eigene Weiterbildung zielorientiert zu organisieren, müssen Sie einen Maßnahmenplan aufsetzen. Im Folgenden schlage ich Ihnen einen Maßnahmenplan vor, den Sie zur Kompetenzerweiterung nutzen und individualisieren können:

10-Schritte-Maßnahmenplan zur eigenen Kompetenzerweiterung

1) Nutzen Sie die oben stehende Grafik »Kompetenzmatrix für die eigene Situationsanalyse« für Ihre eigene Analyse: Kreuzen Sie für sich an, welche Fähigkeiten Sie Ihrer Meinung nach bereits sehr gut beherrschen. Bei dieser Analyse sind alle Fähigkeiten gleich wertvoll, seien Sie daher möglichst ehrlich. Werten Sie dann aus: Wo finden sich die meisten Kreuze?

2) Reflexion: Finden Sie (mindestens) fünf Kompetenzen in den äußeren drei Feldern (oben links, unten rechts, oben rechts), die Sie für Ihre persönliche Entwicklung im Rahmen des (digitalen) Führungs- und Vertriebsaufbaus für besonders wichtig halten.

3) Priorisieren Sie diese (mindestens) fünf Kompetenzen für sich.

4) Einschätzung: Wo stehen Sie bei diesen priorisierten Kompetenzen, wie weit sind diese bei Ihnen schon entwickelt? *Tipp:* Wenn Ihnen ein Kompetenzdiagnostik-Tool (siehe HR-Tools Buhr & Team) zur Verfügung steht, nutzen Sie dies zur Kompetenz- und Gap-Diagnostik. Ansonsten nutzen Sie ein Self-Assessment, also eine möglichst ehrliche Selbsteinschätzung.

5) Um diese Selbsteinschätzung leisten zu können, müssen Sie sich eine Kompetenzmatrix anlegen, die die jeweilige erforderliche Kompetenz in ihren verschiedenen Ausprägungen der Könnerschaft, also Kompetenzstufen, beschreibt. *Tipp:* Sie finden solche Kompetenzstufen bei der Recherche im Internet, natürlich bei den Trainingsangeboten der Buhr & Team Akademie und in Fachbeiträgen.

6) Feedback: Gleichen Sie Ihre Selbsteinschätzung unbedingt mit der Einschätzung von Dritten ab. Holen Sie sich Feedback über den Entwicklungsstand Ihrer Kompetenzen von Mitarbeitern, Kollegen, Bekannten ein. Wenn Ihnen ein 360-Grad-Feedback-Tool im Unternehmen zur Verfügung steht, nutzen Sie dieses. Hinweis: Dieses Feedback kann im Zweifelsfall auch schon mal wehtun oder unangenehm und hart sein, weil Sie sich vielleicht »besser« und kompetenter eingeschätzt haben, als Ihre Feedbackgeber das tun. Aber nur so kommen Sie selbst zu einer echten persönlichen Entwicklung, alles andere schränkt den Blickwinkel ein und ist Selbstbetrug. Und nur so können Sie in späteren Assessment- resp. Feedbackrunden (siehe Punkt a) »Performance-Controlling«) auch feststellen, ob und wie Sie sich wirklich verbessert haben. Und das wird Ihnen dann wieder Freude machen!

7) Training: Welches Training (Webinar / Seminar / Coaching) werden Sie konkret und wann absolvieren, um die erforderliche Kompetenz zu erlernen / auszubauen? Welche der fünf Kompetenzen aus Punkt 2) können Sie beim »informellen Lernen« ganz nebenbei im Arbeitsalltag trainieren? Wo helfen Ihnen Micro-Learning-Nuggets beim Lernen / Auffrischen / Training on the Job?

8) Aktualisierung: Wie werden Sie nach dem Training (Erlernen) der Kompetenz diese einsetzen? Woran GENAU werden Sie merken, dass Sie besser geworden sind?

9) Performance-Controlling: Etablieren Sie eine zweite Feedback-Runde durch Ihre Feedback-Geber resp. 360-Grad-Feedback im Unternehmen nach z. B. einem Jahr. Wo stehen Sie?

10) Wiedervorlage Trainingsplan: Beim rasanten Tempo heutiger Entwicklungen wird es spätestens nach zwei Jahren notwendig sein, das nächste Set an Kompetenzen anzugehen. Bleiben Sie am Ball!

Halten wir fest: Lebenslanges Lernen, wie es heute in Zeiten der digitalen Transformation erforderlich ist, braucht viel Engagement und Selbstdisziplin. Und es geht kein Weg daran vorbei. Die Dinosaurier konnten den Meteoriten, der die Welt traf, schließlich auch nicht ignorieren. Wer nicht mit der Zeit geht, geht mit der Zeit. Wer sich nicht anpassen kann, der stirbt eben leider aus.

Und wie gesagt: Ihre Mitarbeiter erwarten diese Kompetenzentwicklung nicht nur von Ihnen. Sie erwarten auch, dass Sie ihnen diese neuen Kompetenzen beibringen. Sie erwarten Ihre Unterstützung bei der Befähigung zur Selbstentwicklung. Helfen Sie ihnen also auf ihrem Weg zur digitalen Performance.

3.3. Selbstorganisation bei Mitarbeitern unterstützen: die neue Personalentwicklung

In der Personalentwicklung heutzutage tauchen neue Vokabeln auf wie »soziales und kollaboratives Lernen«, »handlungsorientiertes Lernen«, »adaptives Lernen«, »informelles Lernen«, »Inverted Classroom« oder »MicroLearning«, um nur einige zu nennen. In zehn Jahren wollen Ihre Mitarbeiter nicht mehr auf dem PC oder Tablet lernen, da reden wir über Wearables und 3D-Visualisierungen. (vgl. mmb Institut 2016)

Neue Lernformen

PRAXISTIPP:
Neue Begriffe aus der Weiterbildung / Personalentwicklung

Informelles Lernen: Lernen außerhalb des formalen Bildungssystems, auch Lernen in Lebenssituationen »by the way«.

Kooperatives oder soziales Lernen: Die Begriffe werden oft synonym verwendet (oder auch mit dem kollaborativen Lernen verwechselt). Gemeint ist, dass in Gruppen gemeinsam ein Lernergebnis erzielt wird, wofür die Gruppe in Untergruppen aufgeteilt wird, von denen jede unterschiedliche Aufgaben übernimmt oder Lernergebnisse beisteuert.

Kollaboratives Lernen: Heißt »zusammenarbeitendes Lernen« und meint, dass der Austausch der Lernenden und die gemeinsame synchrone Arbeit an einem Lernziel im Fokus steht.

Inverted Classroom: Wird auch »Flipped Classroom« oder »Reverse Instruction« genannt. Im Wesentlichen ist damit gemeint, dass den Lernenden vorab der Lerninhalt in digitalen Lerneinheiten/Medien zur Verfügung gestellt wird und sie sich diesen weitestgehend selbst erarbeiten. In Präsenzschulungen oder Präsenzphasen werden dann gemeinsame Vertiefungen des Gelernten eingeübt und der Instruktor oder Weiterbildner steht für direkte Fragen und die Unterstützung beim Transfer des Gelernten in die Praxis persönlich zur Verfügung

MicroLearning oder auch **Mikrolernen:** Bedeutet allgemein das Lernen in kleinen Lerneinheiten (oder »Nuggets«, wie wir bei Buhr & Team es nennen). Diese Einheiten haben den Vorteil, dass sie, da meist digital vorliegend, immer dann »gezogen« werden können, wenn sie gebraucht werden, der Nutzer also vor einem direkten Problem steht und sich die Lösung dazu verschaffen (aber natürlich auch »auf Vorrat lernen«) kann.

Wearables: Wearables sind am Körper tragbare Computersysteme, zum Teil in Kleidungsstücken vernäht oder am Handgelenk oder Kopf getragen

3D-Visualisierung: Damit sind im Allgemeinen Computeranimationen gemeint, mit denen ganze Präsentationen oder Welten simuliert dargestellt werden können.

Mixed Reality: Computersysteme oder Wearables, die die reale mit der virtuellen Realität vermischen, z. B. Bilder aus der realen Welt mit virtuellen Erklärfeldern überlagern. Es werden aber auch Systeme der reinen Virtualität (Virtual-Reality-Brillen) dazugezählt. Alle diese Systeme können auch in der Weiterbildung eingesetzt werden.

Übrigens: Was Ihre Mitarbeiter im Vertrieb lernen, das werden sie künftig auch in den Dialog mit Ihren Kunden einbringen. Denn auch die Kunden (siehe auch Kapitel 1.2.) rüsten ihre Digitalkompetenzen ja auf und erwarten gleichwertige Partner auf Augenhöhe, mit denen sie ihre Produktwünsche umsetzen, ihre Lösungen im Netzwerk erzielen oder sogar Innovationen vorantreiben können.

Trainingsdesign: passgenaue Kompetenzentwicklung
Als Vertriebsleiterin oder Vertriebsleiter wird es künftig eine Ihrer wichtigsten, ja erfolgskritischen Aufgaben sein, diese Weiterentwicklung Ihrer Mitarbeiter zu ermöglichen, indem

Sie passgenaue Kompetenzen aufbauen, statt mit der Gießkanne »Verkaufstrainings« über Ihr Team zu schütten. Professor Lars Binckebanck und ich haben uns dazu mal Gedanken gemacht und eine systematische Konzeption von Trainings im Vertrieb entwickelt:

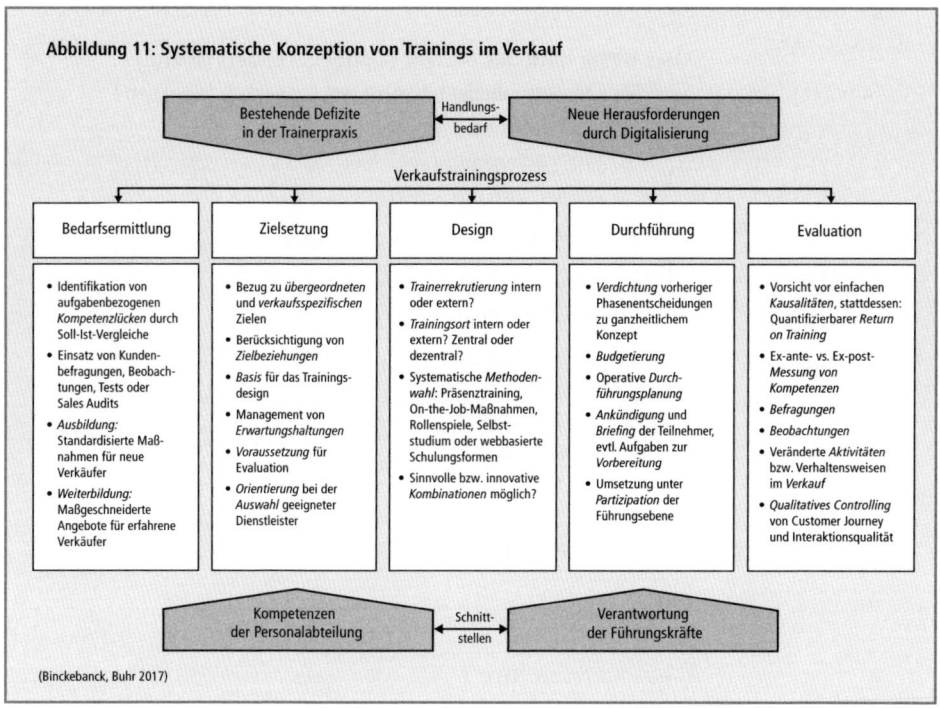

Abbildung 11: Systematische Konzeption von Trainings im Verkauf

Bestehende Defizite in der Trainerpraxis → Handlungsbedarf ← Neue Herausforderungen durch Digitalisierung

Verkaufstrainingsprozess

Bedarfsermittlung	Zielsetzung	Design	Durchführung	Evaluation
• Identifikation von aufgabenbezogenen *Kompetenzlücken* durch Soll-Ist-Vergleiche • Einsatz von Kundenbefragungen, Beobachtungen, Tests oder Sales Audits • *Ausbildung:* Standardisierte Maßnahmen für neue Verkäufer • *Weiterbildung:* Maßgeschneiderte Angebote für erfahrene Verkäufer	• Bezug zu *übergeordneten* und *verkaufsspezifischen* Zielen • Berücksichtigung von *Zielbeziehungen* • *Basis* für das Trainingsdesign • Management von *Erwartungshaltungen* • *Voraussetzung* für Evaluation • *Orientierung* bei der *Auswahl* geeigneter Dienstleister	• *Trainerrekrutierung* intern oder extern? • *Trainingsort* intern oder extern? Zentral oder dezentral? • Systematische *Methodenwahl*: Präsenztraining, On-the-Job-Maßnahmen, Rollenspiele, Selbststudium oder webbasierte Schulungsformen • Sinnvolle bzw. innovative *Kombinationen* möglich?	• *Verdichtung* vorheriger Phasenentscheidungen zu ganzheitlichem Konzept • *Budgetierung* • Operative *Durchführungsplanung* • *Ankündigung* und *Briefing* der Teilnehmer, evtl. Aufgaben zur *Vorbereitung* • *Umsetzung* unter *Partizipation* der Führungsebene	• Vorsicht vor einfachen *Kausalitäten*, stattdessen: Quantifizierbarer *Return on Training* • Ex-ante- vs. Ex-post-*Messung* von *Kompetenzen* • *Befragungen* • *Beobachtungen* • Veränderte *Aktivitäten* bzw. Verhaltensweisen im *Verkauf* • *Qualitatives Controlling* von Customer Journey und Interaktionsqualität

Kompetenzen der Personalabteilung → Schnittstellen ← Verantwortung der Führungskräfte

(Binckebanck, Buhr 2017)

Wie in allen Bereichen werden Sie als (agile) Führungskraft immer mehr Entwickler und Coach sein, Zielsetzer und Stratege bleiben, Ermöglicher und Motivator werden. Sie werden sich neue Trainingsdesigns und Möglichkeiten für informelles Lernen ausdenken müssen. Sie werden Wissens-Nuggets identifizieren und digital zur Verfügung stellen, die Ihre Mitarbeiter dann abrufen können, wenn sie sie im Kundenkontakt gerade brauchen.

Überdies werden Sie immer neue Kompetenzen selbst erlernen müssen, um in der passgenauen, zielgerichteten Weiterbildung Ihrer Mitarbeiter vorangehen zu können. Digital Leadership wird vielleicht noch mehr als bisher auch sein: Führen durch beweisendes Vorbild, Führen durch Orientierung.

Fazit

Dies ist für mich aus diesem Kapitel besonders wichtig – um diese Punkte werde ich mich noch genauer kümmern:

1) _____

2) _____

3) _____

4) _____

5) _____

6) _____

7) _____

8) _____

9) _____

10) _____

KAPITEL 4

Recruiting heute: So finden Sie die passenden Mitarbeiter für Ihr Team

WAS ist in diesem Aufgabenbereich zu tun?	▶ In dieser Phase beschäftigen Sie sich mit dem Aufbau Ihrer Vertriebsmannschaft: mit dem Finden der passenden, richtigen Mitarbeiterinnen und Mitarbeiter für Ihre Salesforce. ▶ Ob sie eine komplette Vertriebsabteilung aufbauen oder ein neues Vertriebstalent suchen: In der Vertriebsführung sind Sie eigentlich ständig mit Recruiting befasst!
WARUM ist es zu tun?	▶ Engagierte und vertriebsintelligente Mitarbeiter für den Vertrieb zu finden, wird immer schwieriger. Bei vielen hat Vertrieb immer noch keinen guten Ruf, an den weiterführenden Schulen wird Vertrieb nicht gelehrt und es kommen schlicht immer weniger junge hungrige Talente nach. ▶ In der Konsequenz neigen viele Unternehmen dazu, zu schnell Verkäufer und Vertriebsmitarbeiter zu rekrutieren – die dann im Vertrieb nicht glücklich werden, nicht die notwendige, besprochene Leistung bringen, in die innere oder gleich faktische Kündigung gehen. Und das kostet Unternehmen Milliarden!
WIE konkret ist es zu tun?	▶ Sie entwickeln in diesem Kapitel eine Strategie, wie Sie einen effizienten Recruitingprozess durchführen, um die Menschen an Bord zu holen, die am Ende auch Ergebnisse bringen. ▶ Sie erstellen passende Anforderungsprofile. ▶ Sie erfahren, wie Sie heute unter Nutzung der vielfältigen technologischen Mittel die richtigen Mitarbeiterinnen und Mitarbeiter für Ihren Vertrieb finden. ▶ Sie machen sich mit den Grundzügen der psychologischen Typologien vertraut. ▶ Sie führen den Rekrutierungsprozess und das Assessment-Center.

124 Milliarden Euro – so viel kosten unmotivierte Mitarbeiter laut Marktforschungsunternehmen Gallup allein die deutschen Unternehmen Jahr für Jahr. Mitarbeiter, die innerlich gekündigt haben, fehlten demnach im Schnitt 3,5 Tage mehr als engagierte Mitarbeiter. Sie bringen weniger Ideen und Verbesserungsvorschläge ein. Und zum Teil verhalten sie sich sogar destruktiv, wollen dem Unternehmen bewusst schaden.

Weshalb Mitarbeiter innerlich kündigen, hat unterschiedliche Gründe. Vieles hängt mit dem Führungsverhalten der Vorgesetzten zusammen. Oft liegt es aber auch einfach daran, dass Position und Mitarbeiter nicht zusammenpassen. Oder der falsche Mann am falschen Platz oder schlicht fürs falsche Team spielen soll.

4.1. Fehlbesetzungen im Vertrieb kosten Unternehmen buchstäblich Milliarden

Personalsuche und Einarbeitung sind teuer

Doch nicht nur demotivierte Mitarbeiter kosten Geld – auch die Personalsuche und die Einarbeitung sind Investitionen. Ganz gleich, ob Sie die klassische Annonce schalten, Ihr Stellengesuch online einstellen oder einen Headhunter beauftragen: Noch bevor Sie das erste Wort mit dem potenziellen Kandidaten wechseln, haben Sie Zeit und Geld investiert. Auch die Einarbeitungsphase ist eine Investition. Selbst wenn der neue Mitarbeiter erste Erfolge erzielen kann: Einen Gewinn werden Sie jetzt noch nicht verbuchen können. Besonders ärgerlich wird es, wenn der Kandidat trotz aller Vorgespräche die Erwartungen nicht erfüllt oder sich mitten in der Probezeit für ein anderes Angebot entscheidet. Denn dann geht alles von vorne los: Suche, Auswahl- und Einarbeitungsprozess.

Ausgangspunkt der Mitarbeitersuche ist deshalb das Anforderungsprofil. Welche Aufgaben soll Ihr künftiger Mitarbeiter erfüllen? Welche Kenntnisse mitbringen? Wie soll er sich persönlich, im Team, im Unternehmen weiterentwickeln? Welche Anforderungen kommen morgen und übermorgen auf ihn zu? Welche Charaktereigenschaften sollte er mitbringen, um seine Aufgaben gut zu erfüllen? Entwerfen Sie Ihren Traummitarbeiter mit allen Details. Aber bleiben Sie realistisch. Prüfen Sie, ob die Anforderungen wirklich dem Aufgabengebiet und den zu betreuenden Kunden entsprechen. Oder ob Sie sich insgeheim einen Mitarbeiter wünschen, mit dem Sie sich gut verstehen – und dadurch andere Aspekte in den Hintergrund rücken.

So bereiten Sie die Mitarbeitersuche richtig vor

So erstellen Sie ein Anforderungsprofil

- Welche Sach- und Führungsaufgaben sollen erfüllt werden?
- Welche Fachkenntnisse sind dafür erforderlich?
- Welche Fähigkeiten (digital, analog) werden benötigt?
- Wie wichtig ist das Verkaufen hierbei?
- Was ist darüber hinaus wünschenswert?

Zunächst geht es also um das richtige Profil zur Erledigung der Arbeitsaufgabe als solche sowie um die Arbeitsbedingungen:

- Wird ein Einzelkämpfer gesucht? Oder ein Teamplayer? Jemand mit hoher Kompetenz, um Bestandskunden zu betreuen und zu entwickeln, also ein »Typ Sammler«, ein Beziehungsverkäufer (Up-/Cross-Selling)? Oder der »Typ Jäger«, der neue Kunden akquiriert, der telefoniert oder im persönlichen Gespräch berät? Welche Kunden wird er betreuen? (Natürlich meine ich wie immer im Buch auch im Folgenden stets sowohl Männer als auch Frauen.)

Aus den Antworten auf diese Fragen ergeben sich die Detailfragen zu den Kenntnissen:

- Braucht der neue Mitarbeiter beispielsweise spezielles Fachwissen über die eigenen Produkte hinaus? Sind spezifische Branchenkenntnisse wichtig und wenn ja, wie fundiert müssen sie sein? Sind Sprachkenntnisse gefragt? Oder Kenntnisse über internationale Märkte? Interkulturelle Kompetenz?

Formulieren Sie Ihre Anforderungen so, dass sie der zu besetzenden Position optimal entsprechen. Achten Sie dabei darauf, dass die Anforderungen relevant und vollständig sind.

Kann-Anforderungen und Muss-Anforderungen

Anschließend nehmen Sie eine Gewichtung vor: Was muss der Kandidat resp. die Kandidatin unbedingt mitbringen, was also sind Muss-Anforderungen? Was sind Kann-Fähigkeiten für Kann-Anforderungen, die zwar wünschenswert, aber nicht unabdingbar sind?

Geht es um die persönlichen Fähigkeiten des Bewerbers resp. der Bewerberin, helfen folgende Fragen bei der Gewichtung:

1. Welche Fähigkeiten braucht er oder sie unbedingt, um die Aufgabe zu bewältigen?
2. Wie groß wird die Hürde, wenn er oder sie über bestimmte Eigenschaften oder Verhaltensweisen oder Fähigkeiten nicht verfügt?
3. Und kann er oder sie sich diese aneignen? (Weitergedacht: Wie können Sie Weiterbildungen oder Trainings anbieten, sodass die Lücke geschlossen werden kann?)

Beispiel: Wenn die Bearbeitung von Bestandskunden, also das klassische Up-/Cross-Selling, mit dem Faktor 1 bewertet würde, dann wäre das Beleben von schlafenden Kunden

(Nullkunden, die längere Zeit nicht mit Ihnen gearbeitet haben) mit dem Faktor 3, das Bearbeiten von alten, abgelegten, abgelehnten oder »vergessenen« Angeboten mit dem Faktor 5 und die Neukundengewinnung mit dem Faktor 7 zu bewerten. Es spielt also schon eine große Rolle, für welche Aufgabe Sie welchen Mitarbeiter suchen. Schreiben Sie keine Stellenbeschreibung für die falschen Leute, also Leute, die nicht können, was sie können sollten.

4.2. Unterschiedliche Anforderungsprofile für neue Vertriebsmitarbeiter

Wie unterschiedlich die Anforderungsprofile im Vertrieb sind und worauf Sie bei der Erstellung des Anforderungsprofils achten sollten, zeigen die folgenden Beispiele.

Geht es um die Gewinnung von Neukunden, brauchen Sie »hungrige« Mitarbeiter, Hunter. Sie sind meist Einzelkämpfer und leben vom Erfolg, der für sie oft gleichbedeutend mit Gewinn ist. Ihr Ziel ist es, neue Kunden und neue Märkte für das Unternehmen zu erobern. Die Betreuung langjähriger Kunden langweilt sie. Dafür bringen sie echte Kämpferqualitäten mit: Sie sind dynamisch, mit hohem Durchsetzungsvermögen und enormer Hartnäckigkeit. Oft sind sie Meister darin, sich selbst zu motivieren. Schließlich brennen sie für das, was sie tun. Das zeigt sich auch bei der Vergütung: Ein geringes Fixum mit einem hohen variablen Anteil im Erfolgsfall sind für Hunter ein optimaler Anreiz.

Anforderungsprofil Vertriebsmitarbeiter mit Fokus »Neukunden-Akquise«

Bei der Bestandskunden-Pflege hingegen sind »Farmer« gefragt. Sie zeichnen sich durch Beratungskompetenz aus. Dabei profitieren sie von ihrem fundierten Wissen über die Produkte und Dienstleistungen. Sie hören gut zu. Bauen Vertrauen auf. Sammeln Wissen über den Kunden, seine

Anforderungsprofil Vertriebsmitarbeiter mit Fokus »Bestandskunden-Entwicklung«

Prozesse und Märkte an. So gerüstet, bauen sie den Kunden strategisch aus. Begleiten ihn über viele Jahre und tragen zu seinem Erfolg bei – ohne den eigenen Erfolg dabei aus den Augen zu verlieren.

Farmer bringen in der Regel viel eher Leidenschaft für kontinuierliches Kontaktmanagement mit. Sie pflegen ihre Daten, kennen die Geburtstage, Namenstage und Interessen ihrer Kunden, die Namen der Partner und Kinder und sogar das letzte Urlaubsziel. Bauen es in die Dialoge ein und schaffen so eine persönliche Basis. Sie sind gute Key-Accounter.

Anforderungsprofil Vertriebsmitarbeiter mit Fokus »Kundenpflege« Ihre Eigenschaften machen einen Farmer auch zu einem guten Mitarbeitern im Inbound Office, beispielsweise als Assistent. Als solcher bereitet er individuelle Angebote vor und fasst telefonisch nach. Hört eventuelle Unzufriedenheiten heraus und berät intensiv. Beantwortet Fragen fundiert. Begegnet Einwänden, ohne in Preisdiskussionen zu geraten. Und hält damit anderen Teammitgliedern den Rücken frei, damit sie ihre Fähigkeiten optimal für das Unternehmen einsetzen können.

Erstellen Sie auch für andere Funktionen in Ihrem Team entsprechende Anforderungsprofile. Und bedenken Sie: Auch Mitarbeiter, die keinen direkten Kundenkontakt haben und damit auf den ersten Blick keinen finanziellen Gewinn erzielen, sind wichtig. Denn sowohl die Verkäufer im Außen- als auch im Innendienst sind nur dann erfolgreich, wenn im Hintergrund die Abschlüsse optimal vorbereitet werden. Wenn das Sekretariat nicht nur funktioniert, sondern mitdenkt. Wenn die Verkaufsunterlagen die Anforderungen und Bedenken der Kunden berücksichtigt. Ist all dies nicht gegeben, hilft Ihnen der beste Außendienstmitarbeiter nicht.

Bei der Erstellung des Anforderungsprofils für Ihren neuen Mitarbeiter sollten Sie deshalb die folgenden Punkte beachten und um unternehmensinterne sowie branchenspezifische Aspekte ergänzen.

CHECKLISTE: Anforderungsprofil

Welche Aufgaben soll der neue Mitarbeiter wahrnehmen?

❑ Neukundenakquise Outbound

❑ Neukundenakquise Inbound

❑ Betreuung Bestandskunden

❑ Ausbau des bestehenden Geschäftes

❑ Erschließung neuer Märkte / Segmente

❑ Produktentwicklung / -weiterentwicklung

❑ Beratung der Kunden in der Filiale / beim Kunden

❑ Beratung der Kunden am Telefon

❑ Erstellung von Produktpräsentationen

❑ Erstellung von Angeboten

❑ Nachfassen von Angeboten

❑ ....

❑ ....

Was sollte der Bewerber dafür mitbringen?

Ausbildung

❑ abgeschlossene Ausbildung nicht erforderlich

❑ abgeschlossene Ausbildung erforderlich in einem der folgenden Berufe:

....

....

....

....

Studium

❑ Studium nicht erforderlich

❑ Studium folgender Fächer erwünscht:

....

....

❑ Studium folgender Fächer ist Voraussetzung:

....

....

❑ gewünschter Hochschulabschluss:

....

....

Berufserfahrung

❑ keine

❑ 0 bis 1 Jahr

❑ 1 bis 3 Jahre

❑ 3 bis 5 Jahre

❑ über 5 Jahre

❑ mit Führungsverantwortung

❑ mit Budgetverantwortung

❑ mit Berufserfahrung in einer vergleichbaren Position

Zusatzqualifikationen

❑ keine Zusatzqualifikationen notwendig

❑ folgende Zusatzqualifikationen sind erwünscht:

....

....

....

❑   folgende außerfachliche Zusatzqualifikationen sind erwünscht:

....

....

❑   IT-Kenntnisse sind erwünscht auf folgendem Level:

   ❑   Anfänger

   ❑   Fortgeschrittener

   ❑   Routinier

❑   IT-Kenntnisse werden vorausgesetzt auf folgendem Level:

   ❑   Anfänger

   ❑   Fortgeschrittener

   ❑   Routinier

❑   folgende Softwarekenntnisse sind erwünscht:

   ❑   Microsoft Office

   ❑   ....

   ❑   ....

❑   folgende Softwarekenntnisse werden vorausgesetzt:

   ❑   Microsoft Office

   ❑   ....

   ❑   ....

Methodenkompetenzen

Folgende Methodenkompetenzen sind erwünscht:

❑   Rhetorik

❑   Didaktik

❑   Präsentationstechniken

❑   strategische Kompetenz

Sprachkenntnisse

❑ folgende Sprachkenntnisse werden vorausgesetzt:

    ❑ Deutsch ❑ verhandlungssicher

                ❑ gut in Wort und Schrift

                ❑ ausreichende Kenntnisse in Wort und Schrift

    ❑ Englisch ❑ verhandlungssicher

                ❑ gut in Wort und Schrift

                ❑ ausreichende Kenntnisse in Wort und Schrift

    ❑ .... ❑ verhandlungssicher

                ❑ gut in Wort und Schrift

                ❑ ausreichende Kenntnisse in Wort und Schrift

❑ folgende Sprachkenntnisse sind von Vorteil:

    ❑ Deutsch ❑ verhandlungssicher

                ❑ gut in Wort und Schrift

                ❑ ausreichende Kenntnisse in Wort und Schrift

    ❑ Englisch ❑ verhandlungssicher

                ❑ gut in Wort und Schrift

                ❑ ausreichende Kenntnisse in Wort und Schrift

    ❑ .... ❑ verhandlungssicher

                ❑ gut in Wort und Schrift

                ❑ ausreichende Kenntnisse in Wort und Schrift

❑ Auslandsaufenthalt gewünscht, Dauer: .... Jahre in Land: ....

Soft Skills

Diese Soft Skills sind für die zu besetzende Stelle besonders wichtig:

❑ unternehmerisches Denken

❑ Empathie

- ❑ Verhandlungsgeschick
- ❑ Beratungskompetenz
- ❑ analytisches Denken
- ❑ mathematisches Verständnis, Verhältnis zu Zahlen
- ❑ Bekenntnis zu Digital Leadership
- ❑ ausgeprägte Kommunikationsfähigkeit
- ❑ Ergebnisorientierung
- ❑ Karrierebewusstsein
- ❑ Teamgeist
- ❑ Ausdauer
- ❑ ....

Weitere Anforderungen

Welche weiteren Anforderungen sollte der Bewerber erfüllen?

- ❑ Motivation
- ❑ Belastbarkeit
- ❑ ....

Welche Bedeutung hat CRM für den Erfolg und wie affin ist der Bewerber hier?

....

Nutzt der Bewerber Social Media / Internet?

- ❑ ....

Welche Werte sind für den Bewerber relevant?

- ❑ ....

Welche Form des Planungs- und Berichtswesens sind heute relevant? Welche Kenntnisse sollte der Bewerber mitbringen?

- ❑ ....
- ❑ ....

> Welche der erforderlichen Anforderungen kann sich der Bewerber
> leicht aneignen und muss sie also nicht zwingend bei der Einstellung
> erfüllen?
>
> ❏ ....
>
> ❏ ....

Ist das Anforderungsprofil einmal erstellt, kann es auch für künftige Ausschreibungen verwendet werden. Allerdings sollte dabei regelmäßig überprüft werden, ob sich Anforderungen geändert haben, neue Anforderungen hinzugekommen, andere weggefallen sind. Merke: Stellen Sie keine Leute ein, für die Sie das Anforderungsprofil im Nachhinein erstellen oder anpassen müssen!

Umgang mit Initiativ-bewerbungen

Auch Initiativbewerbungen sollten anhand des Anforderungsprofils geprüft werden. Generell sollten Sie wertschätzend mit allen Bewerbungen umgehen, denn jeder womöglich abgelehnte Kandidat kann sich zu einem »Negativ-Herold« für Ihr Unternehmen entwickeln. Daher sollten Sie es sich zur Regel machen, auf jede Initiativbewerbung direkt mit einer freundlichen Eingangsbestätigungsmail zu antworten und darin auch einen groben Ausblick über das Verfahren und gegebenenfalls dessen Dauer zu geben. Dafür eignet sich eine einmal formulierte Standard-Mail, die Sie anlegen.

Bevor Sie einem Kandidaten aber Hoffnung machen oder ihn einladen, gleichen Sie stets die Initiativbewerbung mit dem angelegten Anforderungsprofil ab. Aller Erfahrung nach werden Sie häufig feststellen, dass die wenigsten Bewerber Ihren Such-Profilen entsprechen. Dies gilt umso mehr, als die besten Kandidaten schon lange keine Bewerbungen mehr schreiben. Sie suchen nicht, sie werden gefunden. Zum Beispiel von Headhuntern oder cleveren Personalverantwortlichen. Oder von künftigen Kollegen und Chefs.

4.3. Vom Wert des eigenen Netzwerks

Wie finden Sie nun die Juwelen unter den Bewerbern und potenziellen Kandidaten? Hier spielt Ihr eigenes Netzwerk die entscheidende Rolle: Ihre Kontakte zu ehemaligen Kollegen, zu Ex-Kommilitonen, Kunden und ehemaligen Kunden, zu Personalverantwortlichen – in Ihrem Haus und bei anderen – zu Ihren Freunden und Bekannten in Führungspositionen. Bestimmt kennen Sie das *Kleine-Welt-Phänomen*, ein von dem amerikanischen Psychologen Stanley Milgram geprägter sozialpsychologischer Begriff, der besagt, dass jeder Mensch jeden anderen Menschen über sechs Kontakte erreichen kann. Dank der sozialen Netzwerke wie XING und LinkedIn soll sich dieses Phänomen nun sogar auf fünf Kontakte reduziert haben. Probieren Sie es einfach einmal aus: Rufen Sie mein XING-Profil auf – oder das eines anderen XING-Mitglieds, mit dem Sie noch keinen Kontakt haben, und klicken Sie anschließend oben auf »alle Verbindungen«. Sie werden überrascht sein, wie gut das Prinzip funktioniert.

Aber auch unsere Netzwerke im realen Leben gehorchen diesem Prinzip – wenngleich wir uns die Verbindungen hier nicht einfach per Mausklick anzeigen lassen können. Wohnungen werden über Netzwerke vermittelt. Und Jobs. Und natürlich Mitarbeiter.

Das berühmte »Vitamin B« ist dank Social Media weniger vom Zufall abhängig als bisher. Setzen Sie es gezielt ein, um potenzielle Kandidaten zu identifizieren oder Referenzen über sie einzuholen. Und holen Sie Informationen über den Kandidaten aus Ihrem eigenen Netzwerk ein. Als Bewerber tun sie es umgekehrt und informieren sich vor dem Gespräch über Branche, Unternehmen und Personen. Das wird Ihnen im Gespräch nützlich und bei ihrer künftigen Aufgabe hilfreich sein.

PRAXISTIPP:
Recherche in sozialen Netzwerken – was ist erlaubt?

Das Web vergisst nichts. Es gibt Informationen über uns preis, die wir – eigentlich – nicht in die ganze Welt hinausposaunen wollen, sondern nur einem kleinen Empfängerkreis vorbehalten wissen wollten. Und die doch immer wieder ans Tageslicht kommen – beispielsweise, weil ein soziales Netzwerk seine Einstellungen ändert. Oder weil jemand eine Seite hackt. Oder die Informationen einfach aus dem engen Kreis heraus weitergeleitet werden.

Auch für Führungskräfte und Personalverantwortliche ist die Versuchung groß, in den sozialen Netzwerken zu recherchieren. Können sie so doch schnell mehr über Kandidaten erfahren, als in seinen Unterlagen steht. Doch wie weit dürfen solche Recherchen gehen? Was ist datenschutzrechtlich erlaubt, was verboten? Eine abschließende Antwort gibt es darauf – noch – nicht.

Fest steht jedoch: Beachtet werden muss auf jeden Fall das Bundesdatenschutzgesetz (BDSG). Darauf weist Rechtsanwalt Carsten Ulbrich in seinem Buch »Social Media und Recht« hin. Das BDSG schützt personenbezogene Daten, also Informationen über die persönlichen und sachlichen Verhältnisse. Dazu gehören beispielsweise Alter, Lebenslauf und Qualifizierungen. Diese Informationen dürfen demnach nur erhoben, verarbeitet oder genutzt werden, wenn es durch das BDSG ausdrücklich erlaubt ist.

Um rechtskonform zu handeln, sollten Sie sich bei der Recherche deshalb auf »allgemein zugängliche Informationen« über Kandidaten konzentrieren. Dies sind Daten, die Sie über die Suche mit den gängigen Suchmaschinen erhalten und bei denen keine Anmeldung erforderlich ist. Komplizierter ist es in den sozialen Netzwerken. Hier wird zwischen berufsorientierten Netzwerken wie XING und LinkedIn und den freizeitorientierten Netzwerken unterschieden. Da innerhalb der Business-Netzwerke bewusst Informationen für potenzielle Arbeitgeber und Geschäftspartner zugänglich gemacht werden, ist eine Recherche dort unproblematisch. Die Recherche in freizeitorientierten Netzwerken wird hingegen kritisch betrachtet und auch dementsprechend rechtlich bewertet. Hier sollten Sie sich zurückhalten.

4.4. Die 7 Wege des Recruitings

Das eigene Netzwerk – und damit auch Social Media – wird für das Recruiting immer wichtiger. Dies hat mit verschiedenen Trends zu tun: Die klassischen Printanzeigen verlieren an Aufmerksamkeit. Das Web bietet für Bewerber und Arbeitgeber ein weitaus höheres Potenzial – allein durch die Vernetzung. Und der Mitarbeiter heute sucht nicht, er will gefunden werden. Er ist offen für Angebote, und zwar dort, wo er sich aufhält: in den Business-Netzwerken und Foren.

Das alles macht Social Media zu einem wertvollen Instrument im Recruiting. Es ist und bleibt aber nur ein Weg, nur ein Kanal, über den potenzielle Kandidaten ausfindig gemacht werden können. Social Media ist ein Bestandteil im Personalmarketing-Mix.

Welcher Mix im Recruiting für Sie der richtige ist, hängt von zahlreichen Facetten ab: von der Branche, in der Sie als Führungskraft im Vertrieb zuständig sind; von dem Angebot an Branchenmedien; davon, ob Sie regional oder bundesweit suchen und ob Sie Nachwuchskräfte oder bereits erfahrene Mitarbeiter wünschen.

Gute Erfahrungen haben ich und auch meine Kunden mit einem Mix aus den folgenden Wegen gemacht:

Personalmarketing-Mix

1. eigenes Team (Empfehlungen)
2. Online-Stellenbörsen (indirect, direct sourcing)
3. Social Media
4. Employer Branding
5. Kunden und Lieferanten (Multiplikatoren und Quellen)
6. Direktansprache
7. Sonstige wie Recruiting Events, Mittler, Headhunter etc.

Was mich persönlich immer wieder erstaunt, ist, welche Bedeutung der Zufall für unseren Erfolg hat. Das gilt auch für das Suchen und Finden der besten Leute. Plötzlich begegnen Sie einem geeigneten Kandidaten oder einer tollen Kandidatin. Wichtig ist, dass Sie in solchen Momenten auf den Punkt reagieren. Sie sollten also vorbereitet sein und einen guten ersten Text liefern können. Zum Beispiel in Form eines Sales Pitches, mit dem Sie Ihr Unternehmen in drei Sätzen genau und präzise beschreiben. Das Leben entscheidet sich manchmal durch Zufälle und in Sekunden. Auch bei der Suche nach den besten Mitarbeitern!

Übung

Ihr persönlicher Sales Pitch

Der Sales Pitch beschreibt die zielgerichtete, auf den Kunden bezogene Dialogführung eines Unternehmensvertreters. Ziel des Sales Pitches ist es, Entscheidern Sinn und Nutzen des Unternehmens (der Produkte oder Dienstleistungen) auf den Punkt darzulegen!

»Wie verkaufst du dich?«

Bringen Sie Nutzen und Kompetenzen auf den Punkt:

Mein Name ist ....
Ich bin / wir sind ....

Als führender Anbieter für ....
bin ich / sind wir ....

Weitere hilfreiche Vokabeln / Verben:
sorgen, machen, kümmern, achten, helfen, liefern ...

Das heißt für Sie ... (Nutzen, Kompetenzen)
Das bedeutet für Sie ... (Nutzen, Kompetenzen)

Ich gebe Ihnen hier meine Visitenkarte.
Hier finden Sie mein Social-Media-Profil.

Wie sollen wir verbleiben?
Was schlagen Sie vor?

Nehmen Sie Kontakt auf innerhalb von 5 bis 10 Tagen!

Ihr persönlicher SALES PITCH:

....

....

....

Menschen halten sich gern in Kreisen Gleichgesinnter auf. Suchen Sie daher Ihren künftigen Mitarbeiter mithilfe derer, die gute Leute aus dem Vertrieb kennen: mithilfe Ihres Teams. Niemand weiß besser, wer seinen Job besonders gut macht. Wer für seine Aufgabe, seine Produkte brennt. Und wer gerade auf der Suche ist oder aber bereit wäre, für ein entsprechendes Angebot den Arbeitgeber zu wechseln.

Damit die Vermittlung erfolgreich ist, muss Ihr Team wissen, wen Sie suchen. Teilen Sie ihm mit, welche Stellen besetzt werden sollen. Wie Ihr Traumkandidat aussieht, welche Kenntnisse er mitbringen sollte – vielleicht ist unter den Ex-Kollegen, den Ex-Kommilitonen oder im persönlichen Netzwerk Ihrer Mitarbeiter jemand dabei, der passen könnte.

Empfehlungen aus dem eigenen Team

Persönliche Empfehlungen aus dem Team haben einen besonderen Charme: Niemand wird Ihnen ein faules Ei unterjubeln wollen – schließlich läuft der Tippgeber Gefahr, dass er später mit demjenigen arbeitet oder dass ein schlechter Tipp auf ihn selbst zurückfällt. Erkennen Sie die Schwächen des Kandidaten, werden Sie den Mitarbeiter nie wieder nach einem Tipp fragen – und auch er wird diesen Imageverlust nicht riskieren wollen. Daher ist bei diesem Weg der Rekrutierung, wenn alles gut eingestielt ist, eher davon auszugehen, dass die Qualität der Bewerber hoch sein wird.

Zudem sind persönliche Empfehlungen belastbare Brücken: Sie haben bei dem potenziellen Kandidaten ein ganz anderes Gehör, wenn Sie auf die Empfehlung hinweisen. Der Kandidat fühlt sich geschmeichelt und wird die Tür nicht schließen, ohne Ihnen zumindest zuzuhören.

Mit der Suche über persönliche Empfehlungen sparen Sie Zeit und Geld. Revanchieren Sie sich bei dem Tippgeber. Bieten Sie ihm eine Prämie an, deren Höhe abhängig vom Einkommen des künftigen Mitarbeiters ist. Bieten Sie zunächst eine kleinere Prämie für die Herstellung des Kontakts an. Erhöhen Sie bei Vertragsabschluss und bieten Sie einen zusätzlichen Bonus an, wenn der Mitarbeiter nach der Probezeit im Unternehmen bleibt. Kommunizieren Sie von Anfang an klar, wann welche Prämie gezahlt wird – so schaffen Sie Transparenz.

Online-Stellenbörse statt Tageszeitung Was früher die klassische Stellenanzeige in Tages- und Fachzeitungen war, ist heute das Gesuch in Online-Stellenbörsen. Sie sind preiswerter und haben eine höhere Reichweite als Printmedien – allein das spricht für sie. Zu den bekanntesten Jobportalen zählen unter anderem *monster.de* und *stepstone. de*. Überdies gibt es zahlreiche kleinere, regionale oder branchenspezifische Angebote. Auf Jobportalen erreichen Sie häufig mehr potenzielle Bewerber – auch weil ihre Nutzer häufig neue Angebote per Mail bekommen. Der Kandidat muss selbst also gar nicht mehr aktiv werden, um von Ihrem

Angebot zu erfahren. Er muss sich bei Interesse nur noch darauf bewerben. Und auch hier können Sie es ihm so einfach wie möglich machen. Bieten Sie ihm die Möglichkeit der On-line-Bewerbung oder der Bewerbung per E-Mail an. Beides entlastet auch Sie und die Kollegen in der Personalabteilung: Die Bewerbungsunterlagen können leichter gespeichert und weiterverarbeitet werden. Die Papierflut entfällt. Und Sie sparen sich das zeit- und kostenaufwendige Zurücksenden der Bewerbungsunterlagen.

Ein weiterer Vorteil der Jobportale: Sie können in den On-line-Börsen aktiv nach Mitarbeitern suchen (»Direct Sourcing«). Wer sich als potenzieller Bewerber registriert, kann Angaben zu seiner Qualifikation, seinem Werdegang und seinen Wünschen abspeichern und für Unternehmen freigeben. Damit müssen Sie nicht mehr darauf warten, wer sich bei Ihnen bewirbt – Sie können selbst aktiv werden!

PRAXISTIPP:
Geeignete Kandidaten bei Online-Stellenbörsen finden

Bringen Sie das Profil Ihres potenziellen Mitarbeiters auf den Punkt: Welche Anforderungen sind wichtig? Und mit welchem Schlagwort lässt sich diese Anforderung am besten beschreiben? Definieren Sie Schlüsselwörter für die relevanten Suchfelder. Falls sinnvoll, grenzen Sie Ihre Suche ein, indem Sie sich nur Kandidaten aus Ihrer Stadt, Ihrer Region, mit einer bestimmten Berufserfahrung anzeigen lassen.

Nutzen Sie neben den großen Jobportalen auch fachspezifische Stellenbörsen. Auf den Vertrieb spezialisiert sind beispielsweise *www.salesjob.de*, *www.akquisejobs.de* und *www.vertriebsjobs.de*. Berücksichtigen Sie auch die Online-Stellenbörsen der Branchen, für die Sie tätig sind.

Sind Sie unsicher, ob die Stellenbörse wirklich so gut ist, wie sie behauptet? Zweifeln Sie an deren Reichweite, den Nutzerzahlen? Dann schauen Sie sich die Angebote anderer

Unternehmen an. Wie viele Stellenangebote sind hinterlegt? Wie viele werden an einem Tag online gestellt? Wie aktuell sind sie? Wie viele potenzielle Bewerber haben ihr Profil hinterlegt? Und wie gut ist die Website gepflegt? All dies gibt Hinweise darauf, ob Ihr Geld hier gut angelegt ist.

Karrierenetzwerk Social Media

Ein Nachteil der Online-Stellenbörsen: Hier hinterlegen nur diejenigen ihr Profil, die aktiv auf der Suche sind oder aber zumindest sehr fest vorhaben, in den kommenden Monaten ihren Job zu wechseln. Was aber ist mit denen, die toll in ihrem Job sind, aber nicht aktiv suchen? Die vielleicht offen für Angebote sind, aber keine Veranlassung haben, sich auf dem Markt umzuschauen? Auch diese Kandidaten sind für Sie nicht unerreichbar. Sprechen Sie passende Kandidaten direkt auf offene Vakanzen an – auch wenn sie (noch) für Ihren Wettbewerber arbeiten. Selbst wenn ein so angesprochener Kandidat ablehnt, haben Sie ihn zumindest auf Ihr Unternehmen als potenziellen Arbeitgeber aufmerksam gemacht. Und wer weiß, vielleicht sieht die Situation in zwei, drei Monaten für ihn ganz anders aus. Und er meldet sich bei Ihnen.

Sie sind nicht sicher, ob jemand in Ihrem Netzwerk den Anforderungen entspricht? Kein Problem: Suchen Sie in den Business-Netzwerken XING und LinkedIn mithilfe der »Erweiterten Suche« nach den entsprechenden Schlagworten. Bei Facebook geht das auch mithilfe der Suchfunktion Graph Search. Lassen Sie sich im ersten Schritt nur Ihre persönlichen Kontakte anzeigen. Ist niemand dabei, erweitern Sie die Suche einfach auf die Kontakte Ihrer Kontakte. Ist dann ein potenzieller Kandidat dabei, können Sie sich von Ihrem Kontakt als Arbeitgeber empfehlen lassen – und über ihn vielleicht mehr über den Kandidaten erfahren, als in seinem Profil steht.

Alternativ können Sie Ihre Suche über das eigene Netzwerk sowie das Ihrer Mitarbeiter hinaus ausweiten. Mit XING finden Sie beispielsweise auch potenzielle Kandidaten, die nicht zu Ihrem Netzwerk gehören – und die Sie dann entsprechend direkt kontaktieren können. Senden Sie eine Kontaktanfrage und warten Sie auf die Bestätigung. Im Anschluss nehmen Sie Kontakt auf. Dabei ist natürlich Fingerspitzengefühl gefragt.

Recruiting via XING

PRAXISTIPP:
Active Sourcing

Beachten Sie bei Ihrer Suche via XING folgende Tipps beim Active Sourcing, also der aktiven Kandidatenansprache, damit Ihre Nachricht nicht zu Missstimmung führt:

1. Versenden Sie keine Massenmails, sondern sprechen Sie den Empfänger persönlich an.

2. Begründen Sie, warum er in Ihren Augen der geeignete Kandidat ist. Was ist Ihnen an seinem Profil aufgefallen?

3. Wenn Sie sichergehen möchten, können Sie auch zum Telefon greifen, sofern der (prinzipiell) wechselwillige Kandidat die Telefonnummer in seinem Profil angegeben hat. Damit sind Sie als Personalverantwortlicher rechtlich auf der sicheren Seite: Sie dürfen Kandidaten unangekündigt am Arbeitsplatz anrufen. Achten Sie dann aber auf jeden Fall auch auf höchstmögliche Diskretion und vor allem Kürze des Gesprächs!

4. Sollte der Kandidat seine Mobilnummer im Profil hinterlegt haben, rufen Sie ihn im Anschluss an seine Kontaktbestätigung nach zwei bis fünf Tagen von Ihrem Mobilphone aus an. Damit zeigen Sie Ihr ernsthaftes Interesse. Der Sonntagabend ist übrigens hierfür ein guter Zeitpunkt.

5. Respektieren Sie seinen aktuellen und die vergangenen Arbeitgeber. Vermeiden Sie abwertende Formulierungen – dies könnte auch wettbewerbsrechtliche Folgen haben!

6. XING erlaubt die Angabe von Karrierewünschen. Ist in dem Profil deutlich erkennbar, dass der Kandidat nicht an Angeboten interessiert ist, sollten Sie dies respektieren.

PS: Die Recherche in eher freizeitorientierten Netzwerken nach geeigneten Kandidaten wird übrigens meist kritisch betrachtet und auch dementsprechend rechtlich bewertet. Hier sollten Sie sich zurückhalten – ebenso wie mit der Speicherung von Kandidaten-Informationen: Hier dürfen nur die Angaben gespeichert werden, die aus öffentlich zugänglichen Profilen stammen.

Viele XING-Mitglieder haben die Ansicht ihrer Karrierewünsche so eingestellt, dass sie nur für Headhunter sichtbar sind. Wer will seinen Chef schon darauf aufmerksam machen, dass ein Wechsel nicht ausgeschlossen ist? Zusammen mit den weiteren Optionen, wie die spezielle – aber teure – Mitgliedschaft für Personalverantwortliche, können Headhunter Sie bei der Suche über XING und andere Kanäle wirkungsvoll unterstützen.

So bringen Sie sich als Arbeitgeber in Stellung

Social Media eignen sich aber auch, um Ihr Unternehmen als Arbeitgeber vorzustellen. Achten Sie darauf, dass Sie sich dabei nicht verzetteln – kein Unternehmen muss in jedem Netzwerk vertreten sein. XING beispielsweise eignet sich hervorragend, wenn es um das Recruiting von Verkäufern im deutschsprachigen Raum geht. Mit LinkedIn erreichen Sie zusätzlich potenzielle Mitarbeiter auch im Ausland. Bewährt hat sich auch Facebook – hier sind längst nicht mehr ausschließlich Jugendliche unterwegs. So können Unternehmen eigene Karriere-Sites veröffentlichen und sich dort gezielt als Arbeitgeber positionieren. Potenzielle Mitarbeiter können unter https://www.facebook.com/careers/ gezielt nach Jobs suchen. Wer gefunden werden möchte, kann seine Berufserfahrungen und Kenntnisse seinem Profil hinzufügen und wird dann anhand dieser Stichworte über die Facebook-eigene Graph Search gefunden.

Achten Sie bei der Ansprache über Social Media darauf, wie Sie mit dem potenziellen Mitarbeiter in Kontakt treten. Wenn Sie ihn auf seinem persönlichen Account ansprechen, kann dies als Stalking empfunden werden. Anders sieht es aus, wenn Ihr Unternehmen eine Karriere-Site auf Facebook hat und die Ansprache darüber erfolgt. Ein erster Schritt kann es sein, sich mittels Kommentaren zu beteiligen und später eher en passant einen Gesprächswunsch zu äußern.

Eine solche Karriere-Site eignet sich übrigens auch hervorragend dazu, Videos zu verbreiten, die Sie bei YouTube einstellen. Gewähren Sie Einblicke in Ihr Unternehmen. Lassen Sie Mitarbeiter zu Wort kommen.

Denken Sie aber auch daran: Social Media lebt von der Geschwindigkeit. Achten Sie auf Antworten und Kommentare zu Ihren Postings. Schauen Sie zwei- bis dreimal am Tag in den sozialen Netzwerken vorbei. Ist schließlich nur das Managen von weiteren »Briefkästen«. Nutzen Sie diese Chancen!

Employer Branding

Audi, BMW, Volkswagen und Porsche sind nicht nur tolle Namen und Marken. Sondern laut *trendence Graduate Barometer 2013* die beliebtesten Arbeitgeber unter den Studenten der Wirtschaftswissenschaften. Google steht auf Platz 8, Apple hat es immerhin auf Platz 11 geschafft. Mit all diesen Marken verbinden wir ein Bild, eine Vorstellung. Begehrenswerte Produkte. Lifestyle. Wir wissen, für welche Werte diese Marken stehen. Welches Lebensgefühl sie uns vermitteln. Und wie Menschen, die sich mit diesen Marken und ihren Produkten umgeben, von Freunden, Verwandten, Kollegen und Kunden wahrgenommen werden.

Die positive Ausstrahlung macht diese Unternehmen zu attraktiven, zu begehrten Arbeitgebern. Dabei wird diese Sogwirkung auf potenzielle Mitarbeiter nicht nur durch den Glamour der Produkte ausgelöst, sondern auch durch das Image, das ein Unternehmen hat – als Arbeitgeber, in seiner Rolle als »verantwortungsvoller Bürger«, durch seinen Umgang mit Dienstleistern, Zulieferern, Nachbarn und Behörden, seinen Beitrag zum Umweltschutz und sein soziales Engagement. All diese Faktoren sollten in der Unternehmensstrategie und in der Unternehmensphilosophie verankert sein, und zwar in jedem Geschäftsbereich, in jeder Abteilung und letztlich in jedem Mitarbeiter.

Employer Branding ist kein Geschenk, sondern harte Arbeit. Es ist – so die Definition der *Deutschen Employer Branding Akademie* – »die identitätsbasierte, intern wie extern wirksame Entwicklung und Positionierung eines Unternehmens als glaubwürdiger und attraktiver Arbeitgeber – als Employer of Choice«. Dabei spielen bei der Ansprache bestehender und potenzieller Mitarbeiter Faktoren wie berufliche Perspektiven, fachliche Anforderungen, Sicherheit und Bezahlung sowie die Vereinbarung von Freizeit, Familie und Beruf die entscheidende Rolle. Aber auch das Image eines Unternehmens – bei Kunden, Lieferanten und Mitarbeitern. Ebenso wie die Werte, die es vermittelt.

Identifikation ist ein starkes Motiv

Warum ist das so? Wir alle wollen uns mit dem, was wir tun, identifizieren. Anders gesagt: Kein Bürokrat würde sich bei IKEA bewerben. Umgekehrt würde niemand, der Spaß an Visionen und Experimenten hat, freiwillig als Steuerberater anheuern.

Employer Branding zeigt den Menschen auf subtile Weise an, welche Mitarbeiter zu einem Unternehmen passen. Welches Verhalten gewünscht ist. Welche Kompetenzen benötigt werden. An welche Markenattribute auch die Mitarbeiter glauben und welche sie verkörpern sollen. Ob Zahlenmenschen ins Team passen oder Visionäre. Macher oder Denker. So wird die Personalbeschaffung effizienter, die Gefahr von

Fehlbesetzungen werden ebenso wie die Kosten der Personalbeschaffung reduziert. Auf lange Sicht wird dadurch sogar der Unternehmenswert erhöht.

PRAXISTIPP:
Seien Sie als Arbeitgebermarke unverwechselbar!

Um Ihre Traumkandidaten überzeugen zu können, müssen Sie als Arbeitgeber attraktiv sein. Sich von Wettbewerbern durch Einzigartigkeit abheben. Es muss etwas Besonderes sein, für Sie arbeiten zu können – und dies nicht nur am Anfang, sondern auch nach fünf, zehn oder mehr Jahren.

Bauen Sie dazu Ihre Arbeitgebermarke gezielt mit Unterstützung der Personal- und Marketingabteilung auf. Definieren Sie Ihre Arbeitgebermarke. Diese Fragestellungen helfen Ihnen dabei:

1. Wie möchten Sie sich als Arbeitgeber positionieren? Was sind die Nuggets (Alleinstellungsmerkmale) des Unternehmens? Der Produkte, Dienstleistungen? Wie lautet der Sales Pitch? Was ist Ihre Employer Value Proposition?

2. Welche Nuggets sprechen für die Branche und für Sie als Arbeitgeber?

3. Wie können Sie das belegen? Welche Argumente, Success Stories und Zitate belegen diese Aussage?

Daraus ableitend können entsprechende Maßnahmen entwickelt werden, mit denen potenzielle Bewerber angesprochen werden. Dazu zählen die Karriereseite des Unternehmens, Präsenz in den Social Media, auf Messen u.v.m.

Jeder Bewerber wird das Bild, das er von einem Unternehmen als Arbeitgeber hat, während des Bewerbungsprozesses automatisch mit seinen Erfahrungen abgleichen. Hier kommt Ihnen als Führungskraft eine besondere Vorbildfunktion zu: Sie müssen die Werte der Unternehmensphilosophie, die Aussagen der Arbeitgebermarke, mit Leben füllen. Bleiben Sie dabei authentisch. Konzentrieren Sie sich auf die Werte und Botschaften, hinter denen Sie stehen.

Übrigens: Wenn Sie wissen möchten, wie (ehemalige) Mitarbeiter und Bewerber über Ihr Unternehmen denken, sollten Sie einen Blick auf *Kununu.de*, oder *Glasdoor.de* riskieren. Hier werden Arbeitgeber aus Sicht der Mitarbeiter bewertet – anonym und offen. Dabei haben Sie auch hier die Chance, sich anhand von Videos, Unternehmensporträts, Gewinnspielen und vielem mehr als Arbeitgeber zu präsentieren.

Kunden und Lieferanten als Multiplikatoren und Quellen

Ein weiterer, sehr bewährter und zugleich naheliegender Weg für die Gewinnung neuer Mitarbeiter ist das Gespräch mit Kunden, mit Lieferanten oder anderen Partnern. Wenn die Beziehungen gut und bewährt sind, wenn Ihre Kunden Ihr Geschäft verstehen, wenn sie eventuell auch einige Insides wissen, dann ist es naheliegend, diese gute Beziehung wertschätzend als Quelle für potenzielle neue Mitarbeiter zu nutzen. Möglicherweise plant Ihr Kunde gerade einige strukturelle Veränderungen, kauft ein Unternehmen dazu oder konzentriert sich neu, dann kann ein Wechsel eines guten Mitarbeiters vom Kunden zu Ihnen für beide Seiten ein Vorteil sein. Oder Ihr Kunde hat eine Idee für eine Empfehlung für Sie? Auch gut! Dasselbe gilt natürlich für Lieferanten oder weitere, am besten versierte, anerkannte Mittler. Sie können hier proaktiv vorgehen und dann folgende Fragen an Ihren Kunden stellen:

»Wie Sie wissen, geben wir nur sehr überlegt Geld für eigenes Marketing aus. Daher geben uns einige unserer guten Kunden (Lieferanten) in letzter Zeit die besten Empfehlungen. Deshalb spreche ich auch Sie heute direkt an: Wir expandieren stark und sind auf der Suche nach neuen Verkäufern. Kennen Sie jemanden, von dem Sie glauben, dass er seine Arbeit sehr gut macht und der zurzeit auf der Suche ist oder für ein gutes Angebot offen wäre?« Oder auch so: *»Wem aus Ihrem (beruflichen) Umfeld würden Sie es ermöglichen, mit uns zusammenzuarbeiten? Mit uns kooperieren zu können?«* Oder direkt so: *»Wem aus Ihrem Netzwerk trauen Sie eine Karriere auch bei uns zu? Wen würde eine Mitarbeit bei uns interessieren?«*

Ob es um einen Wechsel eines guten Mitarbeiters zu Ihnen geht oder ob Sie eine Empfehlung vom Kunden bekommen, es geht in jedem Fall für Sie effektiv weiter. Auch dann, wenn Ihre Frage zu keinem Resultat führt, wird Ihr Kunde sich eher geschmeichelt fühlen, von Ihnen gefragt worden zu sein.

Direktansprache

Sind Sie ein guter Beobachter? Dann sind Sie bestens dazu geeignet, Kandidaten direkt anzusprechen – und zwar immer dann, wenn Ihnen ein interessanter potenzieller Bewerber über den Weg läuft. Wir unterscheiden zwischen interner und externer Direktansprache. Die interne Ansprache geschieht in Förderkreisen, Master Classes oder Nachwuchsprogrammen für geeignete Kandidaten. Nur wer sein indirektes Team kennt, wer die sehr guten Talente schon beim Start in ein Unternehmen wahrnimmt, der kann diese auch direkt auf Positionen ansprechen. Hier geht es darum, internes Potenzial zu sichten und zu (be)fördern.

Dann kommen wir zur Königsdisziplin, der externen Direktansprache. Dies kann im Restaurant oder bei Freunden ebenso der Fall sein wie bei geschäftlichen Kontakten, auf Messen oder in Social Media. Sie sind quasi nie mehr privat, sondern immer auf der Suche nach neuen Mitarbeitern. Damit die Direktansprache gelingt, sollten Sie Ihr Gegenüber beobachten. Welche Argumente können ihn überzeugen, welche Motive hat er? Achten Sie bereits beim Gesprächsbeginn auf einen positiven Ansatz. Hilfreich sind Formulierungen wie

- *»Sie sind mir aufgefallen ...«*
- *»Bei Ihren Fähigkeiten könnte ich mir sehr gut vorstellen ...«*
- *»Gratuliere Ihnen! So sympathisch, wie Sie rüberkommen, so qualifiziert, wie Sie sind, toll! Dazu fällt mir ein ...«*
- *»Wenn es für Sie eine Möglichkeit gäbe, Ihre Fähigkeiten noch besser, wirksamer einzusetzen, wie wäre das ...?«*
- *»Wenn es für Sie die Chance gäbe, Ihre Fähigkeiten und mein Wissen zu kombinieren und daraus eine Karriere zu entwickeln, wie (interessant) klingt das für Sie?«*

Bleiben Sie realistisch in Ihren Erwartungen

Sprechen Sie die Motive Ihres Gegenübers aktiv an – die finanzielle Entwicklung oder auch Karrieremöglichkeiten. Bleiben Sie dabei realistisch, denn wenn Sie zu hohe Erwartungen wecken, die später nicht erfüllt werden (können), macht Sie das unglaubwürdig. Zudem laufen Sie Gefahr, dass Ihr Kandidat noch während der Probezeit wieder wechselt.

Begegnet Ihnen ein interessanter Gesprächspartner, der selbst nicht für die Tätigkeit infrage kommt, können Sie vielleicht trotzdem über ihn und sein Umfeld rekrutieren und so neue Kandidaten erreichen. Nutzen Sie ihn als Empfehlungsgeber. Sprechen Sie ihn auf sein Netzwerk an und fragen Sie ihn, ob er Ihnen jemanden empfehlen kann. Wen konkret er empfehlen kann. Dabei eignet sich im Prinzip jeder Kontakt aus Ihrem Netzwerk, unabhängig in welchem Kontext Sie zu ihm stehen.

Eine solche indirekte Ansprache Ihres Gesprächspartners kann beispielsweise auch so eingeleitet werden: *»Wie zufrieden sind Sie besonders in letzter Zeit mit unserer Kooperation? Was schätzen Sie am meisten?«* Und dann weiter mit: *»Wer aus Ihrem Netzwerk würde auch als neuer Mitarbeiter eine Zusammenarbeit mit uns so zu schätzen wissen wie Sie?«*

Potenzielle Kandidaten persönlich kennenzulernen und mit ihnen ungezwungen ins Gespräch zu kommen – das ist der Ansatz von Karriere Lounges. Potenzielle Bewerber und Unternehmen treffen sich dabei in lockerer Atmosphäre und tauschen sich aus. Damit verfolgen die Veranstalter einen ähnlichen Ansatz wie die zahlreichen Karriere-Messen, bei denen die Atmosphäre jedoch sehr viel offizieller ist.

Karriere Lounges und Events

Karriere Lounges werden regional oder auch von einzelnen Unternehmen gestaltet. Bei der zweiten Variante haben Sie die Chance, den Tag ganz nach Ihren Vorstellungen zu gestalten. Warum bieten Sie potenziellen Bewerbern nicht einmal ein Programm, das zu Ihrem Unternehmen passt – mit Musik, Snacks und vielleicht einem Outdoor-Training, einem Bewerbungs-Check oder einem spannenden Workshop?

Eine andere, effiziente Form des Kennenlernens ist das Job-Speed-Dating. Hierbei warten an Zweiertischen Unternehmensvertreter auf potenzielle Kandidaten. Den beiden Gesprächspartnern stehen zehn Minuten zur Verfügung, um zu klären, ob sie intensiver miteinander sprechen möchten. Ertönt der Gong, wandert der Bewerber einen Tisch weiter. Für eine gute Vorbereitung sollten die Unternehmensvertreter die Argumente des Employer Branding in einem Pitch zusammenfassen können (siehe Seite 127 f.). Auch die Bewerber sollten ihr Gespräch und ihre Vorstellung vorbereiten und trainieren. Generell gilt: Je weniger Zeit wir haben, etwas zu präsentieren (ein Unternehmen, eine Idee, uns selbst), desto intensiver muss unsere Vorbereitung sein.

PRAXISTIPP:
Legen Sie sich einen Potenziale-Ordner an!

Nicht jeder Bewerber wird sich für Ihr Unternehmen entscheiden. Das bedeutet aber nicht, dass dies auch für die Zukunft gilt.

Heben Sie die Profile der Kandidaten auf, mit denen Sie gerne arbeiten würden und die für Sie auch noch in sechs oder zwölf Monaten mit größter Wahrscheinlichkeit interessant sind. Sprechen Sie diese Kandidaten drei Monate nach der Absage noch einmal an: Hat der Kandidat die für ihn richtige Entscheidung getroffen? Ist die Aufgabe so spannend, der Verdienst so gut wie erwartet? Am besten eignet sich dafür ein Telefonat. Starten Sie positiv, beispielsweise mit Formulierungen wie »Ich möchte Sie noch immer gern für unser Unternehmen gewinnen. (Was erwarten Sie unter diesem Aspekt in einem weiteren Gespräch konkret?) Wann wären Sie für einen neuen Versuch, ein weiteres Gespräch, ein Treffen offen? Wie wollen wir verbleiben? Was schlagen Sie vor?«

Erfolgreiches Recruiting ist immer der Beginn von Führung. Wer kein Team hat, arbeitet allein. Und wer nicht rekrutiert, muss mit denen arbeiten, die schon im Team sind. Das kann Fluch oder Segen sein. Wie erfolgreich ist ein professionelles Fußball-Team, wenn es keine Ersatzbank gibt? Wenn der Trainer immer dieselben elf Spieler aufstellen muss? Kein weiterer Kommentar! Verhindern Sie »betreutes Wohnen«!

Wer neue Leute rekrutiert, kann es sich erlauben, sich von bestehenden Mitarbeitern zu trennen. Er kann und darf Leute verlieren und dies ist sogar gut für Sie. Denn Verkäufer brauchen Konkurrenz. Sie müssen sich reiben und möchten wissen, wie gut sie im Vergleich zu anderen sind. Außerdem entstehen durch einen beständigen Rekrutierungsprozess weniger Abhängigkeiten. Nur wer rekrutieren, wer Menschen für sein Unternehmen, für seine Ideen gewinnen kann, bleibt souverän auch gegenüber etablierten Leuten im Team. Arbeiten Sie in einer Mannschaft mit immer denselben Kolleginnen und Kollegen, fällt diese Haltung auf Dauer weg – und die eigene Motivation und der Spirit im Team lassen nach, die Ergebnisse werden schlechter. Ich nenne das auch gerne »betreutes Wohnen«. Die Leute haben es sich im Unternehmen bequem gemacht, sie wohnen im Büro. Und der Chef dazu. Das wäre das Ende. Wollen Sie das? Wohl kaum!

CHECKLISTE: Geeignete Recruiting-Kanäle auswählen

	Mitarbeiternetzwerke	Online-Stellenbörsen	Social Media	Employer Branding	Kunden	Direktansprache / Abwerbungen	Karriere Lounges und Events
Branchenkenntnisse und eigenes Netzwerk sind keine Voraussetzung (z. B. Auszubildende, Berufseinsteiger, z. T. Quereinsteiger)		X	X	X			
Erste Berufserfahrung als Voraussetzung, Branchenkenntnisse von Vorteil (Nachwuchskräfte, Quereinsteiger)		X	X	X			
Studium als Voraussetzung, erste Berufs- und Branchenerfahrung wünschenswert (Young Professionals)		X	X	X			

	Mitarbeiternetzwerke	Online-Stellenbörsen	Social Media	Employer Branding	Kunden	Direktansprache / Abwerbungen	Karriere Lounges und Events
Berufs- und Branchenerfahrung als Voraussetzung; eigenes Netzwerk erwünscht (Berufserfahrene)	X	X	X	X	X	X	X
Mehrjährige Berufs- und Branchenerfahrung sowie eigenes Netzwerk als Voraussetzung (Führungskräfte)	X	X	X	X	X	X	X

Abweichungen von Angaben im Bewerbungsgespräch / Bewerbungsunterlagen

....

....

Sonstiges

....

....

_____   _____
Datum   Unterschrift

4.5. Der Einstellungsprozess

Bewerbungsunterlagen geben Ihnen einen ersten Eindruck der Kandidaten. Sie sind die Basis für eine Vorentscheidung – basierend auf dem Anforderungsprofil. Doch Qualifikation und Referenzen sind nicht alles: Ihr Mitarbeiter soll ins Team und zum Unternehmen passen. Er muss sich auch mit den Produkten und Dienstleistungen des Unternehmens identifizieren. Das alles erfahren Sie nicht aus schriftlichen Unterlagen.

Bewährt hat sich in der Praxis ein mehrstufiger Einstellungsprozess. Dieser dient dazu, dem Kandidaten auf den Zahn zu fühlen und mehr über seine Hard und Soft Skills zu erfahren. Richtig durchgeführt, trennt sich dabei schnell die Spreu vom Weizen – und dies, bevor Sie als Führungskraft überhaupt mit einem der Bewerber gesprochen haben.

Mehrstufiger Einstellungsprozess

Wie funktioniert dies genau? Im Idealfall sortiert die Personalabteilung die Bewerbungen vor. Jeder, der aufgrund des Anforderungsprofils nicht infrage kommt, erhält seine Unterlagen zurück. Ausnahmen werden nur dann gemacht, wenn ein Bewerber positiv überrascht und aus anderem Grund für das Unternehmen interessant ist. Vielleicht auch auf einer ganz anderen Position.

Die übrig gebliebenen Bewerber werden priorisiert. Etwa fünf Kandidaten sollten in die engere Wahl kommen. Diese Mappen bekommen Sie. Stimmen Ihre Einschätzungen der Kandidaten mit denen Ihrer Personalabteilung überein, beginnt für diese Kandidaten der Einstellungsprozess. Während dieser Phase wird sich die Zahl der Bewerber weiter reduzieren.

> **Übersicht: 7 Schritte von der Bewerbung bis zur Einstellung**
>
> 1. Telefoninterview (alternativ auch per Skype, Google Hangout)
> 2. Vier-Augen-Gespräch mit Personaler und / oder Key-Accounter
> 3. Zweites Auswahlgespräch mit Personalleiter und / oder Vertriebs-
>   leiter (Karriere Check-Trimetrix-optional)
> 4. Assessment-Center (optional)
> 5. Bewerbertag, Probearbeiten
> 6. »Seglerfrühstück« (ein spontanes Teamtreffen mit dem Bewerber)
> 7. Probezeit, Onboarding

Telefoninterview Bevor der Kandidat Sie kennenlernt, wird er telefonisch interviewt. Diese Aufgabe übernimmt entweder ein interviewstarker Teammitarbeiter, ein Key-Accounter oder die Personalabteilung. Inhaltlich geht es dabei um Folgendes:

- Konkretisierung: Wie genau sah die bisherige Tätigkeit des Kandidaten aus? Welche fachlichen Aufgaben hatte er zu bewältigen? Welche Kundenkontakte besitzt er in der Branche und wie gut sind diese?
- Zusätzliche Informationen: Hier geht es vor allem um die Soft Skills. Wie wirkt der Kandidat am Telefon? Wie ist er vorbereitet? Was weiß er schon über das Unternehmen, die handelnden Personen? Wie kommuniziert er? Wie gut kann er zuhören? Und wie schnell durchdringt er komplexe Sachverhalte?
- Offene Fragen klären: Das Interview ist zudem die Gelegenheit, offene Fragen zu klären – zum Lebenslauf, den Gehaltsvorstellungen und vieles mehr.

Erstes Vier-Augen-Gespräch Schritt zwei ist das erste Vier-Augen-Gespräch. Dieses findet mit einem Personalverantwortlichen oder dem Key-Accounter statt.

Denken Sie im Vorfeld daran, dass für die Interviews nur ein begrenzter Zeitrahmen zur Verfügung steht. Überlegen Sie deshalb im Vorfeld, was Sie von den Kandidaten erfahren möchten. Sind Fragen zum Lebenslauf offen geblieben? Sind die Aufgaben in den einzelnen Positionen klar? Gibt es interessante Brüche im Lebenslauf? Oder allzu häufige Wechsel? Warum ist dies so? Welche Motive haben zu der Berufswahl geführt? Sind diese Erwartungen bislang erfüllt worden? Wie will sich der Kandidat weiterentwickeln – beruflich und privat?

Planen Sie Zeit für die Fragen des Kandidaten ein. Achten Sie darauf, welche Fragen er stellt – worauf legt er Wert? Was ist ihm wichtig? Lassen Sie bei Widersprüchen nachfragen – beispielsweise, wenn er sich in seiner schriftlichen Bewerbung als »hoch motiviert« beschreibt und im Gespräch dann nach der Häufigkeit von Überstunden oder Geschäftsreisen fragt. Auch wenn zu viele Buzz-Wörter und Phrasen verwendet werden, sollte ihm auf den Zahn gefühlt werden. Was meint der Bewerber, wenn er sich als »engagiert«, »teamfähig« oder »hoch motiviert« beschreibt?

Bereiten Sie gemeinsam mit den Kollegen einen Interviewleitfaden vor. Das hilft, den roten Faden wieder aufzunehmen, wenn die Gesprächspartner abschweifen. So können Sie beispielsweise Fragen vorbereiten, die sich auf das Stel-

Interviewleitfaden

lenprofil beziehen. Ergänzt werden diese durch Verhaltensfragen. Was würde der Kandidat in Situation X machen? Beispielsweise bei Reklamationen, schwierigen Kunden oder der Neueinführung eines Produktes? Legen Sie vorher feste Bewertungskriterien fest. Notizen während des Gesprächs sind eine solide Basis für die Beurteilung der Kandidaten – auch zwei oder drei Wochen nach dem Gespräch.

Gemeinsam mit dem Interviewer legen Sie nach diesem ersten Vier-Augen-Gespräch fest, welchen Kandidaten Sie zu einem zweiten Gespräch einladen. Auch hier punkten Sie mit guter Vorbereitung: Klären Sie im Vorfeld, wer welche Rolle übernimmt. Dazu gehört auch, wer welchen Themenkomplex abdeckt. Welche Fragen sind Ihnen wichtig? Worauf kommt es Ihnen an? Auch für das zweite Gespräch sollten ein Interviewleitfaden sowie eine Checkliste für die Dokumentation vorliegen. Der klassische Aufbau sieht folgende Punkte vor:

PRAXISTIPP:
Aufbau des Einstellungsgesprächs

1. **Vorstellung** der Gesprächspartner
2. **Einleitung** – mit Erläuterung, welches Ziel das Gespräch verfolgt und welches Ergebnis zum Schluss erzielt werden sollte. Beispielsweise:»Wir sind heute hier, um uns kennenzulernen und zu schauen, ob wir miteinander arbeiten wollen. In einer Stunde werden wir entscheiden, ob es ein weiteres Gespräch geben wird oder nicht. Beide Entscheidungen sind gut.« Bleiben Sie offen, sympathisch und dabei konzentriert und wertschätzend. Bereiten Sie sich besonders bei Kandidaten aus der Gen Y oder Gen Z auch darauf vor, dass diese oft altersgerechte Kleidung tragen, dass diese Generation gern auch Fragen zur Zukunft und zur Marktperspektive des Unternehmens stellt und hier eine authentische Antwort erwartet.

3. **Fragen zum Kandidaten:** Lernen Sie den Kandidaten durch persönliche und fachliche Fragen kennen. Weshalb möchte er sich für die Position bewerben? Welche fachlichen Kompetenzen bringt er mit? Was macht ihn zum Wunschkandidaten? Welche Stärken bringt er mit ein? Warum sollten Sie sich ausgerechnet für ihn entscheiden?

4. **Informationen zur Position:** Stellen Sie dem Kandidaten seinen künftigen Job vor. Welche Aufgaben wird er wahrnehmen? Welche Herausforderungen hat er zu bewältigen? Wie kann er sich weiterentwickeln?

5. **Situative Fragen:** Um herauszufinden, wie er in kritischen Situationen reagiert, schildern Sie Fallbeispiele und fragen nach, wie Ihr Gesprächspartner in dieser Situation reagiert hätte. Welche Entscheidungen er getroffen hätte. Und warum. Stellen Sie ihm Testfragen und Aufgaben, um zu prüfen, ob er wirklich über das angegebene Wissen verfügt.

6. **Abschluss:** Hat der Kandidat noch Fragen, beantworten Sie diese. Fassen Sie das Gespräch kurz zusammen und erläutern Sie knapp, wie der weitere Prozess ausschaut.

Bereiten Sie sich entsprechend vor. Schauen Sie sich die Unterlagen an und prüfen Sie diese.

- Sind alle Unterlagen vollständig?
- Werden alle Fragen beantwortet?
- Hat der Lebenslauf Lücken?
- In welchen Punkten entspricht das Profil des Kandidaten nicht Ihrem Anforderungsprofil?
- Was interessiert Sie besonders an dem Kandidaten (Sportarten, besondere Hobbys etc.)

Erstellen Sie vor dem Interview eine Liste mit den Fragen, die Sie dem Kandidaten stellen wollen. Gehen Sie diese vor dem Gespräch nochmals in Ruhe durch. Stellen Sie zur Vorbereitung alle Unterlagen zusammen, die für (s)eine Entscheidung wichtig sind, aber gegebenenfalls nicht öffentlich verfügbar sind: Dies können Produktinformationen oder der Geschäftsbericht sein. Legen Sie sich die Bewerbungsunterlagen raus, damit sie beim Termin griffbereit sind und nicht gesucht werden müssen.

Der Interviewleitfaden hilft Ihnen dabei, den roten Faden zu behalten. Ergänzt wird er durch einen Bewertungsbogen. Füllen Sie diesen während des Gesprächs oder aber direkt danach aus. Je später Sie Ihre Notizen machen, umso schwammiger werden sie. Vergeben Sie Noten wie früher in der Schule. Ergänzende Stichworte können sinnvoll sein.

Dokumentation Auswahlgespräch

Kandidat / in:

Interviewer / in:

Position:

Datum:

Note (1 bis 6)
oder Stichworte

Motivation ....

Motivation Jobwechsel ....

Theoretisches Wissen ....

Branchen / Fachwissen ....

Branchenkenntnisse (Netzwerk) ....

Kontakte ....

Berufserfahrung ....

Nachweisbare Erfolge ....

Erscheinung ....

Auftreten ....

Ausstrahlung ....

Kommunikationsverhalten ....

Internetaffinität ....

Analytisches Denken ....

Führungskompetenz (bei Führungspositionen) ....

Teamfähigkeit ....

Agilität, Flexibilität ....

Konfliktfähigkeit ....

Resilienz ....

Besondere Kompetenzen ....

Sprachkenntnisse (Sprache 1) ....

Sprachkenntnisse (Sprache 2) ....

Welche Niederlagen erlebt? Wie gemeistert? ....

Gesamteindruck ....

Persönliche Stärken ....

Potenziale ....

Wie könnte sich der Bewerber in 2 bis 3 Jahren entwickeln? ....

Schwächen ....

Knock-out-Kriterien ....

Einkommensvorstellung ....

Möglicher Eintrittstermin ....

Sonstige Anmerkungen ....

Next Steps ....

_____   _____

Datum   Unterschrift

Fassen Sie die Ergebnisse des Interviews schriftlich für Ihre Unterlagen zusammen. Das hilft Ihnen später bei der Auswahl der Kandidaten. Und es schützt Sie und Ihr Unternehmen vor eventuellen Klagen aufgrund des Allgemeinen Gleichstellungsgesetzes (AGG). Denn anhand des Icons können Sie nachweisen, dass die Auswahl nach einer klaren Beurteilungsstruktur erfolgt.

HINTERGRUNDWISSEN:
Allgemeines Gleichstellungsgesetz (AGG)

Das AGG – auch als Antidiskriminierungsgesetz bekannt – soll »Benachteiligungen aus Gründen der Rasse oder wegen der ethnischen Herkunft, des Geschlechts, der Religion oder Weltanschauung, einer Behinderung, des Alters oder der sexuellen Identität verhindern und beseitigen«.

Dieses Gesetz gilt auch für Stellenbewerber. Legt das Verhalten des potenziellen Arbeitgebers beispielsweise eine Absage aufgrund des Alters oder der ethnischen Herkunft nahe, kann dies zu Klagen führen.

Bitten Sie den Kandidaten, ebenfalls eine Zusammenfassung anzufertigen und Ihnen diese zu schicken. Gleichen Sie die Eindrücke und Inhalte miteinander ab. Haben Sie die Situation ähnlich erlebt? Was hat er in positiver, was in negativer Erinnerung? Deckt sich das mit Ihren Eindrücken? Das Feedback hilft Ihnen dabei, die Kandidaten weiter einzugrenzen.

PRAXISTIPP:
So bleiben Sie attraktiv für Bewerber!

Gute Vertriebsmitarbeiter sind rar. Und sie haben oft mehrere Angebote. Um den Wettkampf um die besten Talente zu gewinnen, müssen Sie deshalb attraktiv bleiben. Zeigen Sie dem Bewerber, dass er nicht der einzige Kandidat ist und dass nicht nur er, sondern auch Sie die Wahl haben. Achten Sie darauf, dass sich die Bewerber sehen. Dass sie bei den Gesprächsterminen aufeinander treffen. Damit bauen Sie eine Wettbewerbssituation auf und entfachen den Kampfgeist bei allen, die sich ernsthaft für die Position interessieren.

Trotz dieser Vorbereitung könnten Sie sich bei der Auswahl des Kandidaten noch irren. Denn im Gespräch lässt sich vieles behaupten. Erfahrungen der Kollegen lassen sich als eigene ausgeben. Situative Fragen lassen sich mit angelerntem Wissen beantworten, auf das der Bewerber in der realen Situation nicht zurückgreift – weil er zum Beispiel nicht mit dem Druck umgehen kann oder glaubt, er wüsste es besser. Dies wäre nicht nur ärgerlich, es wäre auch teuer. Denn der falsche Mitarbeiter am falschen Platz kostet Geld. Viel Geld. Ein Vertrieb, der nicht die erforderlichen Erfolge bringt, gefährdet das ganze Unternehmen.

Das bringen Assessment-Center und Bewerbertage

Große Unternehmen setzen deshalb auf Assessment-Center, um Bewerber auf Herz und Nieren zu prüfen. Dies macht Sinn, wenn Sie Ihre Vertriebsmannschaft regelmäßig aufstocken und Ihre Mitarbeiter über ein entsprechendes Jahresgehalt verfügen. Kleine und mittelständische Unternehmen können diesen Auswahlprozess stattdessen mit Bewerbertagen abbilden. Welche Form Sie auch wählen: In dieser Phase geht es darum, den Bewerber praktische Aufgaben lösen zu lassen – und dies unter Stress. Hier geht es um Preisverhandlungen, Umsatzziele und Akquise. Um Selbstpräsentation und Produktpräsentation. Um Gesprächsführung und Beratungskompetenz. Führen Sie Rollenspiele durch, bei denen Sie beispielsweise ein Verkaufsgespräch nachempfinden. Machen Sie es dem Kandidaten schwer – nur dann werden Sie erkennen, wo seine Schwächen und Stärken liegen. Ob er gut zuhört und auf die Anforderungen des Kunden eingeht. Wie er mit schwierigen Kunden, mit Einwänden umgeht. Ob er das Produkt gut kennt oder glaubt, mit Halbwissen punkten zu können.

Stellen Sie den Kandidaten vor ungewöhnliche Aufgaben. Wie wird er mit komplexen Situationen fertig? Behält er den Überblick? Sieht er schnell, was er delegieren kann, was er lösen muss? Beliebt sind Aufgaben, bei denen der Kandidat von einer Geschäftsreise kommt und nun diverse geschäftliche und private Aufgaben lösen muss, die er in Form von Zetteln, Mails, Postings im Intranet oder der internen Facebook- oder WhatsApp-Gruppe, Telefonlisten oder in anderer Form vorfindet. Solche »Postkorbaufgaben« dienen dazu, Organisationsstärke, Ausdauer und Kreativität eines Kandidaten zu erkennen.

Wie erkennen Sie wirklich Teamplayer? Um die Teamfähigkeit und -willigkeit jenseits der gesprochenen Beteuerungen »Klar bin ich ein Teamplayer« vorab bei Bewerbern checken zu können, können Sie in Ihr Assessment eine Gruppenpräsentation einbauen. Lassen Sie mehrere Teilnehmer die Präsentation einer gestellten Aufgabe vorbereiten. Inhalte, Struktur, Präsentationsstil und Rollenverteilung bei der Präsentation werden von den Teilnehmern festgelegt. Gruppendynamik, Vorgehensweise, Struktur und (Selbst-)Führung sind ausschlaggebende Faktoren, die analysiert werden können.

Nicht zu unterschätzen ist das soziale Teaming. Gönnen Sie den Kandidaten – scheinbar – eine kleine Pause. Laden Sie sie zum »Seglerfrühstück« ein. Das ist eine Idee, die ich von Profi-Seglern gelernt habe. Die stellen z. B. bei Wettbewerben neue Bewerber sozusagen als letztem Test eher spontan dem etablierten Team vor. Die Idee dahinter: Wenn Menschen »miteinander können«, wenn der Rapport, die Beziehung stimmt, dann können sie auch gemeinsam gewinnen. Oder vereinbaren Sie ein gemeinsames Mittagessen. Wer bewegt sich wie, wer zeigt wirklich gute Etikette – denken Sie daran, dass dieser Mensch später Repräsentant und Botschafter Ihres Hauses ist? Wer ist ein angenehmer Tischnachbar? Wer beherrscht den Small Talk? Wer betreibt ein gutes Mood Management (»Gefühlsmanagement«), also wer hat eine gute Selbstdisziplin und kann auch in schwierigen Situationen souverän oder auch spontan sein? Auch ein Treffen mit dem Ehepartner ist eine gute, bewährte Idee. Umfeld prägt und bekanntlich steht hinter jedem guten Mann eine sehr gute Frau und umgekehrt. Gerade wenn später umsatzstarke Kunden betreut werden sollen, sind dies wichtige Aspekte. Denn auch wenn die Compliance-Regeln immer strenger werden: Gemeinsame soziale Veranstaltungen, Essen, Messen, Branchenveranstaltungen, Diners mit Kunden und Vertriebsmitarbeitern oder auch Wettbewerbern werden ständig auf der Terminliste Ihres neuen Vertriebsmitarbeiters stehen. Und Umgang führt zu Umsatz!

4.6. Karrierecheck mit Persönlichkeitstypologien

Sie möchten mehr über die Persönlichkeitsstruktur der Kandidaten erfahren? Hier helfen Ihnen Typologien und Werkzeuge wie beispielsweise TriMetrix (Insights) MDI® weiter. Typologien geben Hinweise darauf, wie Menschen in Situationen handeln werden und ob sie zum Beispiel eher emotional oder analytisch veranlagt sind. Dabei gilt: Jede Typologie kann Ihnen nur eine Orientierung geben. Sie kann ein Bild abrunden. Nicht mehr. Nicht weniger. Und meiner Erfahrung nach ist sie für junge Führungskräfte eine brauchbare Orientierung.

Das Insights®-MDI-Modell geht auf den Psychologen Carl Gustav Jung zurück. Es stützt sich auf die Erkenntnisse von Jolande Jacobis und die des amerikanischen Psychologen William Moulton Marsten. Mich überzeugt es unter anderem, weil es mit eingängigen Farbzuweisungen arbeitet: mit rot, gelb, grün und blau. Dabei werden jedem Persönlichkeitstyp Eigenschaften zugeordnet. Für den Vertrieb gilt: Rot-Gelb-Typen eignen sich gut als Hunter, Grün-Blau-Typen eher als Farmer.

Spätestens nach zwei bis drei Wochen sollte sich Ihr Wunschkandidat herauskristallisiert haben. Laden Sie ihn im nächsten Schritt noch für einen oder zwei Tage zum Probearbeiten ein. Beobachten Sie ihn beim Telefonieren. Fahren Sie mit ihm zu Kunden. Fragen Sie das Team noch einmal. Testen Sie ihn, bevor Sie sich enger an ihn binden.

Machen Sie sich während dieser Phase Notizen. Vergeben Sie für einzelne Punkte Schulnoten. Schreiben Sie gegebenenfalls dazu, warum Sie zu dieser Einschätzung kommen.

CHECKLISTE:
Probezeit / Probearbeit

Auftreten gegenüber Führungskraft ....

Auftreten gegenüber Kollegen ....

Auftreten gegenüber Kunden ....

Pünktlichkeit ....

Zuverlässigkeit ....

Manieren ....

Branchenkenntnisse ....

Produktkenntnisse ....

Motivation ....

Neugier / Wissensdurst ....

Selbstständiges Arbeiten ....

Kritikfähigkeit ....

Stärken ....

Schwächen ....

Potenziale ....

Abweichungen von Angaben im Bewerbungsgespräch / in den Bewerbungsunterlagen ....

....

....

Sonstiges

....

....

_____   _____

Datum   Unterschrift

Hilfreich ist auch ein Anruf bei seinem Ex-Arbeitgeber. Hier können Sie direkt nachfragen, ob Sie den Kandidaten richtig einschätzen. Welche Erfolge er wirklich erreicht hat. Wie er sich gegenüber Kunden und Kollegen verhält. Und können kleinere Flunkereien im Bewerbungsgespräch aufdecken.

PRAXISTIPP:
»Seglerfrühstück«

Sie möchten wissen, wie Ihr Team Ihren Kandidaten annimmt? Ob er sich einfügen kann oder ob es mit ihm eher zu Unruhen kommt? Dann machen Sie doch eine einfache Probe: Laden Sie Ihr Team und den Kandidaten eher spontan zum Frühstück ein. Die Idee des »Seglerfrühstücks« habe ich ja schon ein paar Seiten weiter oben beschrieben.

Lassen Sie den Bewerber neben sich sitzen, stellen Sie ihn jedoch nicht gleich vor. Greifen Sie beim Frühstück nicht ein und bauen Sie keine Brücken. Am Ende des Frühstücks lassen Sie Ihr Team darüber befinden, ob der Bewerber zum Team passen könnte und eine Chance bekommt.

Übrigens: Sollte sich das Team gegen den Kandidaten entscheiden, obliegt Ihnen als Führungspersönlichkeit immer die letzte Entscheidung. Aber ignorieren Sie diesen Gradmesser nicht – letztlich kann ein Gewinnerteam zwar einen starken internen Herausforderer, aber keinen permanenten Störfaktor brauchen. Emotion siegt bei den Menschen immer über die Ratio – auch wenn ein Kandidat »technisch der Beste« wäre. Die Dosis entscheidet über das Maß des Erfolges. Bei Teams geht es immer um ein ausgewogenes Verhältnis, um die richtige, passende Dosis von Passung (Groove, Rapport, Beziehungsqualität) und Störung (Veränderung, Bewegung, Risiko).

Gleichzeitig kann der Bewerber auch für sich entscheiden, ob er mit dem vorgestellten Team zusammenarbeiten möchte. Das ist eine rein emotionale Komponente. Sie entscheidet am Ende und auch zu Beginn. Wie fast immer und überall im Leben. So werden oft Gewinnerteams auf Regatten zusammengestellt. Erst kommt das »wer«, dann kommt das »was«!

Gegen die Restunsicherheit hilft die Probezeit. Sie gibt Ihnen und auch dem Bewerber die Möglichkeit, die Zusammenarbeit drei bis sechs Monate in der Praxis zu erproben. Ganz nach dem Motto »unter den Augen des Herrn werden die Kühe fett« können Sie beobachten, wie lange die anfängliche Begeisterung anhält. Wie viele Erfolge der neue Vertriebsmitarbeiter erreicht hat.

Nutzen Sie die Probezeit intensiv, um Ihren neuen Mitarbeiter kennenzulernen. Beobachten Sie ihn beim Telefonieren. Hat er Außentermine, begleiten Sie ihn – zumindest sporadisch. Achten Sie darauf, wie gut er vorbereitet ist. Wie gut er das Produkt kennt, das er verkauft. Ob er die Werte Ihres Unternehmens, Ihrer Marke, Ihres Produktes vertritt. Und auch, wie gut er den Kunden durch gute Fragen zur Entscheidung führen kann.

Ist der Kandidat vielversprechend, obwohl die Erfolge noch ausbleiben, kann die Probezeit verlängert werden. Sollte sich jedoch herausstellen, dass eine Zusammenarbeit nicht klappt, sollte auch rasch ein glatter Schlussstrich gezogen werden. Laut Gesetz kann das Arbeitsverhältnis in der Probezeit von beiden Seiten unkompliziert gekündigt werden. Doch Vorsicht: Die Probezeit ist auch eine Bewährungsprobe für Sie! Genau wie der Kandidat müssen auch Sie als Arbeitgeber und Führungskraft überzeugen.

Wir führen in der Mitte der Probezeit ein Halbzeitgespräch mit dem Bewerber und terminieren dies auch schon vorab fest im Kalender.

Sprechen Sie vor Ablauf der Probezeit auch mit Ihren Mitarbeitern über den neuen Kollegen. Wie erleben sie ihn? Passt er ins Team? Stimmt die Dosis (Passung versus Störung)? Ist er ehrgeizig? Bringt er das Team voran? Was fällt positiv auf? Was sollte besser laufen?

Fazit

**Dies ist für mich aus diesem Kapitel besonders wichtig –
um diese Punkte werde ich mich noch genauer kümmern:**

1) _____

2) _____

3) _____

4) _____

5) _____

6) _____

7) _____

8) _____

9) _____

10) _____

KAPITEL 5

Onboarding: So arbeiten Sie neue Vertriebsmitarbeiter richtig ein

IHR CHECK AUF EINEN BLICK: Worum es in diesem Kapitel geht

WAS ist in diesem Aufgaben- bereich zu tun?	▶ Die neue Vertriebsmitarbeiterin, der neue Verkäufer ist an Bord – nun startet die Onboarding-Phase, die sich vom »Antrittstag« bis rund sechs Monate nach Eintritt ins Unternehmen erstreckt. ▶ In dieser Zeit geht es darum, das neue Teammitglied richtig einzu- arbeiten, ins Team zu integrieren, auszubilden und zu trainieren. ▶ Den neuen Vertriebsmitarbeiter richtig an die Kunden und in die Marktgebiete heranführen.
WARUM ist es zu tun?	▶ Das Onboarding ist die sensibelste Phase in der Mitarbeiterbeziehung. Hier werden die Weichen für kommende Erfolge und Entwicklungen, für Umsätze und motivierte Leistungen gelegt – aber eben auch für Demotivation, Enttäuschung, inneres Abrücken von der gegenseitigen Entscheidung, zusammenzuarbeiten. ▶ Gerade im Vertrieb tickt hier eine Zeitbombe, denn neue Mitarbeiter erhalten in der Onboarding-Phase Zugang zu sensiblen Informationen und Kundendaten, viel Energie und Ressourcen werden investiert, um sie bei Kunden und in Märkte einzuführen – und statistisch gesehen entscheidet sich in dieser Zeit innerlich ein Großteil schon wieder dafür, das Unternehmen zu verlassen. Und all die Informationen und Kon- takte mitzunehmen. Dem wirken Sie mit einer guten Führung in der Onboarding-Phase erfolgreich entgegen.
WIE konkret ist es zu tun?	▶ Sie setzen sich in diesem Kapitel mit den fünf Abschnitten der Onboarding-Phase auseinander. ▶ Sie erhalten für jede Phase das richtige Werkzeug und Tipps für die Entwicklung des neuen Mitarbeiters. ▶ Sie überprüfen Ihr eigenes Führungsverhalten, denn als Führungs- kraft sind Sie in der Vorbildfunktion für Ihre Mannschaft – und in der Onboarding-Phase entscheidet sich das künftige »Führungsverhältnis« zwischen vorgesetzter Führungskraft und Verkäufer. ▶ Sie systematisieren Wissenstransfer, Wissenssicherung und die inhaltliche sowie persönliche Weiterentwicklung des neuen Teammitglieds.

Die Entscheidung ist gefallen, die neue Mitarbeiterin oder der neue Mitarbeiter kann starten. Doch gerade in der Anfangszeit braucht die oder der Neue Ihre Unterstützung und Orientierung, worauf es Ihnen, Ihrem Unternehmen und vor allem Ihren Kunden ankommt. Erinnern wir uns an die Studie zur VertriebsIntelligenz®: Der Kunde 3.0 will beraten und in seinen Kaufentscheidungen begleitet werden. Er entscheidet aktiv, wem er zuhört. Kaufen lassen ist das neue Verkaufen. Der Kunde 3.0 will sich mit den Produkten identifizieren, mit denen er sich umgibt, und mit den Werten, für die sie stehen. Und diese Werte will er auch bei Ihnen und bei Ihrem Mitarbeiter wiederfinden.

5.1. Werte im Vertrieb – Ihre Rolle als beweisendes Vorbild

Walk your talk! Ihre Aufgabe ist es deshalb, diese Werte im Vertrieb zu verankern. Den Wissenstransfer und die Querkompetenzen Ihrer Mitarbeiter zu fördern. Und sie entsprechend zu begleiten und zu führen. Wie kann Ihnen das gelingen? Zunächst einmal, indem Sie selbst das verkörpern, was Sie von Ihren Mitarbeitern erwarten. Walk your talk! Klingt banal, ist aber nicht selbstverständlich. Und schon gar nicht einfach. Weder auf persönlich-individueller noch auf organisationaler Ebene. Denn oftmals geben sich Unternehmen nur den Anschein, bestimmte Werte zu verkörpern. Geben sich nach außen ökologisch, gesetzestreu und fair – und innen wird Verdrängungswettbewerb gepredigt, wird bestochen und gelogen. Dabei gilt: Das, was Ihre Mitarbeiter innen erleben, tragen sie auch nach außen. Werden sie fair behandelt, wirkt sich dies auf ihren Umgang mit Kunden aus. Wird ihnen beigebracht, dass langjährige, zufriedene Kunden wichtiger sind als der schnelle Abverkauf, werden sie sich darauf einstellen. Stehen sie unter permanentem Druck, geben sie diesen nach außen weiter, zum Beispiel, indem sie ihren Kunden so viel wie möglich verkaufen – unabhängig davon, ob der Kunde es braucht oder nicht. Die Konsequenz: Der Kunde schließt die Tür. Ist verärgert. Und verallgemeinert vom Vertriebsmitarbeiter auf das gesamte Unternehmen.

Nur wenn die Werte und Einstellungen von Unternehmen und Mitarbeiter zueinander passen, wird der Mitarbeiter langfristig Gas geben. Alles andere ist Augenwischerei! Wer einer anderen »Denke« anhängt, aus einer anderen Unternehmenskultur stammt oder sich verbiegen muss, wird das nicht lange tun.

Werte von Unternehmen und Mitarbeiter müssen zueinander passen

Für Sie als Führungskraft bedeutet dies: Machen Sie sich klar, für welche Werte Sie, Ihre Abteilung und Ihr Unternehmen stehen. Beziehen Sie Position. Formulieren Sie Ihre Erwartungen an Ihre Mitarbeiter und Ihre Abteilung. Dies können Sätze sein wie:»Wir beraten und begleiten unsere Kunden.« Oder:»An erster Stelle steht die Zufriedenheit des Kunden, nicht der schnelle Abverkauf.« Das bedeutet aber auch, dass in die Beurteilung eines Mitarbeiters – vor allem am Anfang – neben seinen Vertriebserfolgen auch seine Beratungskompetenz einfließt. Wie geht er mit den Kunden um? Bereitet er langfristige Erfolge vor? Beißt er sich an Kontakten fest, die mit dem Produkt oder der Dienstleistung nichts anfangen können? Je deutlicher Sie Ihre Erwartungen zu Beginn formulieren und Ihr eigenes Handeln daran ausrichten, umso besser gelingt Ihnen die Führung Ihres Teams und das Onboarding eines neuen Mitarbeiters.

Bereits der erste Arbeitstag entscheidet darüber, wie motiviert der neue Vertriebsmitarbeiter startet. Damit die Zusammenarbeit erfolgreich beginnt, sollten Sie auf diesen Tag vorbereitet sein. Haben Sie an alles gedacht? Die folgende Checkliste verrät es Ihnen!

Der erste Tag: Das findet der neue Mitarbeiter vor

CHECKLISTE: Basisausstattung für neue Mitarbeiter

- ❑ Welcome Package (Mappe, Unterlagen etc.)
- ❑ Arbeitsplatz, Zugänge für PC, Internet-Zugang und E-Mail-Account, ggf. Dropbox oder Cloud
- ❑ Digitale Assets wie Tablet, Smartphone, Apps
- ❑ Kurzeinführung der digitalen Tools für die interne Kommunikation wie Intranet, WhatsApp-Gruppen, Trello o. Ä. (siehe Kapitel 2)
- ❑ CRM-Systeme erläutern
- ❑ Telefon mit Durchwahl, AB und Weiterleitung auf das Handy
- ❑ Verzeichnis wichtiger Ansprechpartner in den Abteilungen (Wen kann ich fragen?) und Telefonverzeichnis
- ❑ Code of Conduct, Vision und Mission
- ❑ Sales Pitch verstehen und lernen
- ❑ Ausgaben des Mitarbeiter- und Kundenmagazins
- ❑ Team kennenlernen
- ❑ Regeln mit der Führungskraft für die Probezeit vereinbaren
- ❑ Fahrplan für die ersten Wochen (90 plus 90 Tage)
- ❑ Produktinformationen, Präsentationen
- ❑ Feste Termine für Feedback, Ende der Probezeit eintragen
- ❑ Frequenzen und Quoten verstehen (Vertrieb ist Mathematik)
- ❑ Hilfestellungen für die Verkaufsgespräche:
  - ❑ Argumentationsleitfaden
  - ❑ Fragetechnik
  - ❑ Einwandbehandlung
  - ❑ Empfehlungsansatz

Nehmen Sie sich für die Begrüßung des neuen Mitarbeiters Zeit. Erläutern Sie ihm, welche Unterlagen Sie für ihn vorbereitet haben. Sorgen Sie dafür, dass er die wichtigsten Kollegen kennenlernt – entweder, indem Sie mit ihm einen Rundgang machen oder aber einen Mitarbeiter darum bitten. Beschränken Sie sich dabei nicht auf die eigene Abteilung. Je besser Ihre Mitarbeiter im Unternehmen vernetzt sind, umso schneller und selbstständiger können sie Lösungen und individuelle Angebote für die Kunden erarbeiten.

5.2. Trainings: Produktwissen vermitteln, Verkaufskönnen entwickeln, Einstellung stärken

Wenn die Arbeitsausstattung und Rahmenbedingungen geklärt sind und der neue Mitarbeiter weiß, was von ihm erwartet wird, muss er in die Lage versetzt werden, Ihre Produkte verkaufen zu können. Er muss die Kunden kennenlernen, mit denen er künftig zu tun hat. Die Zielgruppen, die er ansprechen soll. Er muss wissen, wie er neue Kunden gewinnt.

Produkt- und Vertriebstrainings

Dieses Wissen erschließen Sie ihm mit Produkt- und Vertriebstrainings. Sie vermitteln ihm Sicherheit über Produktfeatures und Nutzen-Formulierungen für den Kunden. Bieten Sie ihm Gelegenheit, Fragen zu stellen und sein Wissen zu vertiefen. Durch Praxisübungen wie das Verkaufsgespräch geben Sie ihm die Chance, das Erlernte auszuprobieren. Hier kann er auch direkt erfahren, ob seine Verkaufstaktik zur Firmenkultur passt, wo er abweicht, was er zu beachten hat. Direktes, ehrliches und konstruktives Feedback ist hier gefragt.

Erster Tipp: Nutzen Sie dazu die Ergebnisse der Übungen, die Sie im Kapitel 3 bereits erarbeitet haben. Damit liegt Ihnen schon eine priorisierte Aufgabenliste für die Erarbeitung der Trainings vor!

Zweiter Tipp: Oft vernachlässigt, aber immens wichtig ist ein Training zum eingesetzten CRM-System (Customer-Relation Management-System). Richtig genutzt, ist ein CRM Gold wert. Die hier gespeicherten Kundendaten und -informationen helfen dem neuen Mitarbeiter, sich im Vorfeld ausführlich über seinen Gesprächspartner zu informieren und seine Bedürfnisse, Wünsche und Anforderungen kennenzulernen. Anknüpfungspunkte für den Small Talk zu finden. Sympathie aufzubauen. Das wissen Sie – na klar! Deswegen sorgen Sie dafür, dass Ihre neuen Mitarbeiter ausführlich auf Ihr CRM kalibriert und trainiert werden, und zwar gemeinsam mit dem Back Office. Damit haben Sie dann auch schon eine potenzielle Streitfalle zwischen diesen beiden Firmenbereichen ausgeschaltet.

Dritter Tipp: Verdeutlichen Sie auch den persönlichen Nutzen, den ein CRM-System bieten kann. Ein Praxisbeispiel: Besuchsnotizen sind in ganz kurzer Zeit erstellt und entlasten (den Mitarbeiter) enorm. In Verbindung mit einer Wiedervorlagefunktion geht nichts verloren. Das zeitraubende Management von Haftnotizen gehört der Vergangenheit an. Ganz nebenbei entsteht auch noch eine Kundenhistorie, auf die z. B. eine Urlaubsvertretung zugreifen kann. (Quelle: Salesforce)

PRAXISTIPP:
Aufbau der Onboarding-Phasen

1. **Der erste Tag:** Empfang, Informationen, Einführung
2. **Die erste Woche:** Trainings, praktische Übungen, Kundenbesuche
3. **Der erste Monat:** Begleitung bei Erst- und Zweitgespräch, Bordsteinkonferenz, Helikopter
4. **Das erste halbe Jahr:** Coaching on the Job, Feedbackschleifen, Mitarbeitergespräche, Trainings. Einteilen in 90 plus 90 Tage und für die Mitte ein Halbzeitgespräch vereinbaren.
5. **Danach:** Feedback-Coaching, Kommunikation gemäß Unternehmen und Team, regelmäßige Mitarbeiter-/Zielgespräche vereinbaren.

5.3. Die ersten Wochen – neue Mitarbeiter in der Startphase begleiten

Mit dieser Vorbereitung hat der neue Mitarbeiter das theoretische Rüstzeug, um in Ihrem Team erfolgreich zu sein. Standbein Nummer zwei für den Erfolg ist die Einarbeitungsphase in der Praxis.

Fahren Sie im ersten Monat mit Ihrem neuen Mitarbeiter zum Kunden. Planen Sie drei bis zehn gemeinsame Besuche ein – je nachdem, wie schnell sich der Neue ins Team und ins Unternehmen einfindet. Wie viel Verkaufserfahrung, wie viel Branchenkenntnisse er mitbringt.

Drei bis zehn gemeinsame Besuche

Setzen Sie ihn in den ersten Gesprächen auf die »Ersatzbank«. Hier hat er vor allem eine Aufgabe: zuzuhören und von Ihnen zu lernen. Besprechen Sie mit ihm direkt nach dem Termin – am besten im Auto oder am »Bordstein« (dies kann ein Restaurant, Hotel etc. sein) –, was ihm aufgefallen ist. Wo erkennt er die Werte wieder, die Ihnen wichtig sind? Was hat er gelernt? Was notiert? Was ist gut gelungen? Was kann besser laufen? Wie wird er damit anschließend umgehen?

Bei weiteren Kundengesprächen, die möglichst zeitnah stattfinden sollten, übergeben Sie ihm die Führung. Nun sind Sie in der Rolle des Zuhörers und haben die Chance, ihn zu beobachten. Vereinbaren Sie im Vorfeld einen Code, eine feste Formulierung, mit dem er Ihnen den Staffelstab übergeben kann. Damit erhält er die Sicherheit, sich bei Bedarf aus dem Gespräch zurückzuziehen, ohne vor dem Kunden sein Gesicht zu verlieren. Behalten Sie sich aber auch das Recht vor, ebenfalls einzugreifen, wenn das Gespräch in die falsche Richtung läuft oder Ihr neuer Mitarbeiter wichtige Aspekte vernachlässigt. Auch hierbei ist es wichtig, dass die Spielregeln klar sind. Vereinbaren Sie für diese Fälle eine Formulierung wie »Und das, was Ihnen XY gesagt hat, lieber Kunde, ist deshalb so, weil …«. Mit dieser Formulierung ergreifen Sie die Initiative, fassen quasi ins Lenkrad, und können gegebenenfalls korrigieren.

 Bei der Begleitung des neuen Mitarbeiters in der Startphase sind Sie als Coach und Trainer gefragt. *Tipp:* Mit der Verkaufsleiter-Ausbildung bieten wir ein Training an, mit dem Sie genau diese wichtigen Coaching-Kompetenzen entwickeln. (www.buhr-team.com/de/ta/fuehrungskraefte-im-verkauf/)

Feedback: unmittelbar, klar, wertschätzend, verstärkend

Auch im Anschluss an dieses Kundengespräch findet eine »Bordsteinkonferenz« statt. Beschreiben Sie Ihrem neuen Mitarbeiter Ihren Eindruck von seinem Auftreten. Was hat er besonders gut gemacht? Wo hätte er anders argumentieren können oder sollen? Wo liegen seine Stärken, wo seine Potenziale, was kann und muss besser laufen? Warum haben Sie eingegriffen? Warum hat er Ihnen den Staffelstab überreicht? Geben Sie ihm Hinweise, was anders laufen sollte, und erklären Sie ihm, wie er diese Punkte konkret anders und damit potenziell besser machen kann.

Nach jedem dieser Kundenbesuche schreibt Ihr Mitarbeiter ein Feedback-Protokoll. Was lief gut, was schlecht? Was hat er gelernt, was macht er beim nächsten Mal besser? Auch Sie fassen Ihre Eindrücke in einem Protokoll zusammen, das – gemeinsam mit dem Feedback-Protokoll des Mitarbeiters – Bestandteil des CRMs oder auch der Personalakte wird. So können Sie jederzeit prüfen, ob die vereinbarten Fortschritte erreicht wurden. Ob er die Hinweise auf Verbesserungspotenzial nicht nur hört und wiedergibt, sondern auch umsetzt. Und Sie haben am Ende der Probezeit dokumentierte Argumente, auf deren Basis Sie entscheiden können, ob es für den Mitarbeiter eine Zukunft in Ihrem Unternehmen gibt.

Auf der Seite 164 finden Sie ein Formular, in dem Sie die Ergebnisse der Bordsteinkonferenz für das Reporting dokumentieren können. Dieses Formular eignet sich für Bordsteinkonferenzen genauso wie für spätere Besuchsdokumentationen nach dem Kundenbesuch, auch wenn der Mitarbeiter dann allein unterwegs ist. Sehr gute Verkäufer analysieren nach jedem Kundenbesuch am gleichen Tag noch, wo sie gut waren und was noch besser hätte laufen können. So arbeiten sie ständig an ihrer eigenen Verbesserung und kristallisieren ihre individuellen »Best-Practice-Wege« heraus.

PRAXISTIPP:
Zugriff auf das CRM auch unterwegs

Statten Sie Ihre Mitarbeiter so aus, dass sie Informationen und Eindrücke direkt nach dem Kundengespräch in das CRM eingeben können – entweder via Netbook oder Tablet. Nur so stellen Sie sicher, dass keine Informationen verloren gehen oder Angaben aus verschiedenen Kundengesprächen durcheinander geworfen werden.

Zu den gängigen CRM-Tools für Verkäufer zählt beispielsweise Salesforce. Die Cloud-Lösung ist seit 1999 auf dem Markt und ermöglicht es Mitarbeitern aus einem Unternehmen, Kundeninformationen abzuspeichern und sich in Gruppen und Foren zu unterschiedlichen Fragestellungen auszutauschen. Damit unterstützt Salesforce auch den Wissenstransfer im Unternehmen.

Auch andere Anbieter wie SAP bieten neuerdings mit »customer on demand« cloud-basierte CRM-Lösungen an.

Geben Sie den Mitarbeitern schrittweise Freiraum

Nach dem ersten Monat wird es Zeit, Ihrem neuen Mitarbeiter etwas mehr Freiheiten zu lassen. Lassen Sie ihn selbstständiger arbeiten, aber halten Sie kontinuierlich Kontakt zu ihm. Mailen Sie, telefonieren Sie mit ihm. Stellen Sie aktiv Fragen nach seinen Erfahrungen. Horchen Sie nach, wo er noch Unterstützung braucht. Geben Sie ihm Tipps und nennen Sie ihm Ansprechpartner. Lassen Sie sich Erfolge zei-

Besuchsbericht

Auftrag vom _____   Volumen _____

Verkäufer

⎿⎿⎿⎿⎿⎿⎿⎿⎿⎿⎿⎿⎿⎿⎿⎿   ⎿⎿⎿⎿⎿⎿⎿⎿⎿⎿⎿⎿⎿⎿⎿⎿   ⎿⎿⎿⎿⎿⎿⎿⎿⎿⎿
Name   Vorname   VK-Nr.:

Achtung: Die nachstehenden Felder dienen der Wiedergabe von Informationen und Daten aus dem Verkaufsgespräch. Diese Daten sind nur für den internen Gebrauch bestimmt. Sie werden ins interne CRM eingepflegt.

Persönliche Angaben des Kunden:

Name _____   Vorname _____   ☐ weiblich   ☐ männlich   Geb.datum _____

☐ selbstständig   ☐ angestellt   Details zur Situation des Kunden (Hobbys etc.):

Firma _____   _____

Ort _____   _____

Straße _____   _____

dort tätig seit _____   _____

Art der Tätigkeit _____   _____

mtl. Bruttoeinkommen Kunde _____

mtl. Bruttoeinkommen Partner / in _____

Tel. privat _____   E-Mail-Adresse _____

Tel. geschäftlich _____   Homepage,
                                                       Social Media, Blogs _____

Verkaufsleiter:	**Geschäftsführer:**
Oben näher bezeichnetes Neugeschäft wurde von mir recherchiert.	Der anliegende Vertrag soll ☐ mit ☐ ohne nebenstehender Recherche eingereicht werden. Ich befürworte diesen Vertrag.
Name _____ Vorname _____	
VK-Nr.: _____	
Recherche am _____	
Bemerkungen _____ ⎸ alles ⎸ _____ ⎸ o. k. ⎸	Bemerkungen _____ ⎸ alles ⎸ _____ ⎸ o. k. ⎸
Unterschrift _____ _____ Datum	Unterschrift _____ _____ Datum

Beispiel eines Berichtsformulars

gen – und seien Sie aufmerksam, wenn pauschale Antworten, aber keine Details genannt werden. Stellen Sie ruhig ab und zu Kontrollfragen zu Kunden und Gesprächen. Bleiben Sie fair und geben Sie offenes und konstruktives Feedback. In dieser Phase fühlen Sie ihm auf den Zahn und werden dabei schnell merken, ob er die Produkte bereits gut genug kennt und die Werte des Unternehmens verinnerlicht hat.

Lassen Sie ihn in Begleitung erfolgreicher Vertriebsmitarbeiter zum Kunden fahren. Sorgen Sie für Situationen, in denen er lernen kann, was er besser machen kann. Und vor allem: wie er es besser machen kann.

Die Zeit, die Sie für die Mitarbeiterbetreuung einkalkulieren müssen, hängt dabei von der Größe Ihres Teams ab. Je mehr Mitarbeiter Sie führen, je größer Ihre Vertriebsmannschaft ist, umso mehr werden Sie als Vertriebsleiter auch zum Animateur, zum »Chief Entertainment Officer«. Kümmern Sie sich um die Mitarbeiter, sprechen Sie mit ihnen. Achten Sie auf ihre Seelenzustände, ihre Motivation, ihre Zufriedenheit. Übernehmen Sie Verantwortung für die Stimmung im Team. Lösen Sie Konflikte. Reagieren Sie bei schwelender Unzufriedenheit. Informieren Sie die Mitarbeiter über neue Produkte, geänderte Rahmenbedingungen, neue Anforderungen, die Unternehmens- und Abteilungsstrategie. Und damit über alles, was die Mitarbeiter brauchen, um erfolgreich zu sein, sich auf ihre Aufgaben zu konzentrieren und um ihren Job gut zu machen.

Vertriebsleiter als »Chief Entertainment Officer«

Dazu gehört es auch, dass Sie sich bei Bedarf die privaten Sorgen Ihrer Mitarbeiter anhören und gegebenenfalls Hilfestellungen wie kleine Auszeiten oder Coachings anbieten. Zollen Sie ihnen nach einer harten Phase Anerkennung, zum Beispiel durch eine Einladung zum Essen, ein Eis am heißen Nachmittag oder andere Aufmerksamkeiten. Die Geste zählt, nicht das Budget.

PRAXISTIPP:
Fordern und fördern Sie Leistungsträger

Verkäufer lieben den Wettkampf untereinander. Sie brauchen den Kick und die Anerkennung. Für Sie als Führungskraft bedeutet das: Fördern und fordern Sie Ihre guten Leute, Ihre Leistungsbringer! Erkennen Sie Ihre Leistungen an, sorgen Sie aber auch für neue Herausforderungen. Zu leichter Erfolg macht müde und träge – das wollen weder Sie noch Ihre Mitarbeiter.

Belohnen Sie Leistungsträger mit entsprechenden Boni. Anders ist es mit Anerkennungen für persönliche Erfolge: Diese gehen gezielt an die Mitarbeiter, die nachweislich etwas geleistet haben, das deutlich über dem Durchschnitt liegt. Achten Sie dabei auf einheitliche Regeln. Wann gibt es einen Extra-Bonus? Wie hoch ist er? So motivieren Sie alle Mitarbeiter im Team zu mehr Leistung.

Das Geheimnis liegt darin, eben *nicht* alle Mitarbeiter gleich zu behandeln, sondern individuell entsprechend der jeweiligen Leistung und den erzielten Ergebnissen.

Das bedeutet aber auch, sich von Mitarbeitern zu trennen, wenn sie nicht die geforderte Leistung oder notwendigen Ergebnisse erbringen. Neue Mitarbeiter genießen dabei immer einen Vertrauensvorschuss. Schauen Sie bei ihnen genauer hin: Wo liegen die Ursachen für nicht erreichte Ziele? Braucht er mehr Informationen, um das Produkt, die Dienstleistung verkaufen zu können? Identifiziert er sich mit dem Produkt? Wenn nein – warum nicht? Unterstützen, helfen und begleiten Sie ihn – sagen Sie ihm aber auch, was Sie von ihm erwarten. Sollte er seine Leistungen nicht steigern können, ist eine Trennung am Ende nur konsequent. Besser ein Ende mit Schrecken, als ein ... naja, Sie wissen schon!

Während der gesamten Probezeit sollten Sie Verbesserungen bei Ihrem neuen Mitarbeiter beobachten können. Dies gilt auch für Top-Verkäufer: Auch sie müssen sich in das neue Team integrieren, sich mit der Unternehmenskultur und den Werten, den Produkten und Dienstleistungen auseinandersetzen. Gerade erfahrene Verkäufer tun sich manchmal schwer damit, in einem neuen Unternehmen wieder »neu und unten« zu beginnen. Sie überschätzen sich selbst und unterschätzen oft die neuen Herausforderungen. Alte Hasen tun sich schwerer, Bewährtes über Bord zu werfen UND Neues anzunehmen. Das kann zum Problem werden. Niemand wird direkt am ersten Tag hundert Prozent geben können. Zum Ende der Probezeit sollte er aber wichtige Etappen zu diesem Ziel hinter sich gelassen haben.

Trotzdem braucht Ihr neuer Mitarbeiter auch zum Ende der Probezeit noch Ihre Unterstützung. In den ersten Wochen muss der Neue genau beobachtet, begleitet, unterstützt und hier und da auch gefordert werden. Erst ist die Leine kurz, der Grad der Selbstständigkeit wird schrittweise höher. Der Onboarder kann schließlich an der »langen Leine« geführt werden. Er arbeitet weitestgehend selbstständig, wird von Ihnen beobachtet, kontrolliert und begleitet. Er erhält im Rahmen der Telefonate und der persönlichen Gespräche mit Ihnen Hilfe zur Selbstreflexion und Hinweise und Tipps, was er verbessern kann. So wird er nach und nach aufgebaut.

5.4. So gelingt der Wissenstransfer im Vertrieb

Haben Sie sich schon einmal überlegt, wie viel Wissen Sie sich im Laufe Ihrer Berufszeit angeeignet haben? Über die Produkte und Dienstleistungen, die Sie verkaufen. Ihr Unternehmen und seine Geschichte. Den Markt und die Wettbewerber. Die Kunden, mit denen Sie es zu tun haben. Die Zielgruppen. Die Erfahrungen, die Menschen mit Ihren Produkten gemacht haben. Auch wenn es Ihnen nicht immer präsent ist: Sie tragen einen wertvollen Schatz in sich. Einen Schatz, der täglich wächst. Auf dem Sie aufbauen können – und dies auch instinktiv tun. Der die Basis, aber auch ein Ergebnis Ihres Erfolges ist.

Machen Sie sich Ihren Wissensschatz bewusst!

Und so wie Ihnen geht es Ihren Mitarbeitern. Jeder für sich ist ein wandelndes Lexikon. Eine Erfahrungs-Bibliothek, von der andere profitieren können. Man muss sie nur anzapfen.

Genau hier liegt Ihre Herausforderung: Sie müssen zum einen eine Atmosphäre schaffen, in der Mitarbeiter ihr Wissen gerne und bereitwillig teilen. In der Wissen nicht mit Macht, sondern mit Kompetenz gleichgesetzt wird. In der die Offenheit herrscht, dieses Wissen zu teilen – ohne Angst davor zu haben, die eigene Stellung im Team zu schwächen.

Auch hier geht es um Werte. Um das Miteinander. Gelingt es Ihnen, die Philosophie des Sharings, des Teilens, in Ihrem Team zu etablieren, haben Sie gegenüber dem Wettbewerb einen klaren Vorteil.

Damit dies gelingt, müssen Sie auch hier beweisendes Vorbild sein. Lassen Sie Ihre Mitarbeiter an Ihrem Wissen teilhaben. Berichten Sie von Ihren Erfahrungen. Helfen Sie bei Bedarf. Seien Sie Ansprechpartner. Stellen Sie interessante Fachlektüre zur Verfügung, leiten Sie Links zu aktuellen Studien und Marktentwicklungen an Ihr Team weiter. Fragen Sie nach, ob das Material interessant war und ob es bei der täglichen Arbeit geholfen oder Anregung zu neuen Denkweisen gegeben hat.

Ermuntern Sie Ihr Team, es Ihnen gleichzutun. Ihre Kollegen – und auch Sie – auf interessante, hilfreiche Fachartikel aufmerksam zu machen. Fördern Sie den internen Austausch per Mail, Telefon oder Office-Messenger, in Restaurants und Hotels. Und legen Sie eine Database für das Wissen im Unternehmen an. Prozesse und Erfahrungen müssen dokumentiert werden. Ein internes »Wiki« – gegebenenfalls im Social Intranet kann eine Idee dafür sein. Das schafft Klarheit und spart Geld und Zeit.

Je besser sich die Kollegen untereinander kennen, je mehr sie über die gesammelten Erfahrungen wissen, umso besser gelingt der Wissenstransfer. Versetzen Sie Ihre Mitarbeiter deshalb in die Lage, Wissen aktiv abzufragen.

Hilfreich sind interne Netzwerke, in denen sich die Mitarbeiter austauschen und schnell nach Informationen recherchieren können. Dies kann in einem eigenen Netzwerk geschehen, das im Intranet integriert wird, oder eben als ein eigenes »Unternehmens-Wikipedia«. Alternativ kann dieser Austausch auch in einer geschlossenen Gemeinschaft in einem externen Netzwerk stattfinden.

Unternehmens-Wikipedia

Diverse Anbieter bieten hierzu Lösungen an, die auf den Vertrieb zugeschnitten sind. Mitarbeiter, die gemeinsam an einem Projekt arbeiten, können sich auf diesen Plattformen in Gruppen austauschen, Dokumente gemeinsam bearbeiten, nach Ansprechpartnern suchen, den Teammitgliedern eine Frage stellen und kurzfristig Antworten erhalten, Antworten zu einem späteren Zeitpunkt nachschlagen, persönlich miteinander kommunizieren. In Echtzeit. Unabhängig davon, ob sich alle in ein und demselben Büro befinden. Oder ob der Kollege, mit dem sie sich austauschen, gerade aus dem Gespräch mit dem Kunden kommt. Nutzen Sie Social Media und die Philosophie des Sharings in Form eines internen sozialen Netzwerks gezielt für sich und Ihr Unternehmen. Loben Sie gute Beiträge. Weisen Sie darauf hin, wenn Ihnen ein Eintrag bei einer Aufgabe geholfen hat.

Etablieren Sie Informationsmedien wie beispielsweise einen regelmäßig erscheinenden Vertriebsnewsletter, in dem über Märkte und Wettbewerber berichtet wird.

Bei der erfolgreichen Einführung eines internen sozialen Netzwerks kommt es darauf an, den Einzelnen von den Vorzügen des Netzwerks zu überzeugen. Je nach Charakter und Technologie-Affinität stoßen Sie dabei auf Vorbehalte. Oder aber das Interesse lässt nach einem ersten Hype rapide nach. Sorgen Sie deshalb dafür, dass das interne Netz für die Mitarbeiter Anreize bietet:

- Informationen / Wissensdatenbank wie ein Unternehmens-Wiki
- Geschlossene Erfa-Gruppen für den Erfahrungsaustausch
- Tools, Formulare
- Termine
- Vorteilsangebote – werden oft in Kooperation mit Partnern angeboten
- Fotodokumentationen von Firmenveranstaltungen
- Success Stories
- Best-practice-Beispiele
- Berufsvokabel-Trainings und Sprachmuster für Verkäufer
- Wettbewerbe

Tipp: Oft kann ein internes Netzwerk auch durch eine geschlossene Gruppe auf Facebook oder WhatsApp bzw. einen anderen Messenger-Dienst ersetzt werden. Wichtig ist, dass die jeweiligen Kommunikationsregeln des Dienstes für alle transparent sind und Ihre Vertriebsmitarbeiter wissen, was sie dort finden und wann an Live-Kommunikationssessions teilzunehmen ist.

Wissenstransfer beim Ausscheiden von Mitarbeitern

Wissenstransfer ist aber auch in dem Moment wichtig, wenn Mitarbeiter Ihr Team verlassen wollen. Was diese in ihrem Kopf mitnehmen, ist für Ihr Unternehmen unwiderruflich verloren. Und dies gilt nicht nur für Vertriebsmitarbeiter, sondern auch für Mitarbeiter in den Fachabteilungen wie Projektmanager und Produktentwickler. So musste ein Anbieter elektronischer Kommunikations-Tools einmal die böse Erfahrung machen, einen Kunden zu verlieren, der ein einfaches Update eines interaktiven Formulars wollte. Das Problem: Niemand im Unternehmen wusste, wo und unter welchem Dateinamen der Projektmanager die Daten gespeichert hatte. Sie waren schlicht nicht auffindbar. Und eine Neuentwicklung war dem Unternehmen nicht zu verkaufen. Der ehemalige Projektmanager war nicht erreichbar – der Kunde war weg. Wegen eines einfachen Prozessfehlers. Und dies, obwohl das eigentliche Know-how durchaus noch im Unternehmen war.

Damit Ihnen so etwas nicht passiert, sollten Sie den Wissenstransfer in Ihrem Unternehmen systematisieren.

PRAXISTIPP:
Systematischer Wissenstransfer

1. Identifizieren Sie, welche Wissensbereiche bewahrt und ausgetauscht werden sollen. Über welche Wissensbereiche verfügt Ihr Team? Was ist wichtig, um die Marktposition zu halten oder auszubauen? Erstellen Sie eine Wissenslandkarte und priorisieren Sie diese. Mögliche Stichworte sind hier Best Practice, Kontaktpersonen, Prozesse etc.

2. Erstellen Sie Vorlagen für Transferdokumente. Ein solches Dokument zeichnet den Prozess und die Methoden für den Wissenstransfer auf. Geht es um einfache Prozessbeschreibungen, bieten sich beispielsweise Dokumentationen an. Bei komplexerem Wissen, bei dem Nachfragen zu erwarten sind, können Methoden wie SWOT-Visualisierung, Best Practice, ein Survival Guide u. a. helfen.

3. Um das Wissen zu verinnerlichen, wird es vom Nachfolger rekapituliert und niedergeschrieben – hier kommen wieder die Transferdokumente zum Einsatz. Das so dokumentierte Wissen kann jederzeit nachgeschlagen und ergänzt werden.

Mit diesem Vorgehen erschaffen Sie Schritt für Schritt ein gemeinsames Organisationsgedächtnis, auf das Ihr Team zurückgreifen kann.

Querkompetenzen gezielt nutzen Immer wieder wechseln Vertriebsmitarbeiter die Branche. Arbeiten sich in neue Märkte ein. Schauen links und rechts ihrer eigenen Aufgaben und lernen so permanent hinzu. Nur: Dieses Wissen wird häufig nicht in ihrem Arbeitsalltag abgefragt. Es liegt brach, weil es nicht zu den etablierten Prozessen passt. Dies sollten Sie ändern! Nutzen Sie die Querkompetenzen Ihrer Mitarbeiter gezielt. Ermuntern Sie Ihr Team, erlerntes Wissen aus anderen Lebensbereichen in den Arbeitsalltag zu übertragen. Neue Denkprozesse auszuprobieren. Sich mit den Kollegen aus anderen Abteilungen auszutauschen, um Aufgaben aus neuen Perspektiven betrachten zu können. Und gegenseitig voneinander zu lernen.

Zahlreiche Unternehmen haben dieses brachliegende Potenzial erkannt – und nutzen es gezielt. Bei Google können die Mitarbeiter beispielsweise einen Tag in der Woche machen, was sie wollen. Diese Freiheit wirkt sich positiv aus: Die Mitarbeiter sind motivierter und kreativer. Andere Unternehmen ermuntern dazu, Erkenntnisse aus asiatischen Kampfsportarten in den Berufsalltag zu integrieren. Im Mittelpunkt stehen dabei strategische Kniffe, eine stärkere Fokussierung sowie die Stärkung des Vertrauens in die eigene Intuition. Zudem werden so Führungskompetenzen und Kooperationsmanagement gefördert.

Fördern Sie die aktive Nutzung von Querkompetenzen von Beginn an. Ermuntern Sie Ihre Mitarbeiter bereits in der Onboarding-Phase dazu, ihr Wissen aus früheren Jobs, aus anderen Branchen oder aus dem Sport einzubringen. Unterstützen Sie Ihr Team durch Perspektivenwechsel: Laden Sie zum Meeting auf ein (Ruder-)Boot ein. Gestalten Sie einen Besprechungsraum komplett um, sodass er nichts mehr von einem klassischen Büroraum hat. Sorgen Sie dafür, dass Ihre Mitarbeiter sich in der Kaffeeküche, auf dem Flur austauschen – über die Abteilungsgrenzen hinweg. Und über die beruflichen Themen hinaus.

5.5. Der Kunde 3.0 – so bereiten Sie Ihr Team darauf vor

Weshalb sollen Mitarbeiter Zeit mit ungewöhnlichen Prozessen und Ideenaustausch verbringen? Herausforderungen neu denken? Ganz einfach: Weil der Kunde 3.0 genau dies tut. Weil er bestehende Überzeugungen hinterfragt. Weil ein »Das machen wir schon immer so« für ihn kein Argument, aber die Aufforderung zum Wechsel des Anbieters ist. Weil Sie und Ihr Team mit ganz neuen Anforderungen Ihrer Kunden konfrontiert werden.

Der Kunde 3.0 bedarf einer individuellen Ansprache

Schauen wir uns den Kunden 3.0 einmal genauer an. Wer ist er, woher kommt er?

Der Kunde 3.0 lässt sich keiner Generation, keiner Gesellschaftsschicht oder politischen Einstellung zuordnen. Er passt nicht mehr in die klassischen Schablonen der althergebrachten Zielgruppen. Der Kunde 3.0 steht für sich, passt in keine Schublade und muss entsprechend individuell angesprochen werden.

HINTERGRUND:
Alte und neue Zielgruppen – welche Menschen bestimmen unsere Gesellschaft als Konsumenten?

Digital Natives: Über die mit dem Internet aufgewachsene Generation Y und die folgende Generation Z haben wir in den vorderen Kapiteln ja schon ausführlich gesprochen. Mit dem Smartphone in der Hand organisieren sie ihr Leben, ihre Kaufentscheidungen, ihre Information und ihren kommunikativen Austausch. Apps sind die Schaltzentralen ihres Konsums und der schnelle Vergleich von Produkten und Preisen, das Durchkämmen von B2C- oder B2B-Plattformen dauernde Normalität. Für den Vertrieb auch nicht ganz unwichtig: E-Payment ist für diesen Kundentypus ein Thema großer Normalität, während die anderen auf S. 174 beschriebenen Kundentypen solchen Systemen noch kritisch(er) oder zögerlich(er) gegenüber eingestellt sind. Style und der neueste »heiße Scheiß« ist sicher ein Thema bzgl.

Kaufentscheidungen, doch zeigen sich viele junge Menschen dieser Generation weniger konsum- denn lebensorientiert. Weniger Krempel, mehr Spaß. Weniger kaufen, mehr vor Ort leihen. Weniger anhäufen, mobil bleiben.

LOHAS steht für »Lifestyle of Health and Sustainability«. Wer sich zu dieser Lebensphilosophie bekennt, möchte ohne schlechtes Gewissen genießen. Möchte reisen, ohne der Umwelt zu schaden. LOHAS sind häufig gut gebildet, haben Geld und lieben es, es auszugeben – aber mit einem guten Gefühl! Durch ihre kritische Auswahl möchten LOHAS nachhaltig auf Produktionsbedingungen und die Schonung natürlicher Ressourcen Einfluss nehmen. Beispiel: LOHAS sind die klassischen (Erst-)Käufer von E-Autos, insbesondere von den edlen Produkten von Tesla, und von E-Bikes und E-Pedelecs als schicker Alternative zu Autos und Fahrrädern, interessieren sich aber auch für die Shareconomy, für Carpooling, Uber und ähnliche Dienste.

Best Agers, auch Generation 50+ genannt. Zu ihnen zählen etwa 33 Millionen Deutsche bzw. 40 Prozent der Bevölkerung. Bis 2020 werden es bereits 47 Prozent sein, Tendenz steigend. Damit gewinnt diese Bevölkerungsgruppe zunehmend an Bedeutung für Unternehmen. Sie eröffnen aber auch neue Potenziale, da sich ganz neue Marktsegmente ergeben. Um diese zu erkennen und für sich zu nutzen, ist Innovation in der Produktgestaltung und besonders auch in Marketing, Werbung und Vertrieb gefragt!

60/90: Ein längeres und besseres Leben – auch die Konsumenten zwischen 60 und 90 werden zahlenmäßig immer mehr. Und niemand hat da mehr das Bild der alten Oma mit Dutt vor sich: Die heutige Generation 60/90 ist aktiv, startet noch einmal neu durch – mit neuen beruflichen Aufgaben, neuen Ansprüchen, neuen Partnern oder einem neuen Zuhause. Und hohen Qualitätsansprüchen an Produkte und Dienstleistungen.

Kritischer und werteorientierter Konsum

Das Besondere an diesen Zielgruppen sind die Überschneidungen beim kritischen und wertorientierten Konsum. Die Bereitschaft, sich aktiv über Produkte, ihre Herstellung und die daraus resultierenden Folgen für Umwelt und Gesellschaft zu erkundigen. Angebote ständig, stets und immer mit denen des Wettbewerbs zu vergleichen. Freunde und Bekannte um ihre Erfahrungswerte zu bitten. Vergleichsportale im Netz anzuklicken, um sich gezielt schlau zu machen.

Das alles wirkt sich auf Sie, auf Ihr Team aus. Auf Ihre Beratung, Ihre Verkaufsgespräche. Sie müssen heute weitaus mehr über ein Produkt, eine Dienstleistung und die Auswirkungen der Herstellung und Bereitstellung auf Umwelt und Gesellschaft wissen als noch vor zehn Jahren. Sie müssen auf kritische Fragen vorbereitet sein, mit denen Sie in den 80er-Jahren noch nicht rechnen mussten: nach den Arbeitsbedingungen in Bangladesch, der Entlohnung in Vietnam, dem CO_2-Fußabdruck Ihres Produktes, der Herkunft der Rohstoffe oder dem Anteil der recyclebaren Teile. Der Kunde möchte zum Beispiel Finanzprodukte, die sich flexibel an sein Leben anpassen lassen. Denn heute weiß niemand, ob er in fünf Jahren noch in der gleichen Firma, dem gleichen Beruf und mit dem gleichen Gehalt arbeiten wird. Ob er noch – oder wieder – Single ist. Ob sich seine Interessen, seine Möglichkeiten geändert haben. Und er will ethisch verantwortungsvolle Anlagen. Aktien von Unternehmen, die seinen eigenen Idealen entsprechen. Mit denen er sich identifizieren kann und die ein positives Image haben.

Der Kunde 3.0 möchte beraten, möchte begleitet werden. Er erwartet, dass er mit seinen Wünschen ernst genommen wird und Produkte angeboten bekommt, die zu seinem Lebensentwurf passen.

Fühlt er sich schlecht beraten oder gar über den Tisch gezogen, zieht er sich schnell zurück. Und teilt seine Enttäuschung mit seinen Freunden, seinem Netzwerk. Auch das ist neu und zugleich sehr typisch für den Kunden 3.0: Er kennt seine Marktmacht. Er weiß, dass er – so individuell er auch ist – nicht allein ist. Dass er mit wenigen Postings und Mausklicks andere dazu motivieren kann, auf Missstände bei Unternehmen oder Produkten hinzuweisen. Sie öffentlich zu machen.

Sie müssen also Ihren neuen Mitarbeiter für den Kunden 3.0 sensibilisieren. Müssen ihm die Basics für die Beratung vermitteln. Ihm deutlich machen, welche Werte, welche Überzeugungen Sie und Ihr Unternehmen leben. Und dass sich diese Werte auch in der Beratung, im Vertrieb wiederfinden. Dass eben nicht der schnelle Abverkauf zählt, sondern die langfristige Begleitung. Dass es Ihnen lieber ist, aufgrund der guten Beratung weiterempfohlen zu werden, als einmalig etwas zu verkaufen und einen unzufriedenen Kunden zurückzulassen.

CHECKLISTE: Basisausstattung für neue Mitarbeiter

❑ Verabschieden Sie sich vom Preis-Leistungs-Argument. Finanzielle Aspekte sind zwar wichtig, aber nicht ausschlaggebend. Erarbeiten Sie mit Ihrem Team neue Verkaufsargumente, die zur Lebenswelt des Kunden 3.0 passen.

❑ Klassische Zielgruppen sind out. Schubladendenken bringt die Kunden gegen Ihr Team auf und beschränkt Ihre Marktchancen. Der Kunde 3.0 ist die neue, eine Zielgruppe! Fordern Sie Ihr Team auf, sich gut auf die Gespräche vorzubereiten. Sich im Vorfeld kundig zu machen. Sich im Gespräch Zeit zum Zuhören zu nehmen. Die Motive der Kunden kennenzulernen – nur so können sie zielgerichtet und individuell beraten werden!

❑ Wie gut kennen Sie, kennt Ihr Team, Ihr neuer Mitarbeiter den Kunden und seine Werte? Vor allem im B2B-Segment gilt: Erkundigen Sie sich! Ermuntern Sie Ihren Mitarbeiter, sich vor dem Gespräch die Website anzuschauen. Was verraten Historie, Unternehmenswerte, Corporate Sustainability-Programme und Compliance-Richtlinien über die Werte und Überzeugungen? Und damit über die Rahmenbedingungen für die Auftragsvergabe?

- ☐ Machen Sie deutlich, dass Sie Wert auf die Einhaltung der Spielregeln legen. Das gilt auch für die Spielregeln Ihres Kunden. Wenn die Auftragserteilung über den Einkauf erfolgt, führt der Weg Ihres Mitarbeiters eben über diese Abteilung. Fordern Sie Ihren Mitarbeiter auf, diesen Weg zu respektieren – ohne den Ansprechpartner in der Fachabteilung zu vernachlässigen.

- ☐ Arbeiten Sie mit Ihrem Mitarbeiter seine Verkaufsargumentation konkret durch!

- ☐ Wie gut ist er auf den Kunden 3.0, seine Werte vorbereitet? Hat er Antworten auf Hintergrundfragen wie Produktionsbedingungen, Ökologie und Nachhaltigkeit parat? Sind die Antworten für den Kunden überprüfbar? Was spricht gegen Ihre Produkte oder Dienstleistungen? Und wie kann Ihr Mitarbeiter diesen Argumenten erfolgreich begegnen?

- ☐ Wie authentisch ist Ihr Mitarbeiter? Welche Schwächen hat er, welche Potenziale? Stärken Sie seine Stärken, machen Sie ihn stark für das Kundengespräch!

Die Erfahrung zeigt: Noch ist die Wahrscheinlichkeit groß, dass Ihr neuer Mitarbeiter – je nach bisheriger Laufbahn und den Rahmenbedingungen bei vorherigen Arbeitgebern – womöglich eben noch nicht gelernt hat, authentisch zu sein, vertriebsintelligent zu argumentieren, seine Kompetenzen gezielt und sicher einzubringen, den Kunden in den Mittelpunkt zu stellen und nicht den schnellen Abverkauf.

Erhöhen Sie die Erfolgsquoten durch die Kompetenzsteigerung Ihrer Mitarbeiter

Denn noch immer werden viele Unternehmen streng hierarchisch geführt, gibt es viele Vertriebe, die von ihren Mitarbeitern eine bestimmte Zahl an Kundengesprächen und eine bestimmte Abschlussquote erwarten, was zwar grundsätzlich gut, weil in der Praxis bewährt und Erfolg versprechend ist – was jedoch schlichter Unsinn wäre, wenn das Produkt oder die Dienstleistung dem Kunden kaum oder gar keinen Vorteil bringt.

Begeisterung wecken und Kompetenzen erweitern

Ermuntern Sie Ihr Team deswegen dazu, mit Begeisterung, Leidenschaft und Motivation langfristig hervorragende Leistung und kontinuierliche Verbesserung im Vertrieb zu erbringen sowie strategisch und vorausschauend zu denken und zu handeln. Ihr Job ist es, Ihr Team in die Lage zu versetzen, vertriebsintelligent zu handeln, indem Sie die Kompetenzen Ihrer Mitarbeiter stärken – durch persönliche Unterstützung, Wissenstransfer und Weiterbildung, durch Feedback-Gespräche und Kompetenzentwicklung.

Gehen Sie gezielt vor, um Ihre Mitarbeiter entsprechend ihren Stärken zu fördern. Dies beginnt bereits beim Onboarding, bei der ersten Phase der Zusammenarbeit.

Tipp: Einen etwas umfangreicheren Maßnahmenplan zur Weiterbildung und zum Training habe ich Ihnen ja schon in Kapitel 3 im Rahmen Ihrer persönlichen Weiterbildung vorgestellt. Diesen können Sie auch hier nutzen.

PRAXISTIPP:
Mitarbeiterkompetenzen zielgerichtet steigern

1. **Ist-Analyse:** Befragen Sie Ihren neuen Mitarbeiter zu seinen Kompetenzen. Welche beruflichen Qualifikationen bringt er mit? Welche Weiterbildungen hat er bislang absolviert? Wie schätzt er seine Stärken und Schwächen selbst ein? Schauen Sie dabei über den Tellerrand hinaus, um auf mögliche Querkompetenzen aufmerksam zu werden. Fragen Sie gezielt nach, welche Fähigkeiten und Kompetenzen er gerne trainieren würde.

2. **Maßnahmen festlegen:** Gleichen Sie das Ergebnis der Ist-Analyse mit dem Anforderungsprofil des Mitarbeiters sowie der angestrebten Entwicklung im Rahmen seines Aufgabenbereichs ab. Welche Stärken sollen gestärkt werden? Welche Kompetenzen ausgebaut? Ergeben sich aufgrund der Ist-Analyse womöglich ganz neue Ansätze für den Einsatz des Mitarbeiters? Erarbeiten Sie gemeinsam mit der Personalabteilung einen individuellen Vorschlag für die Weiterentwicklung. Schlagen Sie konkrete Maßnahmen vor und kommunizieren Sie, welche Ziele, welche Erwartungen Sie damit verbinden.

3. **Evaluationsphase:** Sprechen Sie nach den einzelnen Maßnahmen mit Ihrem Mitarbeiter über seine Erfahrungen, seine Erfolge. Darüber, wie er das Gelernte in seinen Arbeitsalltag integriert. Wie es ihn bei der täglichen Arbeit unterstützt.

Fazit

**Dies ist für mich aus diesem Kapitel besonders wichtig –
um diese Punkte werde ich mich noch genauer kümmern:**

1) _____

2) _____

3) _____

4) _____

5) _____

6) _____

7) _____

8) _____

9) _____

10) _____

KAPITEL 6

Teaming: So stellen Sie gute Teams zusammen

IHR CHECK AUF EINEN BLICK: Worum es in diesem Kapitel geht

WAS ist in diesem Aufgabenbereich zu tun?	Teaming hat mehrere Aspekte: ▶ In der Vor-Rekrutierungsphase geht es darum, dass Sie sich darüber im Klaren sind, wer in Ihrem Team noch fehlt, und zwar inhaltlich und menschlich. Diese Aspekte müssen analysiert werden und fließen wesentlich in das in Kapitel 4 erläuterte Anforderungsprofil ein. ▶ Zum Zweiten geht es um die Zusammenstellung von High-Performance-Teams. ▶ Zum Dritten um die gute Teamentwicklung und Führung.
WARUM ist es zu tun?	▶ Nennen Sie es Verkaufsteam oder nennen Sie es Vertriebsabteilung, nennen Sie es Salesforce oder Vertriebsmannschaft: Unter Ihrer Führung treffen sehr unterschiedliche Menschen aufeinander, die zusammenarbeiten müssen, um das Beste für sich und das Unternehmen herauszuholen. ▶ Die Erfahrung zeigt: Wenn die Vertriebsführung nicht klar, nicht konsequent und zielorientiert ist, wenn die Vertriebsführung nicht transparent, nach Zahlen und messbar nach Ergebnissen führt, dann brechen Leistungen ein. Ist erst einmal der Wurm drin, können Teams sich auflösen – wobei die guten Leute oft zuerst fluktuieren. Wer bleibt, gewinnt keine Pokale mehr. ▶ Und was ist die Folge? Kunden bleiben aus, Umsatz, Gewinn gehen zurück und Ihnen fällt der Misserfolg auf die Füße! Denn es gilt: Sind die Zahlen, die Ergebnisse gut, sind Sie es auch. Sind die Zahlen schlecht, sind Sie gescheitert. Der Erfolg hat viele Väter. Der Misserfolg ist ein Waisenkind! Achtung!
WIE konkret ist es zu tun?	▶ Sie fokussieren darauf, Ihre Vertriebsteams im Innen-und Außendienst so zusammenzustellen, dass sie optimal und synergetisch zusammenarbeiten. Dazu erhalten Sie im Folgenden Tools. ▶ Als neue Führungskraft im Vertrieb entwickeln Sie Ihr eigenes Führungsverständnis und -verhalten. Dazu setzen Sie sich (kurz) theoretisch mit Führungsstilen und -optionen auseinander. Denn Sie müssen zu einem kohärenten, zuverlässigen Führungsverhalten finden. Zuverlässigkeit schafft Vertrauen! ▶ Sie nutzen verschiedene Gesprächsformen, die Sie in diesem Kapitel kennenlernen, um Konflikte im Team zu lösen.

Nicht nur bei den Kunden – auch bei Ihren Mitarbeitern haben Sie es mit Individualisten zu tun. Mit Menschen, die ihre eigenen, ganz persönlichen Stärken und Schwächen, Vorlieben und Abneigungen haben. Die ihre ganz eigenen Motive haben, wenn es um Bestleistungen geht. Motive, die zu dauerhafter Leistung und Zufriedenheit beitragen.

Die MotivStrukturAnalyse MSA® hilft Ihnen dabei, herauszufinden, was Ihnen und Ihren Mitarbeitern wichtig ist. Sie beruht auf der Persönlichkeits- und Motivationsforschung der letzten zehn bis 15 Jahre – und damit auf Arbeiten und Hypothesen namhafter Motivationspsychologen wie William McDougall, Abraham Maslow, Paul T. Costa, Robert R. McCrae oder Steven Reiss.

Bei der MSA® stehen die 16 Grundmotive des emotionalen Grundcharakters eines Menschen im Mittelpunkt. Ihre Ausprägungen bestimmen unsere Persönlichkeit, unsere Antriebe und Wertorientierung wesentlich mit. Im Rahmen der MSA® wird beispielsweise untersucht, ob ein Mensch nach Wissen strebt oder sich eher pragmatisch nur das Wissen aneignet, das er benötigt. Ob ein Mensch zweckorientiert oder prinzipienorientiert handelt. Ob er lieber führt und Verantwortung übernimmt oder lieber geführt wird. (vgl. auch www.buhr-team.com)

Wer die Motivation seiner Mitarbeiter kennt und weiß, was sie antreibt, kann sie gezielt dabei unterstützen, dauerhaft Bestleistungen zu erbringen. Durch die richtige Ansprache und die richtigen Anreize. Die entsprechenden Positionen im Team und die Form der Anerkennung.

Achten Sie darauf, dass sich die Persönlichkeitstypen in Ihrem Team ergänzen. Dass sie sich gegenseitig bereichern. Gemeinsam wirklich ein Team bilden können – und nicht einfach eine Ansammlung von Wettbewerbern sind, die sich gegenseitig die Kunden, die Erfolge streitig machen wollen.

6.1. Erfolgreiche Teams aufbauen

Als Führungskraft haben Sie die Aufgabe, aus einzelnen Mitarbeitern ein Team zu bilden. Diese Tipps helfen Ihnen dabei:

1. Schaffen Sie gemeinsame Ziele

Vielleicht erinnern Sie sich an meinen Bergführer? Michael Horst hatte 2014 am Basecamp des Mount Everest etwas ganz Wesentliches geschafft: Er hat die einzelnen Bergsteiger durch das gemeinsame Ziel – den Aufstieg auf den Gipfel – auch emotional miteinander verbunden. Er hat es geschafft, dass nicht jeder nur für sich versucht, sich den Weg nach oben zu bahnen, sondern dass alle auch auf das Team schauen. Der Stärkste geht voran, der Zweitstärkste geht als Letzter, um dann zu helfen, wenn jemand aus dem Team Hilfe braucht. Zwar ist am Berg jeder für sich selbst verantwortlich, dennoch ist in dieser Höhe jedem klar, dass er / sie auch einen Blick auf die ganze Gruppe haben muss. Gerade dann, wenn es darum geht, das gemeinsame Ziel zu erreichen. Und als dann am 18.4.2014 das Unglück am Basecamp des Everest passierte, ich war gerade vorher schon abgestiegen in Richtung Lukla, als die Lawine am Ende 16 Sherpas unter sich begrub, war es eben schlicht notwendig, dass alle am selben Strang zogen, dass alle auch das Team im Auge hatten. Das hatte Michael durch Gespräche, durch Beobachtung und wirksame Einteilung schon vorher erreicht.

Gemeinsame Ziele schaffen emotionale Verbundenheit

Und das können auch Sie schaffen: Setzen Sie smarte Ziele – für das Team und die einzelnen Teammitglieder. Definieren Sie Teilziele und achten Sie auf exakte Arbeitsplatzbeschreibungen. So weiß jeder, welche Aufgaben er hat, und das Team kann gut aufeinander abgestimmt arbeiten.

2. Achten Sie auf die Gruppenstruktur

Wenn ein Team aus zu vielen Häuptlingen und zu wenigen Indianern besteht, haben Sie ein Problem. Damit die gesetzten Ziele erreicht werden, muss klar geregelt sein, wer das Ziel und das Tempo vorgibt. Und wer welche Aufgaben übernimmt. Wer wem zuarbeitet, wo sich vielleicht Aufgaben überschneiden – und wie weit diese Überschneidungen akzeptiert werden müssen. Kurz: Ihr Team braucht eine klare Struktur, ein Beziehungsnetz der Mitglieder und ihrer Positionen in der Gruppe. Legen Sie die Rollen klar fest: Wer ist Chef, wer Stellvertreter? Diese Struktur sollte von allen – zumindest im Prinzip – anerkannt werden.

Natürlich wird es im Vertrieb dazu kommen, dass Ihre Topverkäufer miteinander um Vormacht buhlen und um Anerkennung kämpfen. Achten Sie darauf, dass dies in einer der informellen Strukturen geschieht. Dies kann beispielsweise die Beliebtheitsstruktur in der Gruppe sein. Eine weitere informelle Gruppenstruktur ist die Kommunikationsstruktur. Sie entsteht durch den unterschiedlichen Austausch der Informationen innerhalb des Teams.

3. Kommunizieren Sie offen, zeitnah und zeitgemäß

Zusammenarbeit erfordert Kommunikation zwischen Ihnen und Ihren Mitarbeitern, aber auch innerhalb des Teams selbst. Dazu gehören neben persönlichen Gesprächen und dem Austausch per Mails und in Netzwerken auch die Terminplanung sowie Erinnerungshilfen. Je offener und zeitnaher kommuniziert wird, umso weniger Missverständnisse gibt es. Achten Sie auch darauf, dass Probleme und Konflikte zur Sprache gebracht werden – sie zu verschweigen bringt nur noch mehr Probleme mit sich.

Achten Sie auch darauf, wie mit (potenziellen) Kunden kommuniziert wird. Legen Sie fest, in welchem Zeitrahmen Mails beantwortet werden. Welcher Social Media Guide gelten soll, welcher Ton im Chat herrscht, wie Anrufe entgegengenommen werden etc. Kurzum: Es braucht klare Regeln in der Kommunikation. Elektronisch und persönlich. Gerade das ist eine Herausforderung im Umgang mit der Gen Y und Gen Z. Diese jungen Menschen schreiben kaum noch E-Mails, sind sicher in den Social Media, die Gen X hingegen fühlt sich sicherer im persönlichen Kontakt. Wie auch immer: »Das Missverständnis ist die Regel und das Verständnis bleibt die Ausnahme, Andreas!«, sagte mein Lehrer und Förderer Pater Dr. S. J. Albert Ziegler. Das war vor fast dreißig Jahren. Recht hat(te) er!

4. Legen Sie die Regeln fürs Controlling fest

Auf welcher Basis wird Erfolg überprüft? Welche Kennzahlen sind wichtig, um zu sehen, ob Sie und Ihr Team auf dem richtigen Weg sind? Und wie oft benötigen Sie diese Kennzahlen? Wann haben Sie zu viel, wann zu wenig Information? – Die Antworten auf diese Fragen legen die gemeinsamen »Spielregeln« im Controlling fest.

Kennzahlen definieren Erfolge

Definieren Sie, welche Informationen Sie wann und in welcher Frequenz sehen möchten. Und wie diese Informationen aufgebaut sind – nur so lassen sich Daten miteinander vergleichen und potenzielle Schwachstellen, bei denen Ihr Eingreifen gefragt ist, zeitnah erkennen.

5. Setzen Sie auf das Wir

Wir alle arbeiten gerne in einer Atmosphäre, in der wir uns wohlfühlen. In der unsere persönlichen Motive unterstützt, wir zu Bestleistungen angeregt werden. Eine wichtige Voraussetzung dabei ist gegenseitige Anerkennung und Achtung. Vertrauen zu den anderen. Das Gefühl der Zusammengehörigkeit, das Wir-Gefühl.

Verstärkt wird dieses Wir-Gefühl durch gemeinsame Ziele, die Anerkennung der Leistungen Einzelner und des Teams.

Diese Anerkennung kann durch Teammitglieder, sollte aber vor allem durch Sie erfolgen. Als Führungskraft sind Sie Vorbild und Orientierungspunkt. Schließen Sie jemanden aus dem Team aus, werden das auch andere tun. Bevorzugen Sie jemanden, wird er – je nach Persönlichkeit Ihrer anderen Mitarbeiter – entweder umschmeichelt oder gemobbt. Wenn Sie alle auf der Grundlage gleicher Werte und Regeln behandeln, Ihre Führung immer auch an erbrachten Ergebnissen und damit fair ausrichten, werden sich Ihre Mitarbeiter daran ein Vorbild nehmen. Ist die Stimmung im Team gut, sind die Ergebnisse auch potenziell gut. Und sind die Ergebnisse gut, ist die Stimmung, das Wir-Gefühl gut. Beides muss stimmen.

Team oder Wettbewerber? Teaming ist dann sinnvoll, wenn Sie in Ihrer Mannschaft verschiedene Rollen besetzen möchten, die sich gegenseitig ergänzen. Wenn Sie Vertriebsmitarbeiter haben, die zu Neukunden fahren und die auf einen Innendienst zurückgreifen können, der Angebote vorbereitet und nachtelefoniert.

Es gibt aber auch Teams – und Teammitglieder – bei denen es sinnvoller ist, den Wettbewerb anzustacheln. Und die Mitarbeiter so zu Bestleistungen zu animieren. Stürmer beispielsweise vergleichen ihre Leistungen gern mit denen anderer. Zählen Assists und Tore. Diesen sportlichen Wettbewerbsgeist können Sie für sich, für Ihr Team nutzen. Unterstützen Sie diesen Wettbewerbsgeist bei Key-Accountern. Bei Vertriebsmitarbeitern, die Neukunden akquirieren. Achten Sie darauf, dass es ein fairer Wettkampf bleibt. Greifen Sie bei Fouls ein und bestimmen Sie die Rahmenbedingungen für ein Fair Play.

Vergessen Sie dabei nicht, dass auch die Leistung eines Stürmers eine Mannschaftsleistung ist. Die von seinen Kollegen vorbereitet wurde – indem im Vorfeld Termine für ihn vereinbart, Angebote erstellt oder auch potenzielle Neukunden recherchiert wurden.

Dort, wo sich innerhalb eines Teams die Mitarbeiter aufgrund ihrer Persönlichkeit und ihrer Rollenverteilung optimal ergänzen, sollten Sie den Teamgeist stärken, statt den Wettbewerb anzufeuern. Zum einen, weil Sie so die Bereitschaft fördern, gemeinsam für den Erfolg zu kämpfen. Zum anderen, weil ein Wettkampf bei zu unterschiedlichen Ausgangssituationen unfair ist. Schauen Sie deshalb immer genau hin: Stellt eine Wettbewerbssituation einzelne Teammitglieder ins Licht, die ohne ihre Kollegen im Hintergrund nicht punkten könnten? Sind die Leistungen überhaupt vergleichbar? Woran lassen sich die Leistungen messen? An Terminen? An konkreten Vereinbarungen? Und wie lassen sich die unterschiedlichen Leistungen der unterschiedlichen Teamrollen fair miteinander vergleichen?

Gerade in den letzten Jahren habe ich viele neue, für mich teilweise beeindruckende praktische Erfahrungen machen dürfen. Führen Sie so, dass die Guten besser und die Besten richtig gut werden können. Es gilt hierbei: Unterschiedliche, differenzierte, auf den Mitarbeiter abgestimmte, also individualisierte Führung führt zum Erfolg! Ein Fazit, das ich dabei ziehen konnte, war, dass es in der Vertriebsführung überall dort sehr gut läuft, wo Menschen an das glauben, was, wie und warum sie es tun. Und wenn sie gemeinsam einige Jahre konsequent dabeibleiben.

Gemeinsam erfolgreich – ein Beispiel

Fasziniert hat mich unter anderem das Beispiel eines Immobilienentwicklers, dem die Finanz- und Wirtschaftskrise zu schaffen gemacht hatte. Um neue Aufträge zu bekommen, musste er verstärkt Präsenz am Markt zeigen. Hierfür eigneten sich am besten die für seine Zielgruppe relevanten internationalen Leitmessen. So konnte er dort präsent sein, wo die Kunden und auch die Wettbewerber sind. Dort konnte er Flagge zeigen. Doch Messen kosten Geld. Geld, das im Grunde an anderer Stelle benötigt wurde. Was also war zu tun? Der Chef wagte einen ungewohnten Weg: Er sprach mit den Mitarbeitern, schilderte ihnen das Dilemma und fragte sie: »Was sollen wir tun?« Die Reaktion auf diese Offenheit war überwältigend: Die Mitarbeiter haben sich nicht nur für die Messe ausgesprochen, sie haben auch einen Teil der unternehmerischen Verantwortung übernommen, indem sie für den Messeauftritt auf einen Teil ihres Einkommens verzichteten. Es hat sich für sie gelohnt: Heute ist die Krise überwunden, das Unternehmen steht wieder gut da. Und Mitarbeiter und Führungskraft kämpfen weiter für den gemeinsamen Erfolg.

Dass dieser Weg des Immobilienentwicklers möglich war, liegt an dem Vertrauen, das zwischen Mitarbeitern und Führungskraft herrscht. Weder die Darstellung der prekären Unternehmenslage noch seine Frage wurden mit Argwohn betrachtet. Im Gegenteil: Jeder Mitarbeiter wusste, dass der Chef für sein Unternehmen brennt, dass er seinen Mitarbeitern vertraut und an ihre Zukunft denkt.

Dieser Mann hat sich das Vertrauen und damit die Zustimmung, das *created agreement*, verdient, wie es sich jede gute Führungskraft erarbeiten und verdienen muss. Und verdienen kommt auch von *dienen*. Erst muss hier etwas gegeben, also investiert werden, bevor etwas zurückgegeben werden kann. Dieses Zurückgeben sind schlicht Leistung und Resultat. Und klar: Am Ende muss jemand entscheiden und führen. Und so ist Führung erwünscht! Nur so funktioniert es dauerhaft erfolgreich im Vertrieb.

Im Prinzip verfahren Sie bei der Mitarbeiterführung also genauso wie bei dem Onboarding eines neuen Mitarbeiters: Zunächst führen Sie eng, um ihn mit zunehmendem Wissen und zunehmender Sicherheit immer stärker an die »lange Leine« zu gewöhnen. So nutzen und fördern Sie die Fähigkeiten jedes Mitarbeiters optimal und effizient. Damit Ihnen dies gelingt, müssen Sie flexibel bleiben. Die Stärken und Schwächen, die Potenziale Ihrer Mitarbeiter kennen. Und wissen, wie Sie sie am besten motivieren können. Denn wie man führt, hängt auch davon ab, wen man führt. Auch hier geben Ihnen Persönlichkeitsmodelle wie Insights® MDI oder die MotivStrukturAnalyse MSA® wertvolle Tipps.

6.2. Leitwolf oder Teamplayer? Erkennen Sie Ihre Führungsstärken!

Ganz gleich, wie sich Ihr Team zusammensetzt, welche Persönlichkeitstypen Sie führen müssen: Bleiben Sie Sie selbst! Verbiegen Sie sich nicht, um den idealen Chef für Ihre Mitarbeiter zu verkörpern. Den idealen Chef gibt es nicht. Sie können es nicht jedem recht machen. Und das ist auch gar nicht Ihr Job! Ihre Aufgabe ist es, Ihr Team zu Bestleistungen zu motivieren und Ergebnisse zu erzielen. Und das können Sie nur, wenn Sie zu dem stehen, was Sie tun. Wenn Sie Ihre Stärken sinnvoll einsetzen.

Dazu müssen Sie Ihre Führungsstärken kennen und wissen, ob Sie eher Leitwolf oder Teamplayer sind. Ob Sie erwarten, dass Ihnen das Team ohne Fragen und Zögern folgt. Oder ob Sie auf das Wissen, die Erfahrung der anderen zurückgreifen möchten. Aber auch, wie Sie sich – ohne sich zu verbiegen – auf andere Typen, auf andere Persönlichkeiten einstellen können.

Grundsätzlich gilt: Bei der Mitarbeiterführung sind zahlreiche Begabungen und Fähigkeiten nützlich: Entscheidungskraft. Authentizität. Aktives Zuhören. Analytisches Denken. – Die

Bandbreite ist groß. Um Ihre Stärken und Schwächen zu erkennen, sollten Sie deshalb genau hinschauen. In welchen Bereichen bringen Sie Höchstleistungen? Wo Durchschnitt? Welche Eigenschaften nutzen Sie dazu? Wo haben Sie das Gefühl, dass Ihnen Kompetenz, Wissen oder Erfahrung fehlt?

PRAXISTIPP:
Selbstreflexion

Beantworten Sie für sich, wie gut Sie in den folgenden Bereichen sind:
- analytisches Denken
- Durchsetzungskraft
- Empathie
- aktives Zuhören
- Menschen integrieren
- Menschen motivieren und begeistern
- Mitarbeitergespräche führen
- Ziele definieren und formulieren
- Controlling vereinbarter Ziele

Wie stark diese Eigenschaften ausgeprägt sind, hat etwas mit Ihrer Erfahrung zu tun, aber auch mit Ihrem Persönlichkeitstyp. Während Ihr Erfahrungsschatz wächst, können Sie Ihren Persönlichkeitstyp nur sehr bedingt beeinflussen. Trotzdem hilft es, den eigenen Persönlichkeitstypen zu kennen, um zu wissen, wo die Stärken liegen. Wie man auf andere wirkt und was man machen kann, um die gewünschten Ziele zu erreichen.

Dabei kann das bereits vorgestellte Persönlichkeitsdiagnostik-Tool *Trimetrix (Insights® MDI)* helfen, das übrigens nur eines von vielen ist. Es überzeugt mich, weil es sich an den Farben orientiert und nachvollziehbar ist. Im Bereich der Mitarbeitersuche hat sich das *EQ-Modul* von Insights etabliert. Mit ihm kann abgeglichen werden, wie weit ein Persönlichkeitsprofil eines Kandidaten dem Sollprofil entspricht.

Ein weiteres Persönlichkeitsdiagnostik-Tool ist beispielsweise *Meaningful Occupation Assessment*, kurz *MOA*. Basierend auf Erkenntnissen der Arbeitspsychologie gibt es Antworten auf die Frage, wie stark die berufliche Belastung empfunden wird. Ob stressfördernde Denk-, Fühl und Verhaltensmuster bekannt sind. Aber auch, welche (Coaching-)Maßnahmen ergriffen werden können, um Situationen zu verbessern.

Ebenfalls etabliert ist das *DISG-Persönlichkeitsprofil*. Es unterscheidet zwischen den vier Grundtypen Dominanz (D), Initiative (I), Stetigkeit (S) und Gewissenhaftigkeit (G). Oder auch das *Enneagramm*. Dieses Modell unterscheidet neun verschiedene Persönlichkeitsmuster und ihre Beziehung untereinander. Es beschreibt, wie sich die Grundmuster der Persönlichkeiten in positiven und negativen Situationen verändern, und hilft so, die Dynamik zwischen Menschen zu verstehen und Konflikte besser zu lösen.

6.3. Merkmale erfolgreicher Teams

Doch was macht letztlich aus mehreren Mitarbeitern ein Team? Und was macht ein Team erfolgreich? Zuallererst: Teammitglieder haben Verantwortung füreinander. Das kennen wir aus den Krimis, wo Polizisten ihrem Partner blind vertrauen. Aus dem Fußball, wo Verteidiger das Spiel aufbauen und den entscheidenden Treffer vorbereiten, um den Ball dann in entsprechender Situation an den Mitspieler abzuspielen. Wo der Trainer das Spiel beobachtet und einzelne Spieler bei Bedarf auswechselt, weil jemand verletzt ist, das Zusammenspiel an diesem Tag nicht passt oder er einem Spieler die Chance zum Einsatz geben möchte.

Auch im Vertrieb sind die Teammitglieder aufeinander angewiesen. Bereitet der Mitarbeiter im Innendienst die Termine, die Angebote vor. Schließt der Key-Accounter – auch dank dieser Vorbereitung – den Auftrag ab. Kann ein Mitglied die gesamte Stimmung, die gesamte Leistung des Teams positiv wie negativ beeinflussen. Können Bevorzugungen Einzelner zu Unruhe führen. Führen einseitige Belobigungen zu Frust bei denen, deren Leistungen nicht anerkannt werden.

Die Erfolge eines Teams werden gemeinsam erbracht. Der erste Schritt zu einem erfolgreichen Team liegt darin, dies anzuerkennen. Wenn sich ein Team darauf verständigt, sind selbst unter schwierigen Bedingungen außergewöhnliche Leistungen möglich. Weil man gemeinsam kämpft, sich unterstützt, gegenseitig motiviert. Offen und lösungsorientiert über Probleme spricht. Sich traut, um Hilfe zu bitten. Und sich gleichzeitig gemeinsam über Erfolge freut.

Team oder nur Schicksalsgemeinschaft? Wenn Ihre Mitarbeiter so denken und handeln, dann sind sie mehr als eine Gruppe oder Schicksalsgemeinschaft von Mitarbeitern, die sich zufällig in Ihrer Abteilung wiederfindet. Teams sind leistungsfähig, weil sie ihre Stärken bündeln. Nur so können sie Leistungen erbringen, zu denen ein Einzelner nicht in der Lage wäre. Relevantes Merkmal eines Teams sind Sinn und Ziel: Wer gemeinsam kämpft, muss wissen, wofür, wozu und wohin. Welches Ziel soll zu welchem Zweck erreicht werden? Wie soll es erreicht werden? Herrscht hier Einigkeit über Sinn und Ziel, werden die Teammitglieder sich auch dafür einsetzen. Teams zeichnen sich zudem durch Dynamik, durch die Nutzung von Synergien aus. Man spornt sich untereinander an, gleicht Schwächen aus und bringt die Stärken zur Wirkung! Erlebt die gemeinsame Arbeit als inspirierend. Und erbringt Leistungen, die mehr als die Summe der Leistungsfähigkeit einzelner Teammitglieder sind. Damit dies gelingt, müssen die Rollen im Team geklärt sein. Fragen wie Arbeitsstil, Organisation, Prozesse sind geklärt und müssen nicht immer wieder von vorn diskutiert werden. Die einzelnen Teammitglieder nehmen Rücksicht aufeinander und stellen das Ziel, nicht die eigene Eitelkeit in den Mittelpunkt.

Aus dieser Zusammenarbeit entwickelt sich ein eigener Teamspirit. Das Miteinander ist von Vertrauen, Offenheit und Wohlwollen geprägt. Mobbing und Argwohn haben keinen Platz.

Ob aus einer Gruppe von Mitarbeitern ein erfolgreiches Team wird, liegt unter anderem an Ihnen als Führungskraft. Daran, ob Ihre Mitarbeiter Aufgaben haben, die ihren Veranlagungen und ihrem Persönlichkeitstyp entsprechen. Ob sie sie selbst sein dürfen. Denn niemand kann sich auf Dauer verstellen. Beispiel Einzelkämpfer: Gerade im Vertrieb gibt es immer wieder Mitarbeiter, die sich als Einzelkämpfer verstehen und so agieren. Die stark und eng am Kunden sind, den Abschluss, den Deal machen und schon zum nächsten Termin starten. Die als Einzelkämpfer gut sind. Und sich in Meetings eher langweilen. Um solch einen Persönlichkeitstyp weiterhin zu Bestleistungen zu motivieren, müssen Sie ihm erlauben, weiter Einzelkämpfer zu sein. Stolz auf seine Leistungen sein. Und natürlich profitieren Sie auch von seinen Leistungen. Solange die Ergebnisse stimmen, »stören« Sie besser nicht! Auch dieser Einzelkämpfer sollte grundsätzlich bereit sein, sein Wissen dem Team zur Verfügung zu stellen. Nicht alles, was die Topverkäufer so an Praxis umsetzen, ist für ein Team zu gebrauchen. Die Nuggets schon! Zudem sollten die Stars auf das Team zurückgreifen, wenn sie Unterstützung brauchen. Sie können den anderen Teammitgliedern vertrauen. Und vor allem: Sie sollten den Erfolg teilen. Sie können akzeptieren, dass ihre Ergebnisse Teil der Ergebnisse

Voraussetzungen für ein erfolgreiches Team

aller sind. Dabei spricht viel dafür, dass die Top-Leute – beispielsweise in Form von Boni – natürlich von Erfolgen profitieren!

Kommunikation als Basis der Teamarbeit Um ein Miteinander im Team zu forcieren, müssen die Mitglieder über aktuelle Projekte, Entwicklungen und neue Anfragen informiert sein. Sie müssen – zumindest grob – wissen, wer sich gerade mit welchen Herausforderungen beschäftigt. Dabei geht gerade die Kommunikation im täglichen Stress gern unter.

Hier helfen klare Regeln dazu, wann was wie kommuniziert wird. Wie und in welchen Abständen ein Projektverlauf dokumentiert wird. In welchen Abständen Teammeetings stattfinden, bei denen Updates gegeben werden. Welche weiteren Kommunikationskanäle und -maßnahmen genutzt werden.

Machen Sie Ihrem Team deutlich, dass diese Kommunikation keine Zeitverschwendung, sondern ein Gewinn ist. Dass das Team damit in die Lage versetzt wird, gemeinsam an Herausforderungen zu arbeiten. Sich Unterstützung zu geben, Wissen aktiv zur Verfügung zu stellen.

Achten Sie darauf, dass die Kommunikationsregeln eingehalten werden – auch von denen, die sich lieber zurückziehen und still ihren Aufgaben nachgehen. Und: Seien Sie Vorbild! Halten Sie sich an Ihre Regeln. Wir haben einmal in einem Trainingsprojekt mit den Führungskräften gemeinsam entschieden, dass die Tische und Stühle im Besprechungsraum entfernt werden müssen. Es sollten die Meetings künftig unter Einhaltung von Zeiten und effizienter laufen. Es gibt dazu jetzt Klemmbretter für jeden, und es läuft eine große Eieruhr zur Orientierung. Kein Kaffee und keine Kekse, ein schlichter »Stehraum«, in dem Entscheidungen für den Vertrieb getroffen werden. Punkt!

»Wir sind ein Team« wird oft als Begründung dafür genutzt, **Klare Hierarchien** dass jeder mitsprechen, mitentscheiden darf. Dass klare Ansagen vom Vorgesetzten ignoriert werden können, weil man ja – im Team – auf einer Hierarchieebene steht. Diesen Eindruck sollten Sie erst gar nicht aufkommen lassen – auch dann nicht, wenn Sie den kooperativen Führungsstil bevorzugen. Denn letztendlich haben Sie den Hut auf. Stehen Sie für die Leistungen Ihres Teams gerade. Müssen Sie Entscheidungen treffen – und dafür geradestehen. Gerade Kante mit Orientierung ist immer besser als weiches Gemurkse mit Konfliktpotenzial.

Je nach Teamgröße wird es weitere Hierarchieebenen geben. Kommunizieren Sie diese klar.

- Wer hat welche Entscheidungsbefugnis – und wem gegenüber?
- Was darf alleine entschieden werden, wann (Kunde, Umsatzvolumen, Prozess) muss der oder die jeweils Vorgesetzte gefragt werden?
- Und bei welchen Entscheidungen, bei welcher Flughöhe, ist Ihre Meinung einzuholen? (Hier mal unabhängig betrachtet von Reporting / Berichtswesen resp. von Ihrer Politik der »offenen Tür« für Mitarbeiterfragen.)

PRAXISTIPP: Kommunikationsregeln

❏ Wer berichtet wann an wen?

❏ Wann findet der Jour fixe statt? Wer nimmt teil? Controlling hierfür?

❏ Welches der vorhandenen Medien / Tools ist für welche Kommunikation zu verwenden?

- ❏ Wer ist in CC zu setzen? – Klare Regeln für E-Mailing
- ❏ Eintrag welcher Termine in gemeinsamen Terminkalender (Outlook)?
- ❏ Übersicht in Netztools wie Trello oder Wrike
- ❏ Wie wird das CRM geführt und in der Führung eingesetzt?
- ❏ Was wird wie genau im CMS abgelegt?
- ❏ Was darf resp. muss in der Cloud abgelegt werden?
- ❏ Rhythmus und Protokoll sowie thematischer Aufbau persönlicher Meetings
- ❏ Wann sind Bereichsleiter-/VL-Besprechungen terminiert?
- ❏ Virtuelle Meetings über Webinare oder z.B. Skype

Klare Prozesse geben Orientierung

Sie wissen, was Sie von Ihrem Team erwarten: effizientes, zielgerichtetes Vorgehen. Kompetente Beratung. Kein Verkauf um jeden Preis. Aber auch kein Hin-und-her-Trudeln. Sondern konzentriertes, nachvollziehbares Vorgehen.

Hier helfen klare Prozesse. Was ist wann von wem zu tun? Wie werden potenzielle Kunden angesprochen? In welchen Zeitabständen werden Bestandskunden kontaktiert?

Wie Sie Ihre Prozesse gestalten, hängt stark von Ihrer Branche ab. Von Ihrer Kundenstruktur. Ihren Produkten oder Dienstleistungen. Zwei Punkte bleiben dabei konstant: die Identifizierung attraktiver Kunden am Anfang und der Abschluss des Kaufvertrags am Ende. Je nach Branche erhält der potenzielle Kunde nach der ersten Kontaktaufnahme ein Angebot, das im Kundengespräch besprochen wird. Handelt es sich um komplexe Dienstleistungen oder Produkte, sind maßgeschneiderte Angebote gefragt, werden diese auch nach einem ersten persönlichen Gespräch erstellt. Und eventuell in einem zweiten Gespräch oder einem Telefonat besprochen.

Legen Sie für Ihre Branche, Ihre Kundenstruktur, Ihr Team einen verbindlichen Prozess fest. Beantworten Sie dabei folgende Fragen:

- Wie identifizieren wir potenzielle Kunden?
- Wie erfolgt der Erstkontakt?
- Welche Informationen erhält der Kunde dabei?
- Wann erstellen wir ein Angebot? Welche Grundlagen müssen dazu erfüllt sein?
- Was gehört in ein Angebot? Wann ist ein Angebot für den Kunden annehmbar? Welche begleitenden Unterlagen werden beigefügt?
- Wird das Angebot per Post oder E-Mail verschickt? Wird es dem Kunden persönlich übergeben?
- Wann oder bis wann wird der Kunde erneut kontaktiert, um über das Angebot zu sprechen?
- Wie oft – und wie – haken wir nach, wenn der Kunde um Bedenkzeit bittet?
- Wann oder bis wann wird ein potenzieller Kunde, der ein Angebot abgelehnt hat, erneut angesprochen?
- Wie wird der Prozess hier sauber beendet? Auftrag oder »Schade-Mail«, was zur Folge hat, dass wir durch eine klare Absage unsererseits (»Schade, dass wir jetzt nicht zusammenkommen ...«) eine gute Basis für einen neuen Kontaktversuch in beispielsweise einem Jahr schaffen

Kommunizieren Sie zusammen mit den Prozessen auch die Ziele, die Sie von den einzelnen Mitarbeitern ebenso wie von Ihrem gesamten Team erwarten. Dabei ist die Zielsetzung quasi der Startpunkt für den gemeinsamen Weg. Geben Sie bei Bedarf Meilensteine vor: Welche Etappen auf dem Weg sollen bis wann erreicht werden? Verfolgen Sie die Ziele kontinuierlich. Geben Sie in den Zwischenphasen Feedbacks, damit Ihre Mitarbeiter wissen, wie ihre Leistung wahrgenommen wird. Aber auch, um ihnen die Chance zu geben,

Klare Ziele für Ihr Team

Zielvorgaben zu korrigieren – beispielsweise, wenn sie aufgrund äußerer Umstände nicht erreichbar sind.

Ziele sollten spezifisch, messbar, attraktiv, realistisch und terminiert sein. Oder kurz gesagt: SMART. Seien Sie deshalb bei der Formulierung konsequent und eindeutig. Fangen Sie bei sich selbst an. Werden Sie konkret. Geben Sie beispielsweise nicht vor, den Umsatz im laufenden Jahr zu erhöhen, sondern sagen Sie ganz klar, was Sie erwarten: »Unser Ziel ist es, bis zum Ende des Geschäftsjahres den Umsatz mit Produkt X um XX Prozent zum Vorjahr zu steigern.« Oder: »Ihr Ziel ist es, bis zum (Datum) die ersten fünf Kunden aus der Branche XY für unser Produkt Z zu gewinnen.«

Gerade am Anfang kann es sinnvoll sein, zusätzliche Zielvorgaben für kürzere Zeiträume anzugeben. Dies kann die Zahl der qualifizierten Besuche in einer Woche oder einem Monat sein. Oder die Zahl der Vertragsabschlüsse. Wichtig ist: Das Ziel muss realistisch sein. Nachprüfbar. Und: Sie müssen es kontrollieren. Ansonsten verpufft dieses Führungsinstrument. Verlieren Sie an Reputation, weil Ihnen die Konsequenz im Handeln fehlt.

Teamspirit – ein Erfolg guter Führung Durch die konkrete Zielvorgabe können Sie einzelne Mitarbeiter zu Bestleistungen motivieren. Und innerhalb des Teams den Turbogang einschalten. Wieso ist das so?

Die Mitarbeiter sind motiviert, weil sie wissen, welche Leistungen Sie ihnen zutrauen. Weil Sie daran glauben, dass sie sich steigern, sich weiterentwickeln können. Sie geben ihnen eine Perspektive.

Die Mitarbeiter haben eine Vertrauensbasis. Klare, nachvollziehbare Ziele sind das Gegenteil von Willkür. Sie wissen, was von ihnen erwartet wird. Sie teilen die Einschätzung, dass dies erreicht werden kann. Und sie können sicher sein, dass sie am Ende des Jahres, der vereinbarten Zeitspanne, nicht an anderen Maßstäben gemessen werden.

Der einzelne Mitarbeiter kann sich auf seine individuellen Ziele konzentrieren – und gleichzeitig am großen Ganzen mitarbeiten. Sein Wissen, seine Kompetenz einbringen, ohne für andere bedrohlich zu wirken. Das stärkt den Teamgeist.

Zudem wirken sich klare Zielvorgaben auf die Arbeitsatmosphäre aus. Weil sie Sicherheit geben. Vertrauen. Sie setzen Maßstäbe. Orientierungspunkte. Geben die Chance der Korrektur – bei den Zielen, wenn sie sich als unrealistisch erweisen. Oder aber bei den Mitarbeitern, denen Wissen oder strategische Kompetenz fehlt, um die Ziele zu erreichen. Und die dies rechtzeitig erkennen und – gemeinsam mit Ihnen – dagegensteuern können.

Früher oder später ist es soweit: Es kommt zu Stress, zu Konflikten im Team. Sei es, weil persönliche Interessen in den Vordergrund gestellt werden, weil es unterschiedliche Interpretation von Fakten gibt. Oder weil bei einzelnen Teammitgliedern der Rapport gestört ist, die »Chemie nicht stimmt«. Weil die Kommunikation miserabel ist, was auch meistens die Ursache war in meinen 30 Jahren Praxis. Je früher ein Konflikt erkannt wird, umso eher können Sie gegensteuern.

Konflikte im Team meistern

Wie viel Konfliktpotenzial ein Team hat, liegt auch – aber nicht nur – an Ihnen. An Ihrem Führungsstil. Ihren Zielvorgaben. Daran, ob Sie einzelne Mitarbeiter bevorzugen. Ob Sie Anlass für Eifersüchteleien geben. Oder dazu aufmuntern, über die vermeintlichen Fehler der Kollegen zu berichten. Ein solches Führungsverhalten schafft nicht nur Unruhe im Team – es macht Ihnen auch das Leben unnötig schwer.

Konfliktpotenzial liegt aber auch in folgenden Situationen:

- unterschiedliche Fachkenntnisse im Team
- unterschiedliche »Sprachen« und daraus resultierende Missverständnisse
- unterschiedliche Arbeitsgewohnheiten / Arbeitstempi
- ausgeübter oder schlicht »nur« wahrgenommener Druck
- unpassender Persönlichkeitstyp für das Team
- Dominanz von Alpha-Typen, die das Zusammenwachsen des Teams verhindern
- Macht- und Konkurrenzdenken einzelner Teammitglieder
- zu dominantes Auftreten neuer Teammitglieder, die sich ihre Anerkennung auf Kosten anderer erkämpfen möchten

Eine gute Prophylaxe sind klare Regeln, eine offene Kommunikation sowie eine gute Zusammenarbeit. Je besser sich das Team versteht, je mehr Vertrauen und Sicherheit herrschen, je offener Konflikte angesprochen werden können, umso weniger Reibungen gibt es.

Doch das alleine reicht nicht aus. Teambildung ist eine aktive Aufgabe. Sie muss konsequent fortgeführt werden. Dabei gibt es typische Phasen, auf die Sie sich vorbereiten können.

HINTERGRUNDWISSEN:
Phasen der Teambildung

Forming: Das Team ist in seiner Zusammensetzung neu. Die Mitglieder lernen sich kennen. Klären, welche Erwartungen sie haben. Welche Ziele sie erreichen wollen. Finden sich in ihre Rollen. Diese Phase können Sie als Führungskraft unterstützen: Durch klare Zielvorgaben. Eine offene Kommunikation. Freiraum für Gespräche. Gemeinsame Events zum Kennenlernen und für gemeinsame Erfahrungen.

Storming: Eigene Interessen werden selbstbewusster vorgetragen. Das Konflikt-potenzial nimmt zu. Sie können gegensteuern, indem Sie Gemeinsamkeiten der Teammitglieder sowie die Stärken der einzelnen Mitarbeiter betonen. Lassen Sie Konflikte zu. Aber sorgen Sie dafür, dass diese geklärt werden.

Norming: Die Teammitglieder kennen und schätzen sich. Auch dank der Regeln und Prozesse, die Sie aufgestellt haben. Um das Wir-Gefühl zu stärken und die Leistungen zu verbessern, ist Selbstreflexion wichtig. Wie arbeitet das Team? Wie können Prozesse effizienter werden? Die Kommunikation verbessert werden? Integrieren Sie das Team in diese Überlegungen.

Performing: Das Team steht. Es arbeitet erfolgreich zusammen. Hat eigenen Team-spirit. Die Teammitglieder lernen voneinander. Unterstützen sich gegenseitig. Das Team reguliert sich quasi von selbst. In dieser Phase ist Ihr Feedback gefragt. Und das Feiern der Teamerfolge.

In jeder dieser Phasen kann es zu Konflikten kommen. Je eher Sie diese erkennen, umso besser können Sie gegensteuern. Denn je länger ein Konflikt gärt, umso mehr verhärten sich die Fronten, wirkt sich der Konflikt auf die Motivation und die Leistungsfähigkeit eines oder mehrerer Mitarbeiter aus. Und klar ist auch, dass im Anschluss an jede »Performing-Phase« eine neue »Forming-Phase« kommt. Fluktuation und Rekrutierung sind Ursachen und immanente und logische Entwicklungen in jedem erfolgreichen Team!

Wie können Sie mit Konfliktsituationen umgehen? Sie für alle Beteiligten positiv auflösen? Zu allererst: Analysieren Sie die Konfliktsituation. Worum geht es? Wer ist an dem Konflikt beteiligt? In welcher Form? Hören Sie genau zu. Hinterfragen Sie die Argumente, die Ihnen die Parteien präsentieren. Oft gibt es ein vorgeschobenes Problem, der eigentliche Konflikt geht aber sehr viel tiefer.

Konfliktanalyse

Mögliche Ursachen für Konflikte sind kommunikative Missverständnisse, Konkurrenzsituationen oder ungeklärte Rollen. Je nachdem, wie viele Menschen an einem Konflikt beteiligt sind, kann dies zu Koalitionsbildungen im Team führen. Oder zum Ausschluss einzelner Teammitglieder.

Heiße und kalte Konflikte

Eine weitere Unterscheidung ist die in heiße und kalte Konflikte. Dabei werden heiße Konflikte emotional ausgetragen. Beteiligte versuchen, Anhänger für ihre Sache zu gewinnen. Sie sind davon überzeugt, richtig zu handeln und rechtschaffene Motive zu haben, die nicht angezweifelt werden dürfen. Anders die kalten Konflikte: Hier spüren die Beteiligten tiefe Enttäuschung, Desillusionierung und Frustration. Ohnmachts- und Angstgefühle. Druck und Unlust. Das Verhalten wird destruktiv, die Kommunikation wird auf das Nötigste reduziert.

Um kalte Konflikte zu lösen, reicht es nicht, sich auf die Konfliktursache zu konzentrieren. Vielmehr muss das Selbstwertgefühl der Beteiligten gestärkt werden, die Kommunikation zwischen den Akteuren hergestellt und Lösungswege müssen aufgezeigt werden. Bei heißen Konflikten ist es wichtig, sich auf die unterschiedliche Wahrnehmung der Beteiligten zu konzentrieren. Welche Einstellung haben die Mitarbeiter? Welche Verhaltensweisen verstärken den Konflikt? Welche wechselseitigen Beziehungen? Und mit welchen Verhaltensänderungen lässt sich der Konflikt entschärfen?

Sprechen Sie die Beteiligten aktiv und direkt auf Ihre Wahrnehmung an. Je früher Sie das machen, umso weniger leidet das Team, leiden die Beteiligten unter dem Konflikt. Einzelgespräche helfen Ihnen dabei, die unterschiedlichen Interessen zu erkennen. Bei den Beteiligten Verständnis für den anderen zu schaffen. Eine Basis aufzubauen, um den Konflikt aus der Welt zu schaffen.

Nach den Einzelgesprächen ist es wichtig, alle Beteiligten an einen Tisch zu holen. Als Führungskraft haben Sie dabei die Rolle des Moderators und Mediators. Führen Sie das Gespräch so, dass der Konflikt offen ausgesprochen wird, nur dann kann gemeinsam an einer Lösung gearbeitet werden. Folgende Tipps helfen Ihnen dabei, das Konfliktgespräch konstruktiv zu führen:

3. Richten Sie das Gespräch auf das Ziel »Konfliktlösung« aus.

4. Betonen Sie, dass Sie in den Mitarbeitern das Potenzial der Konfliktlösung sehen. Dass die Beteiligten Ihr Vertrauen genießen.

5. Gehen Sie positiv auf Vorschläge ein, die den Konflikt zu lösen helfen.

6. Verschwenden Sie Ihre Kraft nicht dazu, gegen Sturheit anzukämpfen – wer sich nur unter Druck bewegt, wird diese Lösung innerlich boykottieren.

7. Nennen Sie übergeordnete Interessen, statt auf die Mitarbeiterinteressen einzugehen.

8. Betonen Sie den Gewinn für alle Seiten. Für das gesamte Team.

9. Achten Sie darauf, dass niemand sein Gesicht verliert.

10. Fassen Sie am Gesprächsende zusammen, auf welche Maßnahmen sich die Beteiligten geeinigt haben.

11. Stellen Sie klar, was Sie auf Basis dieser Einigung von den Beteiligten erwarten. Geben Sie klare Zielvorgaben.

12. Überprüfen Sie die Zielerreichung im festgelegten Zeitabstand.

Wichtig für die Konfliktlösung, aber auch für die Prophylaxe, ist der Kontakt der Kontrahenten untereinander. Und dies nicht nur im Büro oder in der Kaffeeküche, sondern auch beim Sport, beim Outdoorevent oder Teamkochen, auf der Incentivereise. Schaffen Sie Gelegenheiten, bei denen die Mitarbeiter Kontakt haben. Etwas Gemeinsames erleben, an das sie sich positiv erinnern. Sich in Extremsituationen kennenlernen und dabei erfahren, dass sie sich aufeinander verlassen können. Das schafft Vertrauen. Und nimmt Konflikten die Brisanz.

**Dies ist für mich aus diesem Kapitel besonders wichtig –
um diese Punkte werde ich mich noch genauer kümmern:**

1) _____

2) _____

3) _____

4) _____

5) _____

6) _____

7) _____

8) _____

9) _____

10) _____

KAPITEL 7

Erfolgsziele: So führen Sie punktgenau und messbar

IHR CHECK AUF EINEN BLICK: Worum es in diesem Kapitel geht

WAS ist in diesem Aufgabengebiet zu tun?	▸ Woran messen Sie den Erfolg Ihrer Vertriebsführung? An erreichten Zielen! Diese können quantitativer und qualitativer Natur sein. ▸ In dieser Phase geht es darum, wie Sie – gemeinsam mit dem Vertriebsteam – die richtigen Ziele setzen und Unterstützung zur Erreichung geben.
WARUM ist es zu tun?	▸ Erfolgsziele im Vertrieb sind die Umsetzung der unternehmerischen Visionen. Wenn der Vertrieb nicht die richtigen Ziele hat, bekommt er seine PS nicht auf die Straße. ▸ Ziele sind die motivierenden Erzählungen zu den Vertriebskennzahlen: Sie tragen die Motivation zu ihrer Erreichung in sich, sie sind die emotionalisierende Story, die Feuer gibt.
WIE konkret ist es zu tun?	▸ Quantitative und qualitative Ziele richtig entwickeln. ▸ Wie Sie Mitarbeiter bei der Festlegung von Zielen involvieren. ▸ Sie lernen, Zielformulierungen motivierend und Teilziel-Festlegungen konkret zu machen. ▸ Sie lernen, Checklisten zur Überprüfung der Zielquoten zu nutzen.

Führung hat immer damit zu tun, Orientierung zu geben. Erfolgreiche Führung zeigt sich in schwierigen Situationen. Immer dann, wenn in der Veränderung Führung notwendig wird, zeigen sich die Charaktere. Dies gilt auch und gerade für den Vertrieb. Peter F. Drucker hat deshalb in den 1970er-Jahren das Führen mit Zielvereinbarungen eingeführt. Während seitdem immer neue Managementsysteme und -philosophien diskutiert wurden, hat sich die Überzeugung Druckers weiter durchgesetzt und ist bis heute branchenübergreifend anerkannt.

7.1. Erfolgsziele gemeinsam festlegen

Zielvereinbarungen werden von der Führungskraft und dem Mitarbeiter erarbeitet

Zielvereinbarungen im Vertrieb helfen Ihnen und Ihrem Team, die Arbeit auf die Unternehmensstrategie auszurichten und sich auf das Wesentliche zu konzentrieren, die Innovationskraft zu stärken, Erfolge systematisch zu kontrollieren und die Zusammenarbeit besser zu koordinieren. Und sie sind die Basis für bessere Arbeitsergebnisse. Denn nur wenn ich weiß, was von mir in welchem Zeitrahmen erwartet wird, kann ich dieses Ziel auch erreichen.

Ein wichtiger Aspekt für diesen Erfolg ist die Art und Weise, wie die Ziele festgelegt werden. Dies geschieht nicht als autoritäre Anordnung von oben nach unten. Als klare Ansage, wer was bis wann zu erledigen hat, um das Unternehmensziel zu erreichen. Zielvereinbarungen im Vertrieb richten sich vielmehr am Mitarbeiter, am Potenzial des Verkaufsbereiches und an den Unternehmenszielen aus und werden deshalb von Mitarbeitern und Vorgesetzten gemeinsam entwickelt und vereinbart. Damit wird sichergestellt, dass der Mitarbeiter die Ziele annimmt, sie akzeptiert, hinter ihnen steht und bereit ist, sich persönlich für diese Ziele zu engagieren.

Durch das Gespräch und die Zielvereinbarung erhält er zudem eine klare Vorstellung davon, was von ihm erwartet wird. Und welche Möglichkeiten ihm zur Verfügung stehen, um dieses Ziel zu erreichen. Gleichzeitig profitiert er von mehr Eigenverantwortung und der Einbindung in Entscheidungsprozesse. Er kann die Richtung seiner beruflichen Weiterentwicklung mitbestimmen. Dies alles wirkt sich auf seine Motivation, seine Identifikation mit dem Unternehmen und den Produkten und damit auch auf seine Zufriedenheit aus.

Zielvereinbarungen klären Erwartungen

Natürlich gibt es auch die Mitarbeiter, die diese Art der Führung ablehnen. Die Zielvereinbarungen mehr als skeptisch gegenüberstehen. Aus Angst, dass der Leistungsdruck zunimmt. Sie überfordert werden oder eine zu hohe Verantwortung tragen müssen. Hinzu kommt die Angst vor dem Versagen – vor allem dann, wenn die Ziele an Boni gekoppelt sind, also auch finanzielle Einbußen bei Nichterreichen drohen.

PRAXISTIPP:
Zielvereinbarungen – Ihre Vorteile als Führungskraft

Als Führungskraft profitieren Sie von einem Nebeneffekt: Ziele und Zielerreichung sind eine gute Basis für die Beurteilung der erbrachten Mitarbeiter- oder Teamleistung. Zumindest dann, wenn die Ziele konkret formuliert werden. Das klingt zunächst simpel. Viel zu oft scheitert es in der Praxis jedoch an oberflächlichen oder unpräzisen Zielen: »mehr Umsatz« beispielsweise oder »Neukundengewinnung«. So formuliert, stiften Ziele mehr Verwirrung als Orientierung. Wie viel Mehrumsatz soll erreicht werden? In welchem Segment? In welcher Zeit? Mit welchen Kundengruppen? – Wenn Sie diese Punkte nicht bereits bei der Zielformulierung definieren, fehlt Ihnen später nicht nur eine Grundlage zur fairen Mitarbeiterbeurteilung, sondern Sie demotivieren Ihre Verkäufer auch. Denn: Nur was Sie messen können, können Sie auch messbar verbessern!

7.2. Ihre eigene Zielplanung als Vertriebsleiter

Immer wieder stelle ich in meiner Berater- und Trainer-tätigkeit fest, dass die »Ziellosigkeit« schon in der Unternehmensführung anfängt und sich auf den Vertrieb auswirkt. Da finden sich Führungskräfte zusammen, die sich zwar terminlich organisieren, aber dies eher reaktionsgetrieben auf Basis des Vorstands-Sitzungskalenders oder der Quartalszahlenbesprechungen tun. Sie treffen sich eher aus einer Mischung aus Unsicherheit, Routine, Selbstüberschätzung, etwas Wichtigtuerei und Alibi.

Jahreszielplanung Und so sehen dann auch die Entscheidungen aus: selten wirksam! Natürlich wäre es sowohl wünschenswert als auch notwendig, Ziele und alle Maßnahmen von den Kundenbedürfnissen und vom Markt herzuleiten. So bekommen Meetings mehr Sinn und Notwendigkeit. Für die Planung Ihrer Erfolge, für die Visualisierung Ihrer Ziele biete ich Ihnen hier ein einfaches Musterformular an, das Sie auf sich selbst anpassen können: das händisch oder auch online geführt werden kann. In der Praxis hat sich die Offline-Papierversion bewährt, zumindest wenn es um die gemeinsame Planung des Verkäufers mit dem Verkaufsleiter, der Führungskraft, geht. Das Resultat des Planungsprozesses kann dann online und im CRM hinterlegt und für alle sichtbar geführt werden.

Einige CRM-Systeme können die Planungen auch (automatisiert) in eine grafische Darstellung »übersetzen«. Es ist dann ein Leichtes, die Planungen mit dem aktuellen Ist-Stand abzugleichen. Solche Darstellungen sind zeitsparend (Abweichungen sind z.B. sofort erkennbar, ohne dass Details kontrolliert werden müssen) und können darüber hinaus hoch motivierend sein (wer möchte nicht den Tacho in den grünen Bereich bringen?). (Quelle: Salesforce)

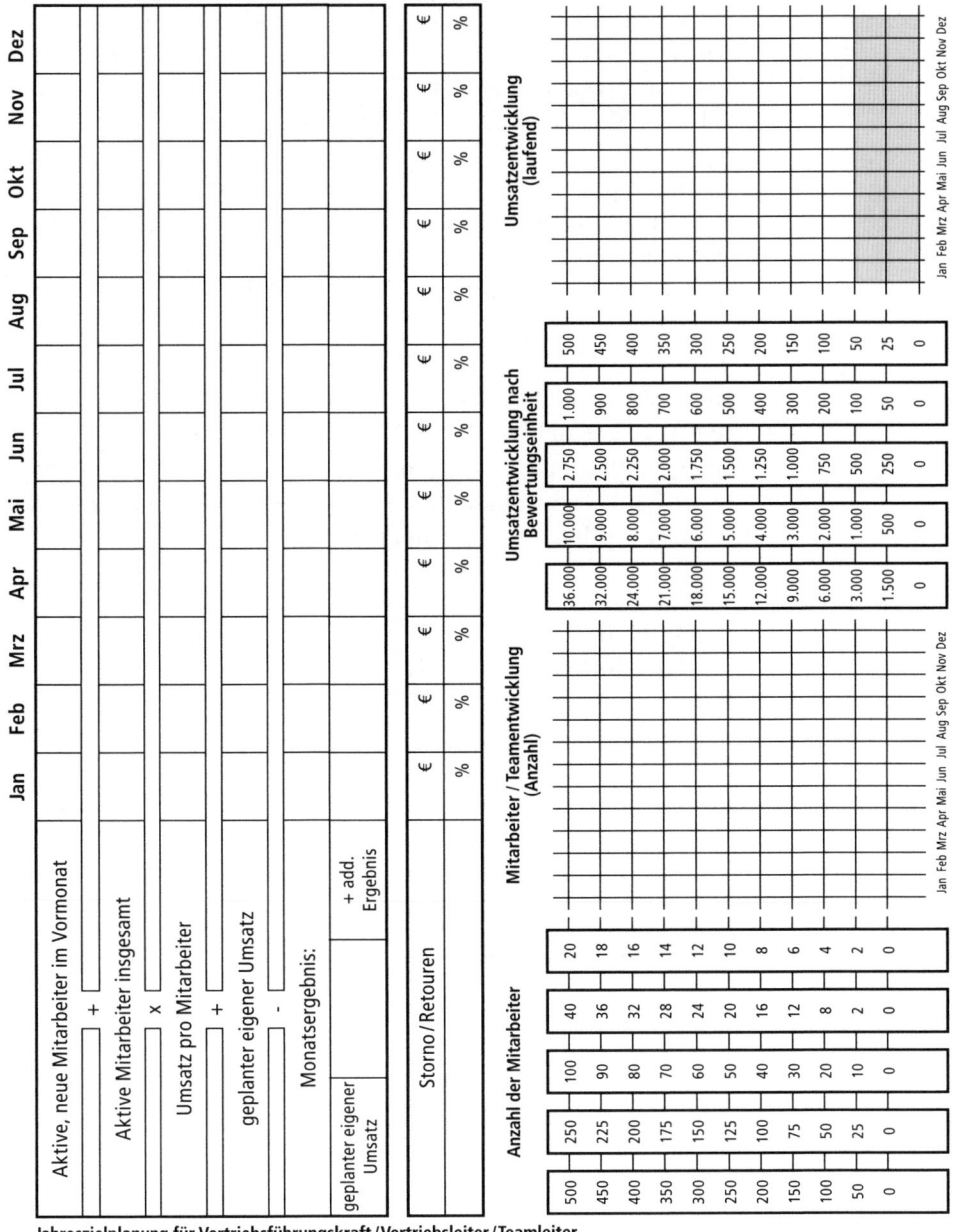

Jahreszielplanung für Vertriebsführungskraft / Vertriebsleiter / Teamleiter

Dass Ziele *SMART* – also spezifisch, messbar, attraktiv, realistisch und terminiert – sein müssen, hatten wir bereits erörtert. Aber was ist messbar? Die Umsatzsteigerung? Die Anzahl der Verkäufe? Die Zahl der neu gewonnenen Kunden? Dreimal Ja. Und trotzdem: Ganz so einfach ist es nicht (mehr). Den Erfolg eines Vertriebsmitarbeiters ausschließlich an seinen Abschluss- und Umsatzzahlen abzulesen, wäre fahrlässig. Denn dies würde bedeuten, dass viele Aufgaben im Vertrieb brachliegen würden, weil sie bei der Beurteilung keine Rolle spielen.

Nicht zuletzt fließen seit einigen Jahren zunehmend qualitative Vertriebsziele in die Zielvereinbarung, aber auch in die spätere Mitarbeiterbewertung ein. Worin unterscheiden sich quantitative von qualitativen Vertriebszielen konkret? Und warum werden letztere immer wichtiger?

PRAXISTIPP:
Quantitative Vertriebsziele

Klassische quantitative Vertriebsziele sind beispielsweise:

- Abschlusszahlen bzw. Verkaufsvolumen (Stückzahlen oder Geldwert)
- erzielte Umsätze in einem definierten Zeitraum
- Deckungsbeitrag
- Anzahl der Kundenbesuche bzw. Kundenkontakte
- Up-/Cross-Selling-Bestandskunden
- gewonnene Neukunden absolut
- reaktivierte Bestandskunden, Nullkunden, schlafende Kunden
- Manntage und Auslastung

Die oben genannten Ziele haben eines gemeinsam: Sie lassen sich relativ einfach messen. Trotzdem reicht es nicht aus, eine Zahl wie beispielsweise »Umsatzsteigerung von 30%« vorzugeben. Vielmehr müssen klare Regeln festgelegt werden. Muss definiert werden, in welchem Produktsegment die Umsatzsteigerung erreicht werden soll. In welchem Zeitrahmen. Mit welchem Kundensegment. Welche Mittel stehen dem Vertriebsmitarbeiter dafür zur Verfügung? Wie weit darf er – um einen Abschluss zu erreichen – dem Kunden entgegenkommen? Welche Werte müssen beachtet werden?

Spielregeln festlegen

Diese Spielregeln sind nötig, um die Erfolge wirklich messen zu können – und zwar sowohl auf betriebswirtschaftlicher als auch auf unternehmenskultureller Ebene. Sonst droht die Gefahr, dass Vertriebsmitarbeiter kontinuierlich Rabatte oder Sonderkonditionen gewähren, um die abgesprochenen Verkaufszahlen oder Umsatzziele zu erreichen. Mit entsprechenden Folgen: Stimmen die Verkaufspreise nicht mit den benötigten Deckungsbeiträgen überein, zahlt das Unternehmen drauf. Dies gefährdet langfristig das Unternehmen. Und dies, obwohl der Mitarbeiter seine Zielvorgaben erreicht hat.

Auch andere Maßnahmen wie beispielsweise Geschenke oder andere Mittel, die gegen die eigenen Compliance-Richtlinien verstoßen, schaden mehr als sie nützen. Denn sie widersprechen den Unternehmenswerten, der Unternehmenskultur. Dieser Widerspruch wird intern und extern nicht unbemerkt bleiben und dem Unternehmen, seinem Image langfristig schaden.

Unter Compliance versteht man die Einhaltung von Gesetzen und Richtlinien in einem Unternehmen. Vor dem Hintergrund zahlreicher Bestechungsaffären haben sich viele Unternehmen klare Compliance-Richtlinien gegeben. In ihnen steht beispielsweise, unter welchen Voraussetzungen Geschenke gemacht oder angenommen werden und welchen Wert diese Geschenke nicht überschreiten dürfen. Auch Einladungen zum Essen, zum Oktoberfest, zu Autorennen, Fußballspielen und anderen Veranstaltungen unterliegen diesen Richtlinien. Damit soll sichergestellt werden, dass sich alle Mitarbeiter gesetzeskonform verhalten und die Geschäfte nach fairen Spielregeln vereinbart und durchgeführt werden. So weit so gut. Es wird aber auch in die falsche Richtung übertrieben. So habe ich einmal ein kleines 8,55 € »teures« handsigniertes Booklet, das bei Wolters Kluwer unter dem Titel »Vermittler trifft Kunde« erschienen ist, vom Kunden mit einer zweiseitigen Begründung bzgl. »Compliance« zurückgesandt bekommen. Ohne Worte, oder? Schade!

Stehen jedoch die Spielregeln fest, können Sie Ihre Mitarbeiter fair und objektiv an ihren Leistungen beurteilen. Feststellen, ob sie die zwischen Ihnen vereinbarten Ziele auch wirklich erreicht haben. Ob sie knapp daneben lagen oder ob auch von einer Annäherung nicht die Rede sein kann. Und gemeinsam mit ihnen klären, weshalb es zu dieser überraschenden Abweichung gekommen ist. Gemeinsam Maßnahmen wie Weiterbildungen vereinbaren, um sie bei ihren Zielen für die nächsten Monate zu unterstützen.

7.3. Qualitative Ziele messbar machen

Sehr viel schwieriger wird es bei den qualitativen Vertriebszielen. Hier geht es nicht um nackte Zahlen. Im Mittelpunkt stehen vielmehr Aspekte, die dem gesamten Vertriebsteam und dem gesamten Unternehmen zugutekommen. Die auf

Wissenstransfer, auf den Teamspirit abzielen. Aber auch Aspekte, die sich erst langfristig in Erfolge ummünzen lassen – die aber für das Vertriebsteam wichtig sind.

PRAXISTIPP:
Qualitative Vertriebsziele

Typische qualitative Vertriebsziele sind beispielsweise:

- Aus- und Weiterbildung der Vertriebsmitarbeiter
- Einarbeitung neuer Vertriebsmitarbeiter
- Erstellen und Optimieren von Verkaufsunterlagen
- Entwicklung oder Überarbeitung von Präsentationen
- Entwicklung einer Nutzenargumentation für ein Produkt
- Entwicklung eines Telefonleitfadens für Inbound-Mitarbeiter
- Strategien zur Neukundengewinnung
- Definieren und Einhalten von Qualitätskriterien
- Erstellen einer Markt- und Wettbewerbsanalyse
- Wettbewerbsbeobachtung
- Einführung, Pflege oder Optimierung eines CRM-Systems
- Entwicklung von Maßnahmen, mit denen sich Bearbeitungszeiten verkürzen lassen
- Maßnahmen zur vereinfachten Bearbeitung von Reklamationen
- Service und Extraleistungen
- Entwicklung von imagesteigernden Maßnahmen

Alle diese Aufgaben gehören zu dem Arbeitsalltag Ihrer Mitarbeiter. Sie sind die Grundlage für den Vertriebserfolg. Auch der beste Verkäufer braucht Nutzenargumente, mit denen er seine Kunden überzeugen kann. Braucht eine Präsentation. Oder entsprechende Verkaufsmaterialen. Und muss anfangs eingearbeitet werden. Und vor allem muss das Ganze ständig trainiert und verbessert werden. Ein Profi-Fußballteam stellt ja auch niemals das Training ein.

Diese Aufgaben mit in die Bewertung Ihrer Mitarbeiter einfließen zu lassen, ist also fair. Aber auch schwierig. Denn jeder von uns versteht unter dem Ziel »Produktwissen verbessern« etwas anderes. Gibt sich bei der Einarbeitung neuer Kollegen mehr oder weniger Mühe. Deshalb muss für jedes dieser Ziele ein klarer Maßstab festgelegt werden. Wie viel Zeit wurde für die Einarbeitung aufgewendet? Wurden alle Fragen beantwortet? Stand der Vertriebsmitarbeiter dem neuen Kollegen auch nach dieser Phase bei Fragen zur Verfügung? Und vor allem: Hat er wirklich das Wissen vermittelt bekommen, das er benötigt? Kennt er alle zur Verfügung stehenden Vertriebswege? Kann er das CRM-System bedienen?

Ein Beispiel: Schauen wir uns das Ziel »Entwicklung einer Präsentation« einmal genauer an. Wie könnte hier eine Beurteilung aussehen? Zunächst ist es wichtig, die eigenen Anforderungen an die Präsentation zu definieren – und diese dem Mitarbeiter im Vorfeld mitzuteilen. Diese Maßstäbe dienen dann auch hinterher der Bewertung, die beispielsweise so aussehen kann:

CHECKLISTE: Beurteilung »Entwicklung einer Präsentation«

	Ziel nicht erreicht	Ziel erreicht	Teilziel erreicht	Anmerkung/ Begründung
Ansprechendes Layout	☐	☐	☐	
Unternehmensfarben/CD berücksichtigt	☐	☐	☐	

Klare Gliederung	❑	❑	❑
Inhaltliche Vorgaben finden sich wieder	❑	❑	❑
Unternehmenswerte finden sich wieder	❑	❑	❑
USP wird deutlich	❑	❑	❑
Vorteile gegenüber dem Wettbewerb formuliert	❑	❑	❑
Modularer Aufbau für verschiedene Zielgruppen	❑	❑	❑
Sämtliche Zielgruppen berücksichtigt	❑	❑	❑
Klare, einfache Sprache	❑	❑	❑
Eigenes Wording berücksichtigt	❑	❑	❑
Wertiger Eindruck	❑	❑	❑
Lässt sich auch als Handout nutzen	❑	❑	❑

Um die Teilziele zu beurteilen, können Sie beispielsweise Prozentzahlen angeben. Oder Schulnoten. Oder auch ungerade Skalen. Begründen Sie, warum Sie zu dem Ergebnis kommen. Was Ihnen fehlt. Damit geben Sie Ihrem Mitarbeiter die Chance, sein Arbeitsergebnis zu begründen.

Anderes Beispiel: Wie schaut es beispielsweise bei der Aufgabenstellung »Strategien zur Neukundengewinnung« aus? Diese Aufgabe ist weitaus komplexer als eine neue Präsentation. Hier könnte eine Bewertung beispielsweise nach folgenden Kriterien erfolgen:

CHECKLISTE:
Beurteilung »Strategien zur Neukundengewinnung«

	Ziel nicht erreicht	Ziel erreicht	Teilziel erreicht	Anmerkung / Begründung
Ist-Status richtig analysiert	❑	❑	❑	
Soll-Status richtig wiedergegeben	❑	❑	❑	
SWOT-Analyse durchgeführt	❑	❑	❑	
Zu berücksichtigende Märkte / Zielgruppen genannt	❑	❑	❑	
Zugänge zu Zielgruppen / Märkten definiert	❑	❑	❑	
Anforderungen der Zielgruppen / Märkte analysiert	❑	❑	❑	
Nutzenargumente für Zielgruppen / Märkte als Basis für Maßnahmen erstellt	❑	❑	❑	
Maßnahmen entwickelt und mit Vor- und Nachteilen erläutert	❑	❑	❑	
Prozesse aufgezeichnet	❑	❑	❑	
Zuständigkeiten definiert	❑	❑	❑	
Erste Kalkulation erstellt, Businessplan entwickelt	❑	❑	❑	
Realisierbarkeit geprüft (Budget, Manpower, Unternehmenskultur etc.)	❑	❑	❑	

Die beiden Beispiele zeigen: Auch qualitative Vertriebsziele sind messbar. Sie sollten bei der Zielerreichung jedoch genauso wie die quantitativen Ziele ganz klaren Kriterien unterliegen. Das erfordert Disziplin – von Ihnen. Denn Sie müssen sich im Vorfeld darüber klar werden, was genau Sie von Ihrem Mitarbeiter erwarten. Welche Aspekte die von ihm zu lösende Aufgabe – qualitativ und quantitativ – berücksichtigen soll. Nur wenn Sie das auf den Punkt bringen, kann Ihr Mitarbeiter ein gutes Ergebnis liefern. Und Sie haben eine solide Grundlage, auf der Sie seine Erfolge bewerten können.

Nachfolgend einige Beispiele für klare Zielformulierungen.

PRAXISTIPP:
Zielformulierungen

Je konkreter eine Zielformulierung ist, umso eindeutiger weiß Ihr Mitarbeiter, was Sie von ihm erwarten. Sie hingegen profitieren von einer objektiven Grundlage für die Bewertung der Mitarbeiterleistung. Klar ist auch, dass diese Ziele zunächst gemeinsam besprochen und dann festgehalten werden! Zielvorgaben sind beispielsweise:

- »Ich erwarte von Ihnen, dass Sie bis zum 15.12. dieses Jahres Ihren Umsatz um 15 % erhöhen. Dazu stehen Ihnen folgende Mittel zur Verfügung ...«

- »Wir haben im letzten Jahr in der Branche Automotive einen Umsatzrückgang hinnehmen müssen. Ich möchte deshalb, dass Sie bis zum 15.12. dieses Jahres drei Neukunden aus dieser Branche gewinnen. Diese sollten einen jährlichen Umsatz von xy Millionen machen sowie mindestens xyz Mitarbeiter beschäftigen. Potenzielle Kunden finden Sie unter anderem in unserem CRM-System ...«

- »Unser Wettbewerber Höhselschnöh hat im vergangenen Jahr den Abstand zu uns auf X % verringert. Wir müssen deshalb bis zum 15.12. unser Profil besser herausarbeiten. Ich erwarte von Ihnen, dass Sie sich die bestehende Produktpräsentation ansehen und sie überarbeiten. Bitte achten Sie vor allem darauf, dass unsere Nuggets (USPs) deutlich werden, dass Sie die folgenden drei Zielgruppen berücksichtigen ... und dass die

Präsentation unser Corporate Design integriert wird. Schön wäre zudem, wenn Sie folgende zwei Aspekte einbauen ... So sollte der alte Abstand wieder hergestellt und noch ausgebaut werden können!«

- »Wir werden unser Team in diesem Jahr aufstocken und vier neue Vertriebsmitarbeiter einstellen. Für die Einarbeitung habe ich Sie und Herrn Hinz vorgesehen. Bitte stellen Sie sicher, dass die neuen Kollegen innerhalb von vier Wochen unsere Produkte und Vertriebswege kennenlernen, mit dem CMS umgehen können, die wichtigsten Ansprechpartner in den Abteilungen kennen und erste, kleine Vertriebsaufgaben eigenständig gelöst haben. Gerne können Sie mir einen Zwischenbericht geben – beispielsweise, wenn sich die neuen Kollegen unerwartet schwertun. Dann können wir gemeinsam überlegen, wie wir damit umgehen. Unser Umsatz-/Ertragsziel hierfür liegt bei XYZ!«

Ob die neuen Mitarbeiter sich das gewünschte Wissen mithilfe der Kollegen angeeignet haben, lässt sich beispielsweise durch einen entsprechenden Test überprüfen. Werden Ihre Erwartungen nicht erfüllt, gilt es in diesem Fall genauer hinzuschauen:

- Wie viel Mühe hat sich der Mitarbeiter bei der Einarbeitung der neuen Kollegen gegeben?
- Wo hat es gehakt?
- Haben ihm die neuen Mitarbeiter überhaupt die Chance gegeben, Wissen zu vermitteln?
- Hätte er sich melden sollen oder gar müssen?

Gerade, wenn es um zwischenmenschliche Aspekte geht, ist Vorsicht bei den Bewertungen gefragt.

Zielvereinbarungen als Basis für Prämien und Boni

Bei variablen Vergütungen ist die Erreichung von Zielen dafür ausschlaggebend, welches Jahreseinkommen Ihr Mitarbeiter letzten Endes wirklich hat. Um Unruhe und das Gefühl von ungerechter Behandlung zu vermeiden, sollte deshalb von Anfang an festgelegt werden, welche Prämie in welcher Höhe bei der Erreichung welcher (Teil-)Ziele ausbezahlt wird. Diese Vereinbarung wird schriftlich festgelegt und von beiden Seiten unterschrieben.

Aussehen kann eine solche Zielvereinbarung wie folgt:

Persönliche Zielvereinbarung für das Jahr _____

Name des Mitarbeiters: ....

Verkäufernummer: ....

Name der Führungskraft: ....

Festgesetzte Ziele:

Ziel 1: ....

Ziel 2: ....

Ziel 3: ....

Bei Erreichung der Ziele erhält der Mitarbeiter Prämien in folgender Höhe:

Ziel 1:   bei 150 % erreichtem Ziel: .... Euro

bei 100 % erreichtem Ziel: .... Euro

bei 80 % erreichtem Ziel: .... Euro

bei 50 % erreichtem Ziel: .... Euro

Unter 50 % wird keine Prämie ausgezahlt.

Dabei gelten folgende Kriterien:

Zu 150 % ist das Ziel erreicht, wenn

....

....

....

Zu 100 % ist das Ziel erreicht, wenn

....

....

....

Zu 80 % ist das Ziel erreicht, wenn

....

....

....

Ziel 2:   bei 150 % erreichtem Ziel: .... Euro

bei 100 % erreichtem Ziel: .... Euro

bei 80 % erreichtem Ziel: .... Euro

Unter 80 % wird keine Prämie ausgezahlt.

Dabei gelten folgende Kriterien:

Zu 150 % ist das Ziel erreicht, wenn

....

....

....

Zu 100 % ist das Ziel erreicht, wenn

....

....

....

Zu 80 % ist das Ziel erreicht, wenn

....

....

....

Ziel 3:   bei 150 % erreichtem Ziel: .... Euro

bei 100 % erreichtem Ziel: .... Euro

bei 80 % erreichtem Ziel: .... Euro

Unter 80 % wird keine Prämie ausgezahlt.

Dabei gelten folgende Kriterien:

Zu 150 % ist das Ziel erreicht, wenn

....

....

....

Zu 100 % ist das Ziel erreicht, wenn

....

....

....

Zu 80 % ist das Ziel erreicht, wenn

....

....

....

Datum

Unterschrift Mitarbeiter   Unterschrift Führungskraft

Bei der Auszahlung der Boni gibt es verschiedene Möglichkeiten. So kann beispielsweise der Bonus monatlich ausgezahlt werden, wenn ein Mitarbeiter das Ziel zu 100 % oder mehr erreicht. Oder aber der Bonus wird am Jahresende festgestellt und festgefroren. Nach ein bis drei Jahren wird er dann multipliziert mit der Veränderung ausgekehrt.

Vertriebsziele als Instrument verstehen und nutzen Die Erreichung der Vertriebsziele ist für Ihre Mitarbeiter im Hinblick auf ihr Einkommen wichtig. Vertriebsziele dienen der Motivation, der Leistungssteigerung und der Orientierung. Der eigentliche Sinn von Vertriebszielen liegt jedoch in ihrer Funktion als Führungsinstrument.

Vertriebsziele geben Ihnen die Möglichkeit, das Erreichte fair zu messen und zu bewerten. Ihrem Mitarbeiter Feedback zu geben. Sinnvolle Maßnahmen zu definieren, mit denen die Mitarbeiter gefördert werden können. Und solche, mit denen der Vertrieb – und damit das Unternehmen als solches – gestärkt werden kann. Bei der Formulierung der Vertriebsziele sollten deshalb verschiedene Aspekte berücksichtigt werden. Dies fängt bei der Unternehmensstrategie an: Was will das Unternehmen in den nächsten 12, 24, 36 Monaten erreichen? Welcher Umsatz soll erzielt werden? Welche neuen Märkte, welche Branchen erschlossen werden? Welche Märkte schrumpfen? Welche wachsen? Welche Produkte sollen neu auf den Markt gebracht, welche bestehenden forciert werden? Gleichzeitig gilt es, die Vertriebsmitarbeiter nicht zu überfordern. Ihnen nicht durch unrealistische Ziele die Motivation, die Luft zum Atmen zu nehmen. Den Spaß an der Arbeit. Achten Sie darauf, in stagnierenden Märkten keine rasant steigenden Umsätze zu erwarten. Verlangen Sie nicht, dass Produkte verkauft werden, die sich längst überholt haben. Schaffen Sie unbedingt eine hohe Identifikation mit den Produkten und mit der Dienstleistung. Heute werden Lösungen und Erkenntnisse verkauft. Wenn überhaupt. Geht der Trend doch eindeutig hin zur Moderation im Verkauf, zu guten Fragen im Verkauf, zur Haltung des »Kaufen lassens«. Gewährleisten Sie, dass sich das Erreichen qualitativer Ziele genauso positiv auf die Boni auswirkt wie das Erreichen quantitativer Ziele. Achten Sie darauf, dass Ihr Mitarbeiter die persönlichen Voraussetzungen mitbringt, um diese Ziele zu erreichen.

PRAXISTIPP:
Vermeiden Sie Überforderungen und Unterforderungen bei Ihren Mitarbeitern!

Achten Sie darauf, dass jeder Mitarbeiter nicht mehr als fünf Ziele hat, die er gleichzeitig verfolgen soll. Mehr ist unrealistisch, (viel) weniger demotiviert die Menschen aber. Denn Verkäufer wollen gefordert werden – vergessen Sie das nicht!

Um ein Gelingen zu ermöglichen und Langeweile zu vermeiden, sollten die Ziele aus verschiedenen Ebenen kommen. Typischerweise sind dies:

• wirtschaftliche bzw. finanzielle Ziele wie Umsatzsteigerung, Neukundengewinnung oder Erschließung neuer Märke bzw. Branchen

• Ziele aus dem Bereich Kundenbeziehung bzw. -pflege wie Erhöhung der Kundenzufriedenheit, Rückgang der Reklamationszahlen etc.

• Ziele aus dem Bereich Prozessoptimierung wie schnellere Bearbeitung von Anfragen

- Ziele aus dem Bereich Teamorientierung wie beispielsweise die Einarbeitung neuer Kollegen

Mein Tipp: Integrieren Sie zudem ein motivierendes Ziel, das der Profilierung des Mitarbeiters dient und ihn beruflich anspornt.

Fazit

Dies ist für mich aus diesem Kapitel besonders wichtig – um diese Punkte werde ich mich noch genauer kümmern:

1) _____

2) _____

3) _____

4) _____

5) _____

6) _____

7) _____

8) _____

9) _____

10) _____

Controlling: So nutzen Sie einfach Vertriebskennzahlen

IHR CHECK AUF EINEN BLICK: Worum es in diesem Kapitel geht

WAS ist in diesem Aufgabengebiet zu tun?	► Managementaufgaben, also die klassische Vertriebssteuerung mittels Vertriebskennzahlen, ist neben der Menschenführung Ihre zweite Pflicht. Mehr als hundert verschiedene Kennzahlen sind für Marketing und Vertrieb definiert – sie werden in unzähligen individualisierten Varianten genutzt. ► In dieser Phase stellen Sie das Set an Vertriebskennzahlen auf, das Sie zur Steuerung Ihres Vertriebs benötigen.
WARUM ist es zu tun?	► Wenn Ziele das Herz Ihrer Vertriebsführung sind, dann sind Vertriebskennzahlen das Hirn. ► Bei den Vertriebskennzahlen greifen Führung und Management ineinander, denn das Zahlenwerk muss stimmig sein und Ihnen auf einen Klick den Überblick über Umsatzentwicklung, Gewinnerwartung, Trends und Risiken geben.
WIE konkret ist es zu tun?	► Sie legen das für Ihr Unternehmen entscheidende Set an Vertriebskennzahlen fest. ► Sie aktualisieren diese in zeitlichen Abständen, um Marktentwicklungen sowie den sich ändernden quantitativen und qualitativen Zielen gerecht zu werden. ► Sie gleichen die Vertriebskennzahlen, Quoten und Werte mit Benchmarks ab – und lernen, wo Sie an Branchenbenchmarks herankommen. ► Sie nutzen Ihr Set an Vertriebskennzahlen zum Risikomanagement und zum Forecasting.

Die Zielvorgaben kennen wir, nun geht es darum, in der operativen Planung die Zielvorgaben in Ergebnisse umzusetzen, diese regelmäßig nachzuhalten, zu kontrollieren und Erwartungsmodelle (Forecasts) zu erstellen, also Szenarien, von denen Handlungsempfehlungen und Vertriebsmaßnahmen abgeleitet werden.

8.1. Vertriebskennzahlen geben Übersicht

In der Vertriebssteuerung nutzen wir die Instrumente der Vertriebserfolgsrechnung, die die Beziehung zwischen Produkt und Markt analysiert, und die Vertriebskennzahlen, die Vorgaben (Soll-Zahlen) und Quoten sowie Werte (Ist-Zahlen) für die einzelnen Vertriebsprozesse beschreiben.

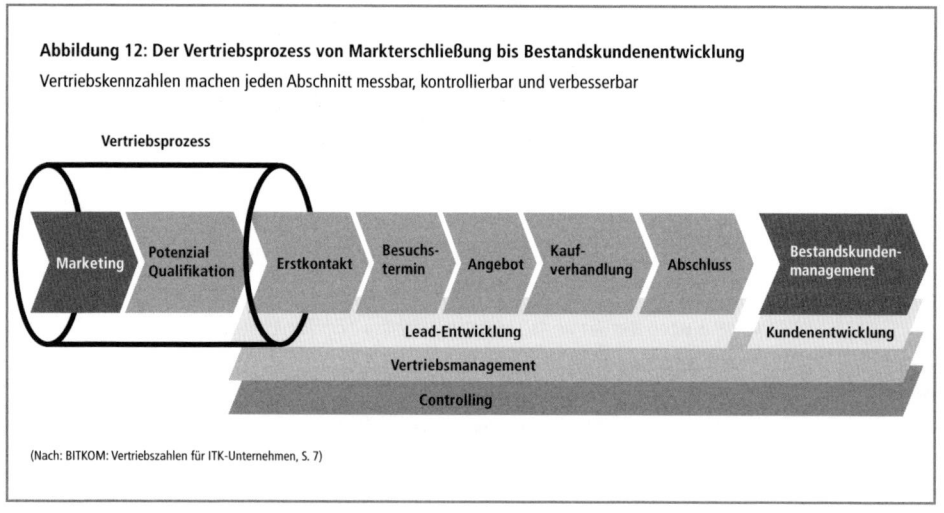

Abbildung 12: Der Vertriebsprozess von Markterschließung bis Bestandskundenentwicklung
Vertriebskennzahlen machen jeden Abschnitt messbar, kontrollierbar und verbesserbar

Vertriebsprozess

Marketing · Potenzial Qualifikation · Erstkontakt · Besuchstermin · Angebot · Kaufverhandlung · Abschluss · Bestandskundenmanagement

Lead-Entwicklung · Kundenentwicklung

Vertriebsmanagement

Controlling

(Nach: BITKOM: Vertriebszahlen für ITK-Unternehmen, S. 7)

Vertriebskennzahlen erfüllen fünf wesentliche Funktionen:

1. Sie sind die Grundlage für die Vertriebsplanung und den Forecast.
2. Sie dienen dem Reporting und Controlling der Vertriebsentwicklung.
3. Sie können frühzeitig Trends und Marktbewegungen andeuten.
4. Sie dienen dem Risikomanagement, da sie Schwachstellen im Vertrieb resp. der Prozesskette aufdecken.
5. Sie unterstützen die Motivation der Mitarbeiter, da sie die Basis für die Berechnung der variablen Vergütungsanteile sind.

Vertriebskennzahlen, auch Key Performance Indicators (KPI) oder Steuergrößen genannt, gibt es branchenunabhängig für sämtliche Bereiche des Verkaufs: vom Angebot bis zum After Sales, für Umsatz und Marktanteile, für die Zahl der potenziellen Kunden, für Leistung und Effizienz. Sie bilden sowohl planerische Zielsetzungen als auch operativ erreichte Ziele ab. Mit ihnen lassen sich die Erfolge in den unterschiedlichen Bereichen ablesen. Maßnahmen planen. Strategien entwickeln und korrigieren. Sie sind ständiger, wichtiger Begleiter im Vertrieb. Und sie gelten online wie offline! Die (Vertriebs-) Welt ist hybrid geworden! Untenstehend finden Sie eine Matrix, die Ihnen (waagerecht) Orientierung darüber gibt, wie hoch der Umsatz ist, den in welcher Region (Verkaufsgebiet) welcher Verkäufer mit welchem Produkt und welchen Kunden erzielt. In der Senkrechten brechen Sie die Ergebnisse nach Deckungsbeitrag, Angeboten etc. auf. Zudem finden Sie einen Vorschlag für die Priorisierung.

Orientierungshilfe für alle Bereiche des Verkaufs

Beispiel für eine Übersichtsmatrix wichtiger Vertriebskennzahlen eines Vertriebsleiters

	Region	Verkäufer	Produkt	Kunde	Umsatz
Deckungsbeitrag	1	1	1	1	1
Angebotsanzahl	2	2	2	2	3
Angebotssummen	2	2	2	2	1
Auftragsanzahl	2	2	2	2	3
Auftragssummen	2	2	2	2	1
Angebotserfolgsquoten (AEq)	2	1	2	1	
Besuchsanzahl	3	1		1	1
Neukunden	3	1	1	3	1
Altkunden – Stammkunden	3	1	1	3	1
Anzahl der betreuten Kunden		1			3
PLZ	3		3	1	
Umsatz	1	1	1	1	
Kunde	1	1	1		
Produkt	1				
Verkäufer	3				

Legendenkennzahl: ▮ 1. Priorität   ▮ 2. Priorität   ▮ 3. Priorität

(http://www.controllingportal.de/Fachinfo/Funktional/Vertriebscontrolling.html)

Standen früher Vertriebskennzahlen zu Umsatz, Marktanteil und Deckungsbeitrag im Fokus, werden heute zahlreiche weitere – auch qualitative – Vertriebskennzahlen betrachtet. Sie haben sich also genauso verändert wie der Vertrieb selbst. Mit dem Kunden 3.0 und seiner Erwartungshaltung an die Beratung haben beispielsweise Vertriebskennzahlen aus den Bereichen Kommunikation und Marketing an Bedeutung gewonnen.

Welche Vertriebskennzahlen wichtig sind, auf welche nicht verzichtet werden kann und welche nur eine nützliche, aber nicht wesentliche Zusatzinfo geben – das hängt also von zahlreichen Facetten ab. Vom Geschäftsmodell. Der Marktposition. Den Produkten. Und natürlich von der Geschäfts- und Vertriebsstrategie. Doch ganz gleich, in welcher Branche Sie arbeiten, welche Produkte Sie verkaufen: Das System der Vertriebskennzahlen ist ein wertvolles und umfassendes Informationssystem für alle Absatz-, Kunden-, Wettbewerbs- und Marktsituationen. Dies macht sie für die tägliche Arbeit so wertvoll.

Welche Vertriebskennzahlen sind wichtig?

8.2. Welche Vertriebskennzahlen brauchen Sie für Ihre Vertriebsführung?

Und dies schon bei den grundsätzlichen Überlegungen. Beispiel Markt- und Wettbewerbssituation. Kein Unternehmen kann es sich leisten, diese Aspekte bei der Vertriebsplanung zu ignorieren. Vertriebskennzahlen zum absoluten und relativen Marktanteil sind deshalb ein Muss. Genauso wie Vertriebskennzahlen zu Umsatz, Kunden, Leistung und Effizienz. Die Gewichtung dieser Zahlen ist dabei genauso individuell wie das Unternehmen und seine Vertriebsziele. Haben Sie das Ziel, den Umsatz zu erhöhen, rücken Umsatz und Marktanteil in den Vordergrund. Geht es darum, sich durch günstigere Preise am Markt zu etablieren, werden Sie mehr Aufmerksamkeit auf die Vertriebskosten und das Pricing legen.

PRAXISTIPP:
Die wichtigsten Vertriebskennzahlen

In verschiedenen Branchen und Vertrieben unterschiedlicher Größe werden meist unterschiedliche Vertriebskennzahlen erhoben. Die wichtigsten Kennzahlen zur Vertriebssteuerung sind:

1. Umsatz (mit Bezugsrahmen / Gebiet / Sektor)

2. Deckungsbeitrag (DB)

3. Akquisitionsleistung: Neukunden-Umsatz und Neukunden-DB

4. Cross- und Up-Selling-Quoten

5. Bestandskundenentwicklung nach Umsatz, Sparten und DB

6. Aktivitätserfolge im Verhältnis: Anrufe zu Terminen, Ersttermine zu Abschlussterminen, Angebote zu Aufträgen

7. Reklamationsquoten, Stornoquoten

8. Marktquoten: Marktausschöpfung, Marktanteile / relative Marktanteile

9. Durchschnittliche Bons (Consumer-Kauf), durchschnittlicher Umsatz / Quadratmeter (Ladengeschäft), Pro-Kopf-Umsätze, Produktivitäten

Hinzukommen resp. ersetzend sein können je nach Vertriebsart wichtige individuelle Vertriebskennzahlen wie Telefonquoten: Zahl der ausgeführten Anrufe (Telefonversuche) – Zahl der erreichten Adressaten – Zahl der erreichten Ziele-1 (z. B. Qualifizierung des Ansprechpartners) und Ziele-2 (z. B. Terminvergabe). Oder Empfehlungsquoten und Cross- / Up-Selling-Potenziale.

Vertriebskennzahlen sind in jeder Phase sinnvoll. In der Potenzialqualifizierung ebenso wie bei der Lead-Entwicklung, in der Angebotsphase und im Bereich Auftragsabschluss. Sie ermöglichen ein schnelles Eingreifen. Eine Korrektur. Oder die Aufstockung des Vertriebsteams.

8.3. Vertriebskennzahlen sind »umgerechnete Vertriebsziele«

In jeder Phase bedeutet das auch, dass Kennzahlen bereits als Grundlage für die Vertriebsstrategie und die Vertriebsziele dienen sollten. Das Ziel, den Marktanteil zu erhöhen, macht nur dann Sinn, wenn es entsprechendes Marktpotenzial gibt. Wenn die Wettbewerbssituation Ihnen die Chance gibt, Ihrem Wettbewerber Anteile abzuluchsen. Auch der Personalbedarf will nicht ins Blaue hinein geplant werden.

Einmal erhoben, unterstützen Vertriebskennzahlen Sie in vielen Detailplanungen. Beispiel Potenzialqualifizierung. Hier geht es schlicht darum, wie viele potenzielle Abnehmer es für Ihr Produkt überhaupt gibt. Dieses Wissen ist Voraussetzung, um Details wie Vertriebsgebiete, Vertriebsziele, die Größe des Teams sowie die Vertriebskosten überhaupt planen zu können.

Betrachtet werden dabei Adressdaten, Detailinformationen zu Ansprechpartnern bis hin zu konkreten Bedarfssituationen. Die Ergebnisse der Potenzialqualifizierung werden dem Vertrieb über das CRM-System zur Verfügung gestellt oder aber direkt vom Vertrieb erarbeitet. Dieser kann dann die weitere Planung vornehmen: beispielsweise die Größe der Vertriebsgebiete so definieren, dass sie vom Außendienst beherrschbar sind. Dass die potenziellen Kunden gerecht verteilt sind. Andere Gebiete als irrelevant einstufen, weil dort zu wenig Potenzial ist. Häufig ist es sinnvoll, für diese Entscheidungen auch den absoluten Marktanteil des eigenen Unternehmens sowie die Wettbewerbssituation anzusehen.

Die Vertriebskennzahl »Potenzialqualifizierung« kann zudem als Grundlage für die Budgetierung von Kommunikationsmaßnahmen, zur Personalbedarfsplanung und zur zeitlichen Planung von Vertriebsmaßnahmen genutzt werden.

Die Detailplanung betrifft übrigens auch den einzelnen Kunden. Dank CRM-Systemen wie Salesforce sowie den Lösungen von SAP oder Oracle stehen den Verkäufern zahlreiche Informationen zur Verfügung – sofern die Daten richtig gepflegt werden. So lässt sich nicht nur erkennen, welche Produkte er bereits gekauft hat – Ihr Mitarbeiter kann auch Cross-Selling- und Up-Selling-Potenziale erkennen.

PRAXISTIPP:
Vertriebskennzahl »Potenzialqualifizierung«

Wie lässt sich die Vertriebskennzahl *Potenzialqualifizierung* in der Mitarbeiterführung nutzen? Je nach Vertriebsstrategie können Sie mit Ihrem Mitarbeiter z. B. folgende quantitative Ziele vereinbaren:

- definierte Anzahl von Terminvereinbarungen in einem bestimmten Zeitraum
- definierte Anzahl von Besuchen im definierten Zeitraum
- Steigerung der aktiven Kunden um XX Prozent
- Erhöhung des Marktanteils in einem definierten Vertriebsgebiet um XX Prozent
- Umsatzerhöhung in einem definierten Vertriebsgebiet um XX Prozent

Qualitative Ziele wären beispielsweise:

- Neustrukturierung der Vertriebsgebiete
- Entwicklung einer Marketingstrategie für neue Vertriebsgebiete
- Entwicklung und Realisierung von Marketingmaßnahmen

Eine weitere wesentliche Vertriebskennzahl ist die der Lead-Entwicklung. Genauer gesagt geht es hier um mehrere Teilkennzahlen. Diese orientieren sich an den verschiedenen Phasen vom Erstkontakt bis zum Abschluss. Unterteilt werden kann bei Bedarf auch nach Branche, Produkt oder anderen Aspekten. Werden die einzelnen Kennzahlen gemeinsam analysiert, können entsprechende Maßnahmen zur Vertriebs-Eigensteuerung abgeleitet werden, verschiedene Vorgehensweisen verglichen sowie Frühwarnsysteme für die Effizienz der Lead-Generierung eingeführt werden.

Vertriebskennzahl
»Lead-Generierung«

Mögliche Teilkennzahlen sind beispielsweise Anzahl Kontakte / Besuche pro Zeiteinheit, Mitarbeiter, Partner oder Pro-Kopf-Umsätze. Sie geben Auskunft über die Besuchs- und Kontakthäufigkeit der Vertriebsmitarbeiter, lassen Vergleiche mit anderen Teammitgliedern zu und erlauben so, Kriterien für den Vertriebserfolg abzuleiten.

Teilkennzahl Nummer zwei sind die Interessenten. Die Zahl definiert das Verhältnis der Zahl der zu bearbeitenden Leads, die eine hohe Abschlusswahrscheinlichkeit haben, mit den potenziellen Kunden / Interessenten im Sales Funnel. Diese Teilkennzahl dient der Steuerung von Akquise-Maßnahmen. Die Kennzahlen werden regelmäßig erhoben und mit der prozentualen Auftragswahrscheinlichkeit sowie der Gesamtzahl der bearbeiteten Leads in Bezug gesetzt.

Wie sind die Interessenten auf das Produkt aufmerksam geworden? Damit beschäftigt sich die dritte Teilkennzahl. Mit ihr lässt sich die Wirksamkeit der Marketinginstrumente erkennen und steuern. Interessant ist dies vor allem für den Multichannel-Vertrieb. Um die Daten zu erfassen, bietet sich eine Kundenbefragung an, in der verschiedene Optionen abgefragt werden.

Der Forecast ist die vierte Teilkennzahl bei der Lead-Generierung. Sie dient dazu, Abweichungen vom Soll frühzeitig zu erkennen und entsprechende Maßnahmen einzuleiten. Beispielsweise, indem Kosten-, Umsatz- und Investitionsbudget angepasst werden. Interessant sind die Teilkennzahlen im Vertrieb vor allem dann, wenn sie im Gesamtzusammenhang betrachtet werden. Eine Teilkennzahl allein bringt nur wenig Erkenntnisgewinn.

Vertriebskennzahlen »Angebot«

Auch im Bereich Angebot gibt es verschiedene Teilkennzahlen. Hier ist vor allem die Frage interessant, in welcher Phase potenzielle Kunden aus welchen Branchen Angebote erhalten. Über welche Kanäle sie angesprochen wurden. Wie oft sie bis zum Angebot kontaktiert wurden. Anhand dieser

Kennzahlen lässt sich die Marktakzeptanz von Preis und Nutzen ebenso analysieren wie der Erfolg der Vertriebsstrategie und der Maßnahmen. Sie können aber auch der Mitarbeiterführung dienen. Beispielsweise, indem Sie als Ziel vereinbaren, dass die Zahl der Kontaktaufnahmen bis zur Angebotserstellung in einem bestimmten Zeitraum zu reduzieren ist.

Ergänzt wird die Kennzahl durch die Teilkennzahl *Angebotserfolgsquote*. Sie definiert das Verhältnis zwischen der Anzahl der abgegebenen Angebote mit der Anzahl der abgeschlossenen Aufträge. Sie kann sowohl auf das gesamte Team als auch für einzelne Mitarbeiter erhoben werden. Da der Erfolg eines Angebots von vielen Facetten abhängig ist, sagt diese Kennzahl allein wenig aus. Sie sollte vielmehr als Einstieg in die weitere Analyse verstanden werden. Ergänzt werden kann sie beispielsweise durch die Kennzahl *Auftragsverlustanalyse*, mit der die Gründe für abgelehnte Aufträge erfasst werden. Diese geben Hinweise darauf, wie die Vertriebsstrategie optimiert werden kann. Merke: Vertrieb ist immer auch Mathematik. Erfolgreiche Verkaufsleiter wissen genau, wie viele Kontakte, wie viele Termine und Gespräche, wie viele Angebote und in welcher Höhe notwendig sind, um ihre Ziele zu erreichen. Und das wissen sie bei jedem Mitarbeiter, sie wissen es für das Team, für sich selbst und am Ende für das Unternehmen und für die Zielerreichung auch auf dieser Ebene!

8.4. Reporting: So controllen Sie die faktischen Kennzahlen Ihrer Vertriebsmitarbeiter auf Basis des Berichtswesens

Angenommen, Sie werden künftig als neu aufgestiegene Vertriebsführungskraft in Ihrer Firma ein kleines Vertriebsteam von – sagen wir – zehn Mitarbeitern führen. Das ist eine sehr wirksame Teamgröße! Dafür benötigen Sie in erster Linie ein gutes Berichtswesen, also ein Reporting, das Ihnen jederzeit Auskunft gibt über folgende Fragen:

- Wann ist welcher Vertriebsmitarbeiter bei welchem Kunden?
- Welche Vertriebsziele verfolgt er dort und in welcher Phase des Vertriebsprozesses ist er gerade?
- Welches Ergebnis ist eingetreten?

- In welchem Verhältnis steht dieses Ergebnis zum vereinbarten Vertriebsziel?

Selbstverständlich ist Ihr Mitarbeiter nicht auf gut Glück unterwegs. Er braucht einen genauen Plan, wen er wann mit welchem Ziel besuchen wird. Bewährt hat sich dabei die Wochenplanung. Diese wird in der Regel am Wochenende – meist samstags oder sonntags – von den Verkäufern erstellt. So können sie am Montag per Pkw, Zug oder Flugzeug zum ersten Termin durchstarten und verlieren keine Zeit.

Sie als Führungskraft geben Ihren Mitarbeitern dabei vor, wie viele Telefongespräche und persönliche Gespräche Sie von Ihrem Mitarbeiter in einer Woche erwarten. Auch die Frequenz der Kontaktaufnahme zu potenziellen und bestehenden Kunden sollte zwischen Ihnen und Ihrem Mitarbeiter vereinbart werden.

Klare Vereinbarungen treffen

Festgelegt wird dies u. a. in den Jahresgesprächen. Bei neuen Mitarbeitern zudem in den Zielvereinbarungsgesprächen bei der Einstellung bzw. in und / oder nach der Probezeit.

Dabei wird auch geklärt, wie und in welchen Abständen Sie die Reportings erhalten. Je nach Ihrer persönlichen Arbeitsweise können Sie beispielsweise Ihre Mitarbeiter auffordern, Tagesreportings morgens bis 8.00 Uhr per Mail zur Verfügung zu stellen. Oder Sie benennen intern jemanden, der die Reportings bis 9.00 Uhr für Sie auswertet und die Inhalte zusammenfasst, und Sie schauen sich stichprobenweise einzelne Reportings an – vor allem die der neuen Mitarbeiter. Bei anderen Mitarbeitern reichen vielleicht Wochen- oder Monatsreportings aus. Erfolgreiche Führung und Controlling (Steuerung) müssen individuell sein. Wenn ein sehr guter Verkäufer zehn Jahre oder mehr Erfahrung mitbringt, dann führt er sich oft selbst. Hier gilt der Grundsatz: laufen lassen. Aktiv einbringen sollte sich ein Leader immer da, wo es notwendig ist. Bei neuen Verkäufern, wenn Produkte neu eingeführt werden, wenn es Veränderungen im Verkaufsbereich gibt, wenn die Ziele sehr ehrgeizig und schwer erreichbar sind. Gute Führungskräfte sind aufmerksame Kenner ihrer Mannschaft und sie sind punktuell wirksam.

In der Praxis haben sich dabei abhängig von der Mitarbeiterzahl folgende Ansätze bewährt:

Führungscontrolling

Kleine Mannschaft (ca. 5 Mitarbeiter)	Große Mannschaft (ca. 10 und mehr Mitarbeiter)
ein bis zwei Vertriebskennzahlen für gutes Vertriebscontrolling	mehrere Vertriebskennzahlen erforderlich
formloses Berichtswesen ausreichend	systematisches Berichtswesen erforderlich
wöchentliche Statusbesprechungen	monatliche Statusbesprechungen; erfolgreiche Verkäufer besonders positiv herausstellen
persönliche Führung durch Gespräche und kleine Besprechungen	zusätzlich Führung auf Distanz, häufige Telefonate, Nutzung Internet, Social Media etc.
individuelles Eingreifen und regelmäßige Entwicklungsbegleitung von Mitarbeitern	nur fallweise individuelle Anleitung möglich
neue Mitarbeiter mit wenig Erfahrung können durch intensive Anleitung zu guten Verkaufserfahrungen geführt werden	Mitarbeiter müssen aktiv und individuell Unterstützung bei der Führungskraft anfordern
Aktivitäten des Teams im Detail erfassbar, es kann regelmäßig Feedback gegeben werden	Aktivitäten des Teams nur sporadisch erfassbar; regelmäßiges Feedback nur vereinzelt möglich

Diese Angaben sind Erfahrungswerte. Bei neuen Mitarbeitern, befristeten Verkaufsaktionen und ähnlichen Situationen sind andere Reporting-Intervalle häufig sinnvoll. Beispielsweise, um den neuen Mitarbeiter besser beobachten,
seine Leistungen besser einschätzen zu können. Und sich
selbst die Option offenzuhalten, zeitnah eingreifen zu können. Gerade in den ersten Monaten sollten Sie deshalb auf
täglicher Berichterstattung bestehen – möglichst im persönlichen Gespräch. Je kleiner das Verkaufsteam ist, desto intensiver ist der Kontakt im Team. Keiner kann sich verstecken.
Auch die Führungskraft ist aktiv und direkt am Kunden gefordert. Wie ein Spielertrainer im Fußball wechselt sie sich
bei Bedarf ein und macht das Tor (den Abschluss). Werden
die Teams und wird die Verantwortung größer, gilt der
Grundsatz, als Führungskraft so zu handeln, dass man schrittweise entbehrlich wird. Hier sollten die Führungskräfte den
sehr guten Mitarbeitern mehr zutrauen, ihnen ebenso mehr
Verantwortung übertragen. Nur so kann mehr Wirkung erzielt werden, die Führungskraft schont sich und ihre Kräfte
und sie bleibt frisch und wirksam.

Die Reportings helfen auch Ihren Mitarbeitern beim täglichen oder wöchentlichen Soll-Ist-Abgleich. Werden die Ziele
erreicht? Übererfüllt? Hakt es? Wenn ja, wo? Wenn der Mitarbeiter diese Information schwarz auf weiß vor Augen hat,
kann er sich selbst besser führen und bei Bedarf aktiv Hilfe
einfordern und gegensteuern.

Für die Reportings selbst biete ich Ihnen hier zwei Berichts-
formulare aus der Praxis an, die Sie gemäß Ihrer eigenen
Branche respektive Unternehmensspezifika anpassen und
offline wie online verwenden können:

Left table (rotated column headers):

Lfd. Nr.	Tag	Ort	Name, Vorname	PLZ, Wohnort / Straße, Hausnummer	Telefon, Mailadresse, Homepage, Social Media, Blogs	Beruf	Sonstige Informationen	Ergebnis (€)	Einheit

Resultate

Name, Vorname:
Verkäufer-Nummer:
Verkaufsbereich:
Vertragsbeginn:

Laufende Woche	Wochen additiv

Produktivität

	Anzahl VG	Anz. Abschlüsse	Anz. Empf.	Umsatz
Laufende Woche				
Additiv pro Monat / Jahr				

Empfehlungen

	Anzahl VG	Anz. Abschlüsse	Anz. Empf.	Umsatz
additiv				
davon unbearbeitet				
davon bearbeitet				
keinen Termin erhalten				
durchgeführte Termine				
noch offene Termine				

Verhältniswerte
Zur Ermittlung Ihrer eigenen Effektivität und Analyse

Empfehlungen : Termine
_____ : _____

Termine : Verkaufsgespräche
_____ : _____

Verkaufsgespräche : Abschlüsse
_____ : _____

Vertriebskennzahlen: Berichtswesen: Erfassungsbogen Kunden durch Vertriebsmitarbeiter

Anzahl VK im Team incl. eigener Person:	Name, VK-Nr.: _____ : _____		**Bericht**
Kennziffer MA x Monat additiv:	Verkaufsleiter:	seit:	laufende Woche:

Verkaufen

Lfd. Nr.:	Dat.	Kunde	Kenn-zahl	Ergebnis €	Einheit

Begleiten im VK / Teamverkauf

Lfd. Nr.:	Dat.	Mitarbeiter	Kunde	Ergebnis €	Einheit

Rekrutierungen / Einstellungsgespräche

Lfd. Nr.:	Dat.	Name	Ergebnis	Bemerkungen

Ausbildung / Training

Lfd. Nr.:	Dat.	Teilnehmer	Thematik	Dauer

Eigene Produktivität

	Anzahl VG	Anzahl Abschlüsse	Anzahl Empfehlungen
Lfd. Woche			
Additiv in Periode			

Gruppe Produktivität

	Anzahl VG	Anzahl Abschlüsse	Anzahl Empfehlungen
Lfd. Woche			
Additiv in Periode			

durchschnittlicher Pro-Kopf-Umsatz	für die lfd. Woche: _____ : _____ = _____ €/Woche	additiv in Prod. Hj.: _____ : _____ = _____ €/Monat

Verhältniswerte Gruppe (lfd. Woche)

Empfehlungen : Termine	_____ : _____ =	
Termine : VG	_____ : _____ =	
VG : Abschlüsse	_____ : _____ =	

Verhältniswerte Team (additiv Periode)

Empfehlungen : Termine	_____ : _____ =	
Termine : VG	_____ : _____ =	
VG : Abschlüsse	_____ : _____ =	

Vertriebskennzahlen: Überblicksbogen

8.5. Der Vertriebs-Forecast

Die von Ihnen erhobenen und berechneten Vertriebskennzahlen nutzen Sie für das Forecasting, also für die »realistische Umsatzerwartungsrechnung« für zukünftige Zeiträume.
Immer wieder ist leider festzustellen, dass das Forecasting
fehlerhaft, weil zu optimistisch betrieben, und damit ein
wichtiger Warnmechanismus ausgehebelt wird, sodass »am
Ende des Umsatzes oft noch zu viel Monat übrig ist«, bis die
nächsten Umsätze fließen.

Wie realistisch sind Umsatz-erwartungen? Worin liegen die Planungsfehler begründet? Oft schlicht in
einer zu geringen Datenmenge, aus der die Quotierungen be-
rechnet werden. Beispiel: Ist die Zahl der Key-Account-Sales
noch recht klein, ist die Berechnung des durchschnittlichen
Sales Cycles, also des Zeitraums zwischen Erstkontakt und
Abschluss respektive Zahlungseingang – und dieser kann sich
bei hochvolumigen oder erklärungsbedürftigen Produkten
oder Dienstleistungen über sehr lange Zeiträume hinzie-
hen –, womöglich nicht ganz zutreffend. Oder die Wahr-
scheinlichkeitsquoten für den Abschluss sind noch nicht
konsolidiert. Oder durchschnittliche Quoten für Zahlungs-
ausfälle nicht bedacht.

Hilfreich ist es, die Umsatzplanung prozentual zu gewichten.
Also nicht nur den erwarteten Umsatz einzugeben, sondern
auch – aus dem Bauchgefühl heraus – anzugeben, wie wahrscheinlich dieser Umsatz wirklich ist.

Das CRM-System hilft zudem dabei, potenzielle Bedarfe bei
aktiven und sogenannten schlafenden Kunden aufzudecken.
Letztere sind Kunden, mit denen Sie länger als zwei Jahre
kein Geschäft gemacht haben. Auch Kunden mit Potenzial,
die bislang noch keinen Umsatz mit Ihnen gemacht haben,
können Sie in das Forecasting einfließen lassen.

Erster Tipp: Für das Forecasting pflegen Sie im CRM alle offenen Angebote mit den zu erwartenden Umsätzen, mit Deckungsbeiträgen und Zielfristen ein. Für die Berechnung des Erwartungswertes setzen Sie die Auftragswahrscheinlichkeiten (»Wahrscheinlichkeit Auftrag XY mal Umsatzsumme / Deckungsbeitrag Angebot XY«) immer etwas konservativer an, als die aktuelle Vertriebskennzahl »Trefferquote« dies erlaubt. Meine Erfahrung: Gesteigertes Risikobewusstsein führt zur effizienteren Zielerreichung. Salesforce ist hierfür aktuell im Markt sehr präsent.

Zweiter Tipp: Erweitern Sie die Sicht auf Ihre Auftragspipeline um den »Weg zum Angebot«: die Geschäftschance (Opportunity). Ein gutes CRM-System ermöglicht dies mit geringem Aufwand. Die Schritte vom Erstkontakt zum Angebot lassen sich analysieren und liefern z. B. wertvolle Erkenntnisse über die Dauer eines Vertriebszyklus Ihres Unternehmens. Ganz nebenbei kann solch ein System auch »steckengebliebene Opportunities« ganz automatisch aufspüren. Damit gehören »vergessene Kundenaktivitäten« der Vergangenheit an. (Quelle: Salesforce)

Auch für die Abschlussphase des Vertriebsprozesses – die Auftragsvergabe oder den Kauf – gibt es entsprechende Vertriebskennzahlen und Quoten. Sie geben über die individuelle Verkaufsleistung Ihrer Vertriebsmitarbeiter hinaus Auskunft über die Marktakzeptanz der Produkte und ihrer Konditionen oder auch über Marktanteilsentwicklungen sowie Marktausschöpfungen. Die Detailbetrachtungen berücksichtigen unterschiedliche Produktgruppen oder Produkte mit unterschiedlicher Marktreife oder Dauer am Markt (»Produktalterungszyklen«). Aus diesen Erkenntnissen wiederum werden Maßnahmen der Vertriebssteuerung für Marketing, Produktentwicklung etc. abgeleitet. Der Kreis schließt sich also wieder.

Vertriebskennzahlen für die Abschlussphase

8.6. Der Funnel: Trichter von Leadgenerierung bis Kaufabschluss

Beispiel Finanzbranche Schauen wir uns einmal an, wie die Lead-Gewinnung in der Finanzbranche aussieht: Von zehn verabredeten Erstgesprächen finden nicht mehr als drei bis höchstens fünf statt. Der Rest wird von den Kunden abgesagt. Manchmal, und nur wenn sie freundlich sind. Da es hier um ein sehr sensibles Thema geht – Geldanlage oder auch Vorsorge –, steht im Mittelpunkt zunächst die Beratung. Haben Sie den Kunden soweit überzeugt, dass er zumindest über Ihr Angebot nachdenken möchte, kommt es zum Zweitgespräch. Von zehn Erstgesprächen kommt es in dreißig Prozent zu Zweitgesprächen. Von diesen Interessenten unterzeichnen zwischen fünfzig bis achtzig Prozent die Verträge. Und für einen Ersttermin brauchen Sie immer zwei Verabredungen, da etwa die Hälfte aller Termine nicht stattfindet.

Anders ausgedrückt: Sie brauchen mindestens 20 Terminabsprachen, um mit zehn potenziellen Kunden zu sprechen, von denen etwa drei mit einem Zweitgespräch einverstanden sind. Von diesen drei Zweitgesprächen schließen dann ein bis zwei den Vertrag mit Ihnen ab.

Ähnlich geht es Unternehmen, die Messen für die Akquise nutzen. Stellen Sie sich vor, Sie führen auf einer internationalen Leitmesse mit Ihrem Team insgesamt 120 Gespräche. Diese Kontakte werden gepflegt und regelmäßig kontaktiert. Bei 35 dieser Ansprechpartner haben Sie im Laufe der Zeit so viel Interesse erzeugt, dass Ihr Angebot wahrgenommen wird. 14 Kontakte beschäftigen sich sogar intensiver mit Ihrem Angebot, sodass es bei acht Ansprechpartnern zu konkreten Verhandlungen kommt. Diese führen bei fünf Kontakten zu einer positiven Entscheidung. Oder nehmen wir die Trainingsbranche. Das ist B2B-Business und wir selbst erleben es so, dass in den Köpfen der Interessenten das Thema

Training als »nice to have« gesehen wird. Erst innerhalb einer kontinuierlichen Zusammenarbeit entwickelt sich daraus ein »need to have«, da klar und messbar wird, wie gute Leute ihre Zahlen verbessern. Hier erleben wir bei zehn losen, eher kalten Anfragen, dass es am Ende zu einem Auftrag kommt. Die Ausnahmen sind Buchungen aufgrund von Vorträgen zu einem meiner drei Vortragsthemen im Vertrieb. Im besten Fall kommt es zu einfachen Folgebuchungen. Dann ist die Quote bei 50 Prozent, denn es passt bei uns dann oft der Termin nicht oder wir scheitern auch schon mal am Preis. Damit leben wir aber gut! Perspektivisch werden die Unterschiede in der Betrachtung B2C und B2B kleiner. Im reinen Online-Marketing und Online-Vertrieb sind die Quoten deutlich schlechter. Je nach Branche liegt hier die »Kauf-Conversion« im kleinen einstelligen Prozentbereich.

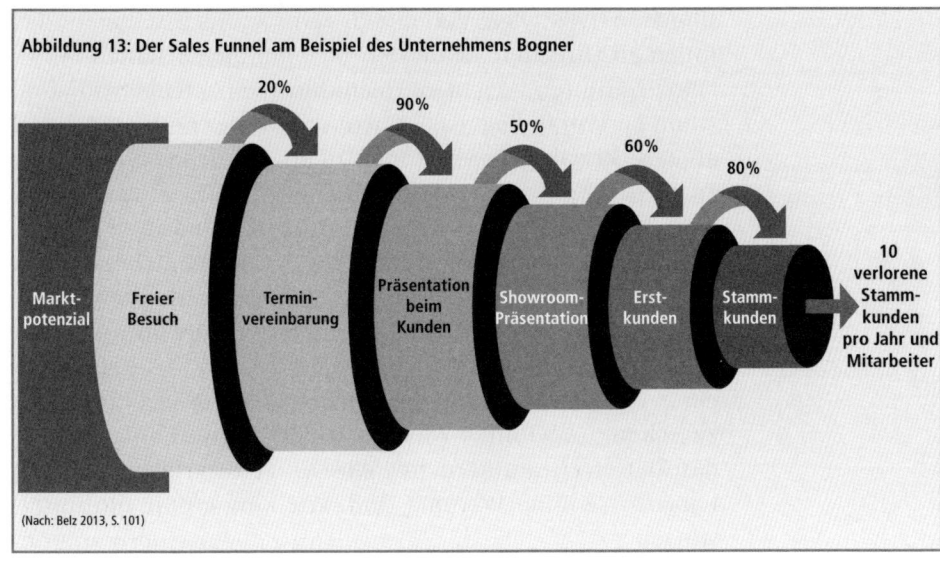

Abbildung 13: Der Sales Funnel am Beispiel des Unternehmens Bogner

(Nach: Belz 2013, S. 101)

Dieser Sales-Trichter bildet wichtige Vertriebskennzahlen ab. Sie setzen damit das Marktpotenzial für Ihre Produkte oder Dienstleistungen ins Verhältnis mit den Stufen Ihres

Vertriebsprozesses von Kaltakquise, Terminvereinbarung, Erstbesuch, Zweitbesuch, Angebot, Angebotsnachhaken, Abschluss, Neukunde zu Stammkunde. Oder wie auch immer Sie Ihren Vertriebsprozess genau strukturiert haben.

Tipp: Der Sales Funnel dient nicht nur dem übersichtlichen Controlling des Gesamtprozesses, sondern auch dem der Leistungen der jeweils einzelnen Vertriebsmitarbeiterinnen und Vertriebsmitarbeiter. Und an jeder Übergangsstelle des Funnels lassen sich im Mitarbeitergespräch konkrete Verbesserungen respektive Zielvereinbarungen besprechen und festhalten!

Sales Funnel: Ausgangspunkt für Verbesserungen und Wissenstransfer

Halten Sie Ihre Zahlen daneben. Wie viele Kontakte zum Kunden und wie viele Terminvereinbarungen sind in Ihrem Unternehmen nötig, um mit zehn potenziellen Kunden zu sprechen? Wie viele von diesen zehn Kunden schließen bei Ihnen ab? Brechen Sie diese Zahlen auf die einzelnen Mitarbeiter herunter. Weicht ein Teammitglied nach oben ab? Und wenn ja: Woran liegt das? Nutzen Sie dieses positive Beispiel als Best Practice. Fordern Sie Ihren Mitarbeiter auf, seinem Team das Erfolgsgeheimnis mitzuteilen. Wissenstransfer zu betreiben. Weicht ein Teammitglied nach unten ab, sollten Sie gemeinsam mit diesem Mitarbeiter die Ursachen ergründen. Liegt es am Vertriebsgebiet? Am Potenzial? An der Vorgehensweise des Mitarbeiters? Telefoniert er zu wenig, um Termine zu bekommen? Haben Sie den oder die Gründe gefunden, vereinbaren Sie mit ihm entsprechende Ziele. Fragen Sie zwischendurch immer wieder nach der Entwicklung. Wird er das Ziel erreichen können? Wird er Schwierigkeiten damit haben? Wenn ja: Warum? Und: Wie können Sie ihn unterstützen?

Praxisbeispiele: Konversionsrate im Einzelhandel

Einer der großen Vorteile eines Ladengeschäftes gegenüber dem Online-Handel ist das emotionale Erlebnis beim Kauf. Das Gefühl, sich selbst zu belohnen. Sich etwas Gutes zu tun.

Hier spielt Marketing eine große Rolle. Anders als Online-Shops stehen Einzelhändlern viele Möglichkeiten zur Verfügung, das Einkaufserlebnis emotional zu gestalten: mit Farben, Dekoration, dem Ladenbau als solches, Licht, Musik, mit Düften und der persönlichen Kundenansprache. Große Marken nutzen die Ansprache mit allen Sinnen. Gestalten ihre Marke, den Kauf ihrer Produkte als emotionales Markenerlebnis. Hilfiger macht dies. Boss und Apple sowieso. Nespresso und Suitsupply ebenso. Sie locken damit ein bestimmtes Publikum gezielt an. Hier sprechen wir von Transaktionsquoten. Wenn also 100 Personen ein großes Einzelhandelsgeschäft betreten, kaufen 10, wenn sie nicht kontaktiert werden. Sobald eine Begrüßung durch den Verkäufer auf der Fläche erfolgt, sobald ein Gespräch geführt wird, steigt die Käuferzahl (je nach Branche) auf bis zu 30 an. Anders ist es im Außendienst. Hier finden wir unterschiedliche Quoten vor. Im Pharmabereich, in der Akquise von Ärzten, ist die Quote schnell mal 10 : 1, im B2B-Vertrieb in der Industriebranche haben wir 7 : 1 und in der Finanzdienstleistung 5 : 1, im besten Fall mal 3 : 1.

Aber auch Ketten sind Marken, sind Anbieter, die mit unterschiedlichen Strategien um Kunden buhlen. Und dies mit unterschiedlichem Erfolg. Dabei hat jede Kette ihre eigene Strategie.

Die Strategie der Ketten

Schauen wir genauer hin – betrachten wir beispielhaft drei Anbieter. Alle drei nutzen als Vertriebskanal Ladengeschäfte. Dort werden die Produkte mal mehr, mal weniger attraktiv angeboten. Die erste Hemmschwelle zum Kauf liegt jedoch in einer viel früheren Phase: Um zu kaufen, muss der Kunde das Geschäft zunächst einmal betreten.

Ob er das macht, hängt von verschiedenen Umständen ab. Ein Teil davon fällt unter das Stichwort Potenzialanalyse. Dazu gehört die Lage des Shops und damit auch die Zahl der potenziellen Laufkundschaft. Die Frequenz, mit der die angebotenen Waren in der Regel eingekauft werden, und einiges mehr.

Beispiel Fressnapf Achten wir zunächst auf die Lage: Beispiel 1 – Fressnapf – bevorzugt Standorte in Gewerbegebieten oder auf »der grünen Wiese«. Gegenden ohne Laufkundschaft. Wer hier einkaufen möchte, fährt gezielt zur nächsten Filiale. Und kauft: 85 Prozent der Besucher, die den Tierfutter-Shop aufsuchen, verlassen ihn nicht ohne Ware. Weil sie einen konkreten Bedarf haben, den sie dort decken möchten. Und deshalb gezielt ins Gewerbegebiet fahren. Sie kaufen gezielt ein. Dies belegt die Einkaufsdauer von durchschnittlich sieben Minuten. Sie kennen das Konzept und schauen links und rechts noch nach einem Extra für ihren tierischen Liebling. Zahlen dann zügig und fahren wieder. Dabei geben die Kunden – die zu 90 Prozent Frauen sind – durchschnittlich 19 Euro pro Besuch aus.

Beispiel MediaMarkt Auch die Märkte des Elektronikhandels MediaMarkt liegen eher am Stadtrand und sprechen damit Kunden an, die den Weg bewusst in Kauf nehmen. Eher Stammkunden. Parkplätze sind hier kein Thema. Die Konversionsrate – also die Anzahl der Interessenten, die zu Käufern werden – liegt hier brutto immerhin noch bei ca. 46 Prozent.

Woran liegt das? An der Lage? Auch – aber nicht nur. An dem Einkaufserlebnis? Vergleichen wir die Konversionsrate mit der eines Wettbewerbers, der ein sehr ähnliches Angebot hat: Saturn. Diese Handelskette bevorzugt Ladengeschäfte in der Stadtmitte. Die Lage ist selbstverständlich sehr bewusst gewählt, denn so profitiert Saturn von der Laufkundschaft. Wenn man in den Laden kommt, scheint das Konzept aufzugehen: Die Abteilungen, die Gänge sind voll. Aber: Nur ca. 37 Prozent derjenigen, die hier stehen und schauen, die in CDs reinhören, kaufen auch etwas ein.

Daraus abzuleiten, dass Geschäfte in Gewerbegebieten Zukunftschancen haben, während Shops in der Innenstadt aussterben, wäre fatal. Es wird in der Innenstadt schlicht eine breitere Schicht mit mehr Produkten angesprochen, die für viele Menschen interessant sind. Wie viele Menschen haben ein Fernsehgerät? Und wie viele einen Hund oder Katze?

Zum anderen ist die Konversionsrate nicht allein von der Lage des Geschäftes abhängig. Das zeigt das Beispiel des renommierten Bekleidungshauses P&C, deren Ladengeschäfte bevorzugt in der Stadtmitte liegen, um ebenso wie Saturn von der Laufkundschaft zu profitieren. Wie viele der Interessenten zu Käufern werden, hängt unter anderem vom Verhalten der Verkäufer ab. Analysen haben ergeben, dass von hundert Kunden, die keinen Kontakt zu einem Mitarbeiter haben, nur knapp zehn etwas kaufen. Findet eine persönliche Begrüßung statt, steigt die Zahl auf etwa zwanzig Käufer. Und die geht noch einmal hoch, wenn der Verkäufer den Kunden berät: In diesem Fall werden von hundert Interessenten knapp dreißig zu Kunden. Zusatzverkäufe sind das Up- bzw. Cross-Selling im Einzelhandel. Produktivitäten von 400 Euro pro Stunde und Mitarbeiter sind ein schönes Ziel.

Beispiel P&C

Ein wichtiger Unterschied liegt im persönlichen Bezug zum Kunden. In der Beratung. In der Emotion, die entsteht, wenn die Atmosphäre und die Ansprache stimmen. Die Hemmschwelle, einfach zu gehen, ist kleiner. Zu Fressnapf gehe ich mit einem Einkaufszettel, den ich abarbeite. Das ist schlichter Discount. Da mich niemand anspricht, mich niemand auf neue Produkte aufmerksam macht, generiert das Unternehmen auf der Fläche kaum zusätzliches Geschäft. Das Thema hier sind Zusatzverkäufe, neue Produktwege, wie das Kaufen von Tieren oder der Abschluss einer Tierhalterhaftpflichtversicherung, oder auch das Anbieten von Reisen für Familien mit Tieren! Noch Fragen?

Anders z. B. bei P&C: Die Verkäufer verstehen sich als Berater. Sprechen die Kunden an. Und erhöhen damit quasi das »Schuldkonto« der Kunden. Das uralte Gesetz der Reziprozität funktioniert noch immer. Erhöhen die Bereitschaft, etwas zu kaufen. Wenn – und das ist die Voraussetzung – sich der Kunde gut beraten fühlt. Und daran muss – gerade heute, wo Amazon sich nahezu überall im Markt aggressiv tummelt –, immer weiter gearbeitet werden!

PRAXISTIPP:

Branchenreports und Branchenbenchmarks – praktisch für die Vertriebsführung

Viele Verbände und Institute geben nützliche Hilfsmittel heraus, die Sie in der Vertriebsleitung direkt einsetzen können, wie zum Beispiel:

- Dvpi (Deutscher Vertriebs Performance Index): Trends und Performance im Vertrieb der ITK-Branche. Wiederkehrende Untersuchung aus Sicht der Vertriebsbeauftragten

- DVS-Vertriebsmonitor: Berichte der Online-Umfrage der DVS – Deutsche Verkaufsleiter-Schule

- Der Bundesverband der Deutschen Volks- und Raiffeisenbanken veröffentlicht halbjährlich Branchenberichte für die 100 wichtigsten Wirtschaftszweige.

- Auch die Sparkassen erstellen aktualisierte Branchenreports, die frei zugänglich sind.

- Die Branchendatenbank »Mediapilot« des Axel-Springer-Verlags

- Handelskammern, Handwerkskammern, Institut für Handelsforschung

- Erfa-Gruppen des Handels. In diesen Erfahrungsgruppen tauschen sich Unternehmen, die natürlich nicht in einem direkten Wettbewerbsverhältnis stehen, aber über ähnliche Strukturen verfügen, über Kennzahlen und Potenzialentwicklungen aus.

8.7. Branchenbenchmarks: Vertriebskennzahlen B2B und B2C

Eine Frage, die immer wieder gestellt wird und eigentlich allen neuen Vertriebsführungskräften auf den Nägeln brennt, ist die nach den »Standards« von Vertriebskennzahlen in den verschiedenen Märkten oder Branchen, beispielsweise: »Wie hoch müsste denn meine Abschlussquote im Vergleich zum Durchschnitt der Firmen in meinem Sektor sein? Oder wie hoch ist sie denn bei den Besten?« »Wie viele Kaltakquise-Telefonate müssen wir denn im Durchschnitt führen, bis wir in dieser Kundenbranche einen Termin erzielen können?«

Gibt es Standards?

Oder: »Wie sieht denn das durchschnittliche Verhältnis von Interessenten im Sales Funnel zu Leads in diesem Marktsegment aus – woran können wir uns da orientieren?« Oder auch: »Wenn wir mal die besten Vertriebsorganisationen in meiner Branche zugrunde legen: Wie sieht das Verhältnis von Leads zu getätigten Abschlüssen da aus?« Tja, das sind die Fragen nach den »Benchmarks«, den positiven (Erfolgs-)-Standards, die sich Vertriebsleiter und Unternehmer gerne als Beispiel für ihre eigenen Zielsetzungen nehmen. Leider gehören solche Benchmarks zu den am besten gehüteten Geheimnissen in allen Unternehmen und Branchen.

Doch da sie hilfreich sind, um Orientierung zu geben und gerade neuen Vertriebsleitern einen »Erfolgskorridor« zu weisen, habe ich einmal ein paar Möglichkeiten zusammengestellt, um solche Benchmarks zu erhalten:

HINTERGRUNDWISSEN:
So finden Sie Benchmarks für Ihre Vertriebskennzahlen

1. Interne Benchmarks deduzieren. Heißt nichts anderes, als dass Sie die jeweils besten Werte resp. Quoten, die bezüglich der Sie interessierenden Vertriebskennzahlen in Ihrem Unternehmen jemals erzielt wurden, als Zielgröße ansetzen. Hierbei die besten Mitarbeiter genau beobachten. Standards regelmäßig neu (nach oben) anpassen. Neue Benchmarks schaffen.

2. Aktualisieren: Bestehende / bekannte Benchmarks sind in regelmäßigen Abständen – etwa jährlich – zu erheben und zu aktualisieren – nur so können Sie auch Markttrends Rechnung tragen.

3. Interne Benchmarks indizieren. Auch nur ein schöner Begriff dafür, dass Sie in der Vertriebsführung Wunschquoten oder -werte festlegen.

4. Externe Benchmarks nutzen: Weniges ist so interessant wie die Benchmarks der Wettbewerber. Und da soll ja mal nicht so getan werden, als ob wechselnde resp. neue Vertriebsmitarbeiter nun alles vergessen hätten, was sie bisher beim Wettbewerber an Zahlenmaterial gelernt haben …

5. Branchenbenchmarks: In vielen Branchen geben Verbände oder Forschungsinstitute Kompendien mit umfangreichen Datensammlungen zu Märkten, Umsatzentwicklungen, Vertriebsvolumina, Auftragswahrscheinlichkeiten, Wettbewerbssituationen etc. heraus. Bei vielen Branchenveranstaltungen und Kongressen werden auch konkrete durchschnittliche Quoten und Benchmarks erörtert.

Auf Dauer werden Sie Benchmarks aus Ihrem Erfahrungswissen schöpfen. Denn klar ist: Was nützt die schönste Quotenberechnung, wenn ich sie nicht in Relation zum Bestmöglichen setzen kann.

**Dies ist für mich aus diesem Kapitel besonders wichtig –
um diese Punkte werde ich mich noch genauer kümmern:**

1) _____

2) _____

3) _____

4) _____

5) _____

6) _____

7) _____

8) _____

9) _____

10) _____

KAPITEL 9

Führungsgespräche: So beherrschen Sie die »großen Fünf«

WAS ist in diesem Aufgaben-gebiet zu tun?	▸ Führung bedeutet in erster Linie: Kommunikation. Erfolgreiche Führung bedeutet demnach: erfolgreiche Kommunikation. Und Kommunikation ist dann erfolgreich, wenn Menschen im besprochenen Sinne handeln. ▸ Es gibt fünf wichtige Führungsgespräche, die Sie beherrschen müssen.
WARUM ist es zu tun?	▸ Wie Sie sich in den wichtigen Führungsgesprächen gegenüber Ihren Mitarbeitern zeigen, sagt mehr über Ihre Kompetenz und echte Autorität als Vertriebsführungskraft aus als alles andere. ▸ Führungsgespräche sind die Basis für die Zielorientierung, die Motivation und das Engagement Ihrer Mitarbeiter.
WIE kon-kret ist es zu tun?	▸ Sie lernen hier ergänzend zur Kategorie der Rekrutierungsgespräche (vgl. Kap. 4) folgende Führungsgespräche kennen: – Mitarbeitergespräche – Lob-/Anerkennungsgespräche – Kritikgespräche – Trennungsgespräche ▸ Sie nutzen für alle fünf wesentlichen Gesprächsformen Checklisten und legen eigene Mitschriften an. ▸ Sie nutzen die Mitschriften, um bei den regelmäßigen Mitarbeiter- und Zielvereinbarungsgesprächen objektive Grundlagen zur Mitarbeiterentwicklung und gleichzeitig zur Erreichung der Vertriebsziele zu haben.

Inspiration und Motivation sind wichtig für Bestleistungen. Doch damit ein Mitarbeiter die in ihn gesteckten Erwartungen überhaupt erfüllen kann, muss er wissen, was Sie konkret von ihm erwarten. Er braucht Ihr Feedback, um einschätzen zu können, ob Sie mit seinen Leistungen zufrieden sind. In welchen Momenten Sie mehr erwartet haben. Wo er etwas – für das Team, das Unternehmen oder auch für sich selbst – verbessern oder weiterentwickeln sollte oder könnte.

Die Herausforderung: Nicht jeder von uns kann mit Kritik oder mit der Erwartungshaltung anderer umgehen. Mitarbeitergespräche erfordern deshalb Sensibilität und Übung im Umgang mit verschiedenen Persönlichkeiten. Aber auch Durchsetzungskraft und die Fähigkeit, (kritische) Gespräche zielsicher und ergebnisorientiert zu führen, Erwartungen klar zu formulieren, Kritik ebenso wie Lob und Anerkennung zu begründen.

Transparenz in der Führung Mitarbeiter brauchen Orientierung. Gerade dann, wenn sie jung sind, wenn sie neu dabei sind, wenn sich Märkte verändern. Der Kunde 3.0 hat sein Kaufverhalten geändert. Das hat Relevanz für alle Menschen, die indirekt oder unmittelbar mit Kunden zu tun haben. Mitarbeiter müssen wissen, was von ihnen erwartet wird – und woran die erbrachte Leistung gemessen wird. Dies erfordert Transparenz. Ein klares Führungsverhalten ohne Widersprüche. Nachvollziehbare Bewertungsgrundsätze statt Tageslaune. Wenn Mitarbeiter für gleiche Leistungen mal gelobt, mal kritisiert werden, verlieren sie den Respekt und die Motivation.

Genau das passiert aber, wenn Sie unvorbereitet in Führungsgespräche gehen: Sie entscheiden aus dem Bauch heraus. Weil Ihnen Hintergrundinformationen nicht präsent sind. Sie sich nicht mehr im Detail erinnern, was Sie mit dem Mitarbeiter vereinbart hatten. Sich Ihre Erwartungshaltung im Laufe eines Projektes geändert hat – Sie dies aber nicht kommuniziert haben und nun nicht die gewünschten Umsatzzahlen vor sich haben. Es gibt zahlreiche Gründe dafür, weshalb ein Mitarbeitergespräch aus dem Ruder laufen kann. Und gute Wege, dies zu vermeiden. Wichtig ist dabei vor allem die Vorbereitung.

HINTERGRUNDWISSEN:
Anhörungs- und Erörterungsrecht des Arbeitnehmers

Arbeitgeber haben in bestimmten Situationen die Pflicht, ihre Mitarbeiter über Veränderungen zu informieren. Dies gilt vor allem dann, wenn sie von betrieblichen Angelegenheiten wie Änderungen in der Organisation, des Aufgabenbereiches u. a. betroffen sind. Geregelt wird dies im Betriebsverfassungsgesetz.

Dort heißt es:

§ 82: Anhörungs- und Erörterungsrecht des Arbeitnehmers

(1) Der Arbeitnehmer hat das Recht, in betrieblichen Angelegenheiten, die seine Person betreffen, von den nach Maßgabe des organisatorischen Aufbaus des Betriebs hierfür zuständigen Personen gehört zu werden. Er ist berechtigt, zu Maßnahmen des Arbeitgebers, die ihn betreffen, Stellung zu nehmen sowie Vorschläge für die Gestaltung des Arbeitsplatzes und des Arbeitsablaufs zu machen.

(2) Der Arbeitnehmer kann verlangen, dass ihm die Berechnung und Zusammensetzung seines Arbeitsentgelts erläutert und dass mit ihm die Beurteilung seiner Leistungen sowie die Möglichkeiten seiner beruflichen Entwicklung im Betrieb erörtert werden. Er kann ein Mitglied des Betriebsrats hinzuziehen. Das Mitglied des Betriebsrats hat über den Inhalt dieser Verhandlungen Stillschweigen zu bewahren, soweit es vom Arbeitnehmer im Einzelfall nicht von dieser Verpflichtung entbunden wird.

Für Sie bedeutet das: Stehen in Ihrem Unternehmen, Ihrer Abteilung Änderungen an, die den Arbeitsplatz Ihrer Mitarbeiter betreffen, müssen diese rechtzeitig darüber informiert werden. Dies gilt auch, wenn sich Aufgaben ändern, Zuständigkeiten neu sortiert werden, der Standort verlagert wird oder Entlassungen anstehen.

Wie ein Gespräch verläuft, hängt vor allem von Ihnen ab: Als Führungskraft haben Sie die Fäden in der Hand. Leiten das Gespräch. Sorgen dafür, dass es fair bleibt und sachlich geführt wird – auch wenn innerlich die Emotionen hochkochen. Dabei liegt die Tücke oft im Detail: Jeder von uns kennt Formulierungen oder Tonlagen, bei denen er sich angegriffen fühlt. Jeder von uns verspürt den Impuls, sich in solchen Momenten zu rechtfertigen. Beides ist kontraproduktiv – für Sie ebenso wie für Ihren Mitarbeiter und Ihr Team.

Eine der wichtigsten Vorbereitungen für Mitarbeitergespräche ist deshalb die Verinnerlichung einiger rhetorischer Regeln. Mit Ihnen können Sie Missverständnisse vermeiden, Stimmungswechsel rechtzeitig bemerken und zielgerichtet durch das Gespräch führen.

9.1. So bereiten Sie Ihre Mitarbeitergespräche richtig vor

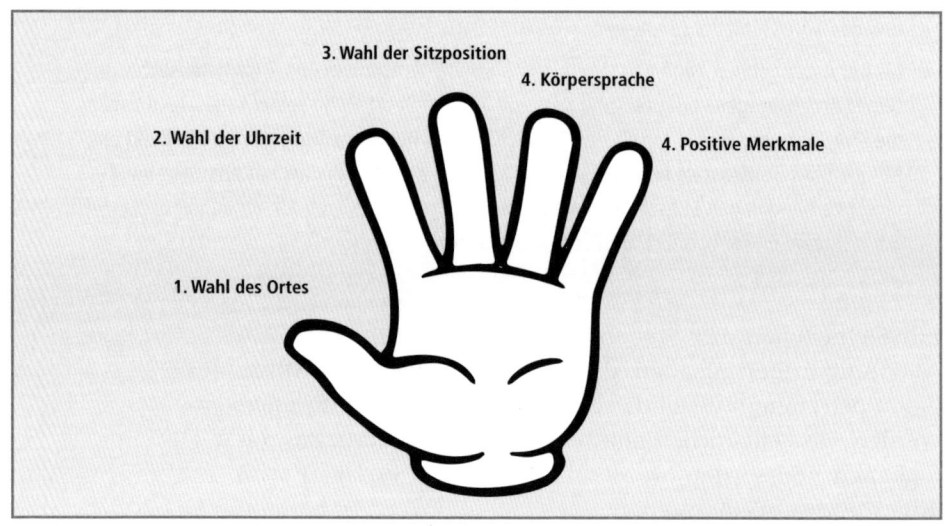

Noch bevor ein Wort gesprochen wird, können Sie durch Ihre Vorbereitung das Gespräch und den Gesprächsverlauf entscheidend beeinflussen. Schauen wir einmal genauer hin:

1. **Wahl des Ortes:** Lassen Sie den Mitarbeiter in Ihr Büro kommen, ist die Sache klar. Das Gespräch bekommt einen offizielleren Anstrich. Findet das Gespräch im Büro des Mitarbeiters statt, sind Sie in »seinem Reich«. Für ihn ist das ein vertrauter, sicherer Boden. Das stärkt sein Selbstbewusstsein. Alternativ können Sie sich in einem Café oder Restaurant treffen. Auf neutralem Boden lassen sich viele komplexe Themen einfacher besprechen – auch, weil Ihr Mitarbeiter »auf Augenhöhe« mit Ihnen sprechen kann.

2. **Wahl der Uhrzeit:** Möchten Sie Ihrem Mitarbeiter ein Lob aussprechen? Dann sollten Sie Ihr Gespräch für den Vormittag anberaumen. Ihr Mitarbeiter wird die Motivation, die er durch das Gespräch erhält, in Energie umsetzen – bei der Arbeit, aber auch nach Feierabend. Anders sieht es bei ernsten Themen wie Kritik oder gar Kündigungen aus. Nehmen Sie sich für solche Gespräche abends Zeit. So vermeiden Sie, dass Ihr Mitarbeiter die Demotivation durch den Tag zieht – und möglicherweise intern Unruhe stiftet.

3. **Die Sitzposition:** Sie sollten auf eine 90°-Position achtgeben. In diesem Winkel können Sie sehen, welche Notizen sich Ihr Mitarbeiter zu dem Gespräch macht. Auch sieht er so, was Sie selbst notieren. Und es hat sich einfach bewährt, in dieser Form zu reden. Erfolgreich sind Sie am Ende, wenn der Mitarbeiter im besprochenen Sinne handelt. Und dafür braucht es erfolgreiche Kommunikation. Die schaffen wir durch Rapport, und der wiederum entsteht auf diese Weise schnell und gut!

4. Körpersprache: Hier gilt es, auf die Körpersprache des anderen zu achten. Nehmen wir die Signale wahr, verstehen wir, was der »Körper« sagt, ist Erfolg in der Kommunikation wahrscheinlicher. Die Atmosphäre wirkt vertrauter. Spiegeln oder pacen wir die Signale des anderen, entsteht unbewusst das Gefühl des gegenseitigen Verstehens. Das führt zu besserem »Verstandenwerden«. Wer die Initiative zur Veränderung übernimmt, der führt. Kommt es jetzt zu einem erneuten pacing, so sind die Rollen im Gespräch klar. Achten Sie mal darauf. Das spielt gerade in schwierigen Situationen eine enorme Rolle.

5. Positive Merkmale: Nutzen Sie positive Merkmale wie Händedruck und Augenkontakt, finden Sie am Gesprächspartner positive Merkmale, an der Situation als solches etwas Positives, auch um Ihr Vertrauen auszudrücken. Bauen Sie so eine positive Gesprächsatmosphäre auf.

Gesprächsziele erreichen

Diese Aspekte sollten Sie vor jedem Gespräch bedenken. Das unterstützt Sie auch dabei, sich im Vorfeld darüber klar zu werden, WAS Sie Ihrem Mitarbeiter WIE und mit welchem ZIEL sagen möchten. Halten Sie diese Aspekte in einer Gliederung fest. Beantworten Sie für sich die Fragen: Wie soll Ihr Gespräch im optimalen Fall verlaufen? Wie stellen Sie sicher, dass Sie Ihr Gesprächsziel erreichen? Und wie stellen Sie sicher, dass Sie das Gespräch führen? Dazu habe ich Ihnen die Tipps auf Seite 271 zusammengestellt.

Wenn Sie diese Tipps beherzigen, werden Sie die Gespräche – also Zielvereinbarungsgespräche, Mitarbeitergespräche, Lob- oder Kritikgespräche sowie Trennungsgespräche – meistern. Welche Besonderheiten Sie bei den einzelnen Gesprächen zudem beachten sollten, erfahren Sie auf den kommenden Seiten.

TIPPS für die Kommunikation in Mitarbeitergesprächen

1. Sprechen Sie Ihren Mitarbeiter aktiv an. Starten Sie durch Fragen einen Dialog.

2. Sprechen Sie selbstsicher und deutlich. Achten Sie darauf, nicht zu laut und nicht zu leise zu sein. Dies kann Ihnen als Aggressivität bzw. Schüchternheit ausgelegt werden.

3. Halten Sie Blickkontakt und wenden Sie sich Ihrem Gesprächspartner zu. Konzentrieren Sie sich auf ihn.

4. Wählen Sie eine einfache, klare Sprache. Vermeiden Sie gestelzte Sätze!

5. Verzichten Sie auf Konjunktive und Formulierungen wie »Ich sage mal ...« und »Ich denke ...«. Formulieren Sie Ihre Ansichten klar und eindeutig: »Ich habe beobachtet, ...«

6. Argumentieren Sie offen, ehrlich und mit Respekt und Wertschätzung gegenüber Ihrem Mitarbeiter.

7. Machen Sie deutlich, wann Sie von Fakten, wann von eigener Wahrnehmung sprechen.

8. Vermeiden Sie persönliche Angriffe und Formulierungen, die als zu persönlich wahrgenommen werden können.

9. Wählen Sie konstruktive Formulierungen. Richten Sie die Perspektive in die Zukunft. »Gut, dass wir nun wissen, was die Ursache dafür ist, dass die Ziele nicht erreicht wurden. Das gibt uns die Chance, die Rahmenbedingungen anders zu gestalten, neue Ziele zu definieren ...«

10. Arbeiten Sie mit Ich-Botschaften! Wahrnehmung ist immer subjektiv und es entschärft so manche Formulierung etwas, wenn Sie z. B. formulieren: »Ich habe gesehen/habe beobachtet ...« oder: »Mein Eindruck ist ...«

11. Achten Sie auf Körpersprache, auf Mimik und Gestik.

9.2. Mitarbeitergespräche

Zu den häufigsten Mitarbeiter- und Führungsgesprächen gehören Zielvereinbarungsgespräche – auch Jahres- oder Orientierungsgespräche genannt. Sie sind in vielen Unternehmen Standard und müssen in der Regel innerhalb einer bestimmten Frist stattgefunden haben. Inhaltlich geht es darum, die erbrachten Leistungen des Mitarbeiters gemeinsam zu betrachten und zu bewerten. Ansatzpunkte für Verbesserungspotenzial anzusprechen. Und natürlich die Erwartungen für das kommende Jahr zu formulieren. Ziele zu vereinbaren, die der Mitarbeiter erreichen soll. Und den Bonus oder das Incentive, das bei Erreichung der Ziele lockt.

Bei diesem Gespräch geht es jedoch keineswegs nur um die Unternehmensperspektive – es dient auch dazu, die Erwartungen und Ziele des Mitarbeiters zu erkunden. Gemeinsam die Ziele zu definieren. Unzufriedenheiten herauszuhören und ihnen nachzugehen. Lösungen zu suchen. Damit dies erreicht werden kann, ist eine effiziente Vorbereitung der Gespräche nötig – von Ihnen, aber auch von Ihrem Mitarbeiter. Achten Sie dabei auf folgende Punkte:

CHECKLISTE: Einladung Mitarbeitergespräch

- ❑ Laden Sie rechtzeitig zum Termin ein. Achten Sie darauf, dass Ihr Mitarbeiter genügend Zeit für die Vorbereitung hat.
- ❑ Listen Sie bereits in der Einladung die Themenschwerpunkte auf. Das können der Rückblick auf das vergangene Jahr sein, die wichtigsten Zielvereinbarungen etc.
- ❑ Nehmen Sie dazu die Protokolle der letzten Gespräche hinzu. Was wurde verabredet? Was wurde erreicht? Wo haben Sie Ankündigungen nicht eingehalten und warum? Sind beim letzten Gespräch Themen offengeblieben?

- ❏ Bitten Sie Ihren Mitarbeiter in der Einladung darum, die Agenda zu ergänzen und sie Ihnen rechtzeitig zurückzuschicken.
- ❏ Kommunizieren Sie, wie viel Zeit Sie für das Gespräch anberaumt haben. Bieten Sie an, diesen Zeitrahmen bei Bedarf zu erweitern – sofern Ihr Mitarbeiter Bedarf sieht und diesen rechtzeitig kommuniziert.
- ❏ Komplexe Themen benötigen intensive Auseinandersetzung. Bitten Sie Ihren Mitarbeiter deshalb darum, wichtige Fragen vorab schriftlich zu beantworten. Hierzu gibt es Standardvorlagen.

Laden Sie rechtzeitig ein. Nennen Sie den Anlass für das Mitarbeitergespräch, damit sich Ihr Mitarbeiter darauf vorbereiten kann. Achten Sie darauf, dass es keinen negativen Beiklang gibt – noch immer haben Mitarbeitergespräche in vielen Unternehmen den Beiklang von Ermahnungen, Zurechtweisungen. Nutzen Sie dazu Formulierungen wie »Ich freue mich auf den Austausch mit Ihnen«. Oder: »Ich möchte mich über den Stand der Dinge informieren. Lassen Sie uns gemeinsam darüber sprechen, wie weit Sie bei Projekt XY sind.« Ersetzen Sie die Vokabeln »richtig« und »falsch« durch »hilfreich« und »nützlich« und »weniger hilfreich«, »weniger nützlich« im Sinne von Zielsetzung und Ergebnis.

Einladung zum Mitarbeitergespräch

Bitten Sie Ihren Mitarbeiter, sich auf das Gespräch vorzubereiten. Achten Sie darauf, dass er eine aktive Rolle einnehmen, dass das Gespräch auf Augenhöhe stattfinden kann.

Planen Sie für das Gespräch ausreichend Zeit ein. Schlagen Sie einen Termin und einen Ort vor, der eine entspannte Gesprächsatmosphäre erlaubt. Hat Ihr Mitarbeiter im Anschluss einen wichtigen Präsentationstermin bei einem potenziellen Kunden, wird er sich nicht zu 100 Prozent auf Sie konzentrieren können. Stecken Sie gerade in schwierigen Budget-

verhandlungen, wird sich dies auf Ihre Konzentration auswirken.

PRAXISTIPP:
Klare Regeln beim Mitarbeitergespräch

1. Die Verantwortung für den Gesprächsverlauf liegt bei Ihnen als Führungskraft.
2. Mitarbeitergespräche dienen dem gegenseitigen Austausch, nicht der Kontrolle.
3. Gespräche verlaufen nicht immer nach Wunsch. Akzeptieren Sie, dass ein Gespräch auch überraschende Wendungen nehmen kann oder Inhalte zur Sprache kommen, mit denen Sie nicht gerechnet haben.
4. Ziehen Sie in besonderen Situationen ggf. eine dritte Person hinzu – beispielsweise ein Mitglied der Personalabteilung oder des Betriebsrats. Kündigen Sie weitere Gesprächspartner im Vorfeld an.
5. Alle Gesprächspartner sind zur Verschwiegenheit verpflichtet. Dies sollten Sie – gerade bei Konfliktgesprächen oder bei Gehaltsgesprächen – zu Beginn des Gespräches betonen.
6. Hat das Gespräch rechtliche Folgen, wird es von der Führungskraft protokolliert. Dies gilt auch für die Vereinbarungen, die innerhalb des Gespräches getroffen wurden.

Um den roten Faden des Gesprächs nicht zu verlieren, sollten Sie sich entsprechend vorbereiten. Dabei hilft Ihnen die
folgende Checkliste, die Sie je nach Gesprächsanlass modifi-
zieren können.

Häufig werden für die Mitarbeitergespräche in Unternehmen
fertig entwickelte Formulare verwendet. In diesem Fall kann
der Mitarbeiter seine Einschätzung vorher selbst gemäß dem
Formular vornehmen resp. in dieses eintragen und dieses
dann in das Gespräch mitbringen.

CHECKLISTE: Inhaltliche Vorbereitung Mitarbeitergespräch

- ❏ Was ist der Anlass für dieses Gespräch?
- ❏ Welches konkrete Ziel haben Sie sich für das Gespräch gesetzt? Worüber soll beim Gesprächsabschluss Konsens bestehen?
- ❏ Welche kritischen Dinge gibt es zu besprechen? Was muss dabei beachtet werden? (Rechtliche Folgen für Mitarbeiter, Einhaltung von Fristen etc.)
- ❏ Wie gestaltet sich die Zusammenarbeit zwischen Ihnen und Ihrem Mitarbeiter? Was kann von welcher Seite verbessert werden?
- ❏ Wofür möchten Sie Ihren Mitarbeiter loben? Und warum?
- ❏ Wofür möchten Sie Ihren Mitarbeiter kritisieren? Und warum?
- ❏ Wie beurteilen Sie sein Verhalten gegenüber Kunden, Kollegen?
- ❏ Welche Schwerpunktaufgaben hat der Mitarbeiter zurzeit? Wie erfüllt er sie?
- ❏ Ist eine Änderung / Erweiterung seiner Aufgaben geplant? Wenn ja: Welche? Warum?
- ❏ Welchen Handlungsspielraum benötigt er dazu? Wie weit können und wollen Sie ihn unterstützen?
- ❏ Können Arbeitsprozesse optimiert werden? Wenn ja: Wie? Was benötigt er dazu?
- ❏ Sind alle organisatorischen Abläufe wie Informationsflüsse, Vertretungen etc. zufriedenstellend? Wo sehen Sie Anpassungsbedarf?
- ❏ Welche Entwicklungsperspektiven sehen Sie für ihn? Wie kann die Weiterentwicklung gestaltet werden?
- ❏ Welche konkreten Ziele möchten Sie mit Ihrem Mitarbeiter vereinbaren?

Die inhaltliche Vorbereitung ist gleichzeitig der Fahrplan für Ihr Gespräch, für das sich der folgende Ablauf bewährt hat.

HINTERGRUNDWISSEN:
Ablauf eines Mitarbeitergesprächs

1. Herzlicher, offener Einstieg.
Begrüßen Sie den Mitarbeiter persönlich. Bauen Sie Rapport auf. Sprechen Sie erst dann den Anlass, die Dauer (60 bis 90 Minuten) und das Ziel des Gesprächs an.

2. Mitarbeiter entwickelt sein Bild zunächst selbst!
Stellen Sie dem Mitarbeiter offene Fragen, um zu erfahren, wo er seine Stärken sieht: Was ist Ihnen in der vergangenen Zeit gut gelungen? Wo sehen Sie besondere Stärken? Was ist Ihnen noch wichtig? Was können Sie verbessern? Wo sehen Sie für sich Wachstumsbereiche?

3. Darstellung des Bildes der Führungskraft.
Betonen Sie zuerst die Punkte, in denen Sie mit dem Mitarbeiter übereinstimmen. Stellen Sie anschließend fest, wo sich die Bilder unterscheiden, und begründen Sie Ihre abweichende Auffassung:
Mir ist aufgefallen, dass ...
In folgenden Punkten stimme ich Ihnen nicht zu: ...
Da bin ich anderer Meinung ...
Da hatte ich einen anderen Eindruck, ...
Im Unterschied zu Ihnen bin ich der Ansicht, ...
Achten Sie dabei auf Sachlichkeit und Belegbarkeit der Fakten. Denken Sie daran: Wer behauptet, hat die Beweispflicht! Bitten Sie den Mitarbeiter um Stellungnahme. Lassen Sie ihn ausreden, hören Sie aktiv zu.

4. Planen von Verbesserungsmöglichkeiten, Ziele setzen.
In dieser Phase geht es um die Ziele für die kommenden Monate: Welche persönlichen Ziele möchten Sie sich setzen? SMARTE Formulierung für die Ziele finden. Was wollen Sie konkret zuerst tun?
»3 plus 1 Idee«, das heißt, dass die ersten drei Ideen für Verbesserungen immer vom Mitarbeiter selbst kommen müssen. Ihre eigene Idee kommt dann zuletzt. Schließlich haben Sie sicher auch etwas dazu zu sagen!

Achten Sie darauf, ob die Ziele des Mitarbeiters mit Ihren Erwartungen übereinstimmen. Hat er sich aus Ihrer Sicht zu wenig oder sogar unrealistisch viel vorgenommen, sollten Sie gegensteuern. Klären Sie im Gespräch, welche Hilfestellungen der Mitarbeiter bekommt bzw. welche Voraussetzungen erfüllt sein müssen, damit er die Ziele erfüllen kann.

5. **Gesprächsende**
Fassen Sie das Gesagte, vor allem die Zielvereinbarung noch einmal zusammen, Schließen Sie das Gespräch mit einem Appell. Dann verabreden Sie sich wieder und halten die Ergebnisse als Wiedervorlage (WV) nach.

Machen Sie sich während des Gespräches Notizen. Achten Sie darauf, dass die Zielvereinbarung klar und deutlich formuliert wird. Erstellen Sie nach dem Gespräch ein Protokoll, in dem die Ziele schriftlich fixiert sind – inklusive aller Zusatzinformationen wie Hilfestellungen, Kompetenzerweiterungen, Kontrolltermine etc. Dieses Protokoll wird Bestandteil der Personalakte des Mitarbeiters. Stellen Sie Ihrem Mitarbeiter in jedem Fall eine Kopie für seine Unterlagen zur Verfügung, denn so haben Sie beide eine klare und einvernehmlich gefundene Basis für die Zusammenarbeit in den nächsten Monaten.

Protokoll Mitarbeitergespräch

Gesprächspartner:
Name der Mitarbeiterin / des Mitarbeiters

....

Name der Führungskraft

....

Weitere Gesprächsteilnehmer

....

1. Rückblick: erreichte Ziele / Abweichungen

....

....

....

2. Ermittlung der Boni / Incentives

....

....

....

3. Vereinbarte Ziele für den Zeitraum

....

....

....

4. Festlegung der Voraussetzungen und Messkriterien

....

....

....

Die Gesprächspartner verpflichten sich, diese Zielvereinbarung vertraulich zu behandeln.

Die Zielvereinbarung ist aufzubewahren, da sie zur Vorbereitung des nächsten Mitarbeitergespräches benötigt wird.

_____
Datum

_____   _____
Unterschrift der Mitarbeiters   Unterschrift der Führungskraft

Gespräche bedürfen immer auch der konsequenten Nachbe- Gesprächs-
reitung. Dazu zählen folgende Punkte: nachbereitung

- Erstellen Sie das Protokoll und überreichen Sie Ihrem Mitarbeiter eine Ausfertigung.
- Informieren Sie die Personalabteilung, wann das Gespräch stattgefunden hat. Wer muss noch informiert werden?
- Unterrichten Sie die zuständigen internen Stellen – in der Regel die HR-Verantwortlichen – über den vereinbarten Trainingsbedarf und angedachte berufliche Veränderungen.
- Legen Sie sich das Protokoll auf Wiedervorlage. So stellen Sie sicher, dass Sie regelmäßig die Einhaltung der Zielvereinbarungen kontrollieren.

Nach dem Mitarbeitergespräch sollten die Ziele klar und offene Fragen geklärt sein. Trotzdem wird es auch zwischen den Jahresgesprächen immer wieder Anlässe für Mitarbeitergespräche geben. Persönlich oder per Telefon oder Skype. Und sei es, um zu prüfen, ob Zeitpläne eingehalten und Meilensteine erreicht werden. Um Kurskorrekturen vorzunehmen oder auch, wenn ein Mitarbeiter nach einer längeren Krankheit oder nach einem Urlaub ins Unternehmen zurückkehrt. Weitere Anlässe für Mitarbeitergespräche können sein:

- Ende der Probezeit (auch das Halbzeitgespräch innerhalb der Probezeit, siehe Kapitel Onboarding)
- Änderung der Aufgaben am Arbeitsplatz
- Weiterbildungs- / Trainingsangebote
- Beförderung, Karriere
- Konflikte im Team oder mit Kunden
- Mitarbeiterbewertung, Feedback
- Trennung von Mitarbeitern, Veränderungen im Team

Möglicherweise bittet auch der Mitarbeiter um ein Gespräch, weil es Konflikte im Team gibt, er eine Weiterbildung wünscht oder sich über- oder unterfordert fühlt.

> **PRAXISTIPP:**
> **Wunsch nach Mitarbeitergesprächen zeitnah entsprechen**
>
> Kommt ein Mitarbeiter mit dem Wunsch nach einem Gesprächstermin auf Sie zu, sollten Sie sich zeitnah mit ihm zusammensetzen. Meist drückt ihn der Schuh, beispielsweise weil es Konflikte im Team gibt. Je länger diese schwelen, umso schwieriger wird die Lösung. Fragen Sie Ihren Mitarbeiter im Vorfeld, worum es ihm bei dem Gespräch geht. Dies gewährleistet, dass Sie sich gut vorbereiten und das Gespräch leiten können.

9.3. Lob- und Anerkennungsgespräche

Lob braucht eine Hierarchie

Lob ist immer ein Gespräch, braucht einen eher intimen Rahmen. Anerkennung hingegen braucht Öffentlichkeit, Bühne, Erwähnung in größerer Runde, im Newsletter, im Blog oder auch in den Social Media. Zudem ist Lob einer der schönsten Anlässe für ein Mitarbeitergespräch. Lob und positive Verstärkung von Ergebnissen begründen die Basis einer langfristig erfolgreichen Zusammenarbeit. Wer es als Führungskraft schafft, eher intensiver, häufiger zu loben, wer seine Mitarbeiter gern bei »guten Taten ertappt«, der schafft ein Klima und eine Beziehungsqualität, in der Leistung und Ergebnis gefördert werden. Trotzdem gibt es auch hier Stolperfallen. So stehen manche Mitarbeiter einem Lob skeptisch gegenüber. Immerhin braucht es ja für ein Lob auch eine Hierarchie. Der »Lobende« steht über dem zu Lobenden. Zu oft wird es als Einstieg in ein Gespräch genutzt, in dem dann doch (fälschlicherweise) negative Nachrichten kommuniziert werden. Damit das Lob als solches angenommen wird und die gewünschte Wirkung entfaltet, sollten Sie deshalb folgende Tipps berücksichtigen:

1. Sprechen Sie Ihr Lob zeitnah und im Zusammenhang aus. Beispiel: »Ich habe gesehen, dass Sie gestern noch lange da waren, damit der Kunde seine Leistungen pünktlich erhält. Das hat mich beeindruckt. Klasse.«
2. Loben Sie angemessen. Was meint dies? Wenn Sie eher sachlich sind, freuen sich Ihre Mitarbeiter über ein »Gut gemacht!« oder ein »Toll, wie Sie das gemacht haben.« Zeigen Sie sich gern emotional, können Sie Ihr Lob mit einem Schulterklopfen begleiten. Achten Sie darauf, dass Lob und Leistung in einem guten Verhältnis stehen.
3. Loben Sie fair. Achten Sie darauf, dass Mitarbeiter nicht für eine Leistung gelobt werden, während andere für die gleiche oder mehr Leistung leer ausgehen.
4. Loben Sie auch Mitarbeiter, die Ihnen eher nicht sympathisch sind.

So loben Sie richtig

Gerade bei kleineren Anlässen für ein Lob möchte man nicht zu viel Aufheben darum machen. Beispielsweise, wenn ein Mitarbeiter trotz knappen Zeitrahmens eine Präsentation rechtzeitig fertiggestellt hat. Oder Überstunden gemacht hat, um ein Angebot fertigzustellen. In diesen Fällen reichen ein, zwei Sätze wie »Dank Ihres Engagements sind wir pünktlich fertig geworden« oder »Ich freue mich, dass ich mich so auf Sie verlassen kann«. Geht es um herausragende Leistungen, sollten Sie sich entsprechend Zeit nehmen und auf ein Lob »zwischen Tür und Angel« verzichten. Damit Ihre Anerkennung als solche wahrgenommen wird und nachhaltig wirkt, sollten Sie die folgenden Tipps beachten:

PRAXISTIPP:
So kommt Ihr Lob richtig an

1. Begründen Sie Ihr Lob. Stellen Sie heraus, was gut gelaufen ist. Welche Leistung, welche Verhaltensweisen Sie loben. Fragen Sie immer erwartungsfrei und offen, wie es zu dieser Leistung/diesem Ergebnis gekommen ist.

2. Vermeiden Sie allgemeine Formulierungen wie »prima«. Wählen Sie lieber Aussagen wie: »Ihre Präsentation hat mich vom ersten Moment an überzeugt. Das haben Sie richtig gut gemacht.« Oder: »Eine so gute und gründliche Marktanalyse liest man gern. Das ist eine sehr gute Basis für unsere Vertriebsziele. Sehr gut gemacht!«

3. Zeigen Sie Interesse an der Leistung. Fragen Sie nach, wie Ihr Mitarbeiter auf die entscheidende Idee gekommen ist. Warum ihm so viel daran lag, das Angebot pünktlich fertigzustellen. Auf welche Informationsquellen er zugegriffen hat, als er die Marktanalyse erstellt hat.

4. Geben Sie ihm Raum, um bei Bedarf über Arbeitsprozesse oder organisatorische Abläufe zu sprechen.

5. Wiederholen Sie Ihr Lob zum Gesprächsende. Damit bleibt das Gespräch länger in positiver Erinnerung. Und Ihr Lob wirkt nachhaltiger.

Lob sollte im Vier-Augen-Gespräch ausgesprochen werden. Und auf die Formulierungen kommt es immer an. Mein Lehrer sagte mal zu mir: »Andreas, Dienern dankt man, Helden gratuliert man!« Das sitzt noch heute! Gratulieren Sie also während eines Lobgespräches. Damit wirkt das Lob noch besser!

Wenn Sie Ihre Anerkennung ausdrücken wollen, sollte das öffentlich sein, damit sie ihre Wirkung besser entfalten kann. Dabei ist Anerkennung weitaus mehr als spontane Wertschätzung. Hier geht es um die regelmäßige Leistung eines Mitarbeiters, die stets hohe Qualität seiner Leistungen, um den Respekt vor der Leistung. Genau diesen Respekt sollten Sie Ihren Mitarbeiter spüren lassen – durch die Art des Miteinanders. Zeigen Sie, dass die erbrachte Leistung nicht selbstverständlich ist. Wählen Sie für Anerkennung den öffentlichen Weg: das Meeting, die Kick-off-Veranstaltung, den Newsletter, den Blog, die Bühne! Lob und Anerkennung sind Zeichen der Wertschätzung! Wenn wir uns vor Augen führen, dass mangelnde Wertschätzung, zu wenig Lob und Anerkennung die häufigste Ursache für ein gestörtes Verhältnis zur Führungskraft und damit Hauptgrund für Kündigungen sind, dann erkennen wir die Bedeutung für beides sehr schnell!

9.4. Kritikgespräch

Nicht ganz so erfreulich, aber notwendig, sinnvoll und wirksam sind Kritikgespräche mit Ihren Mitarbeitern. Kritik ist Feedback. Punkt! Viele Führungskräfte drücken sich davor und riskieren dadurch hohe Folgekosten. Und dies in zweifacher Hinsicht. Erstens wird der Mitarbeiter sein Verhalten nicht von alleine ändern und dem Team und / oder dem Unternehmen so auf Dauer schaden. Oftmals ist es ihm auch gar nicht bewusst, dass die Qualität seiner Arbeit nicht Ihren Erwartungen entspricht. Oder dass sein Verhalten sich negativ auf das Ergebnis auswirkt. Und dies ist der zweite Punkt: Das Fehlverhalten einzelner Mitarbeiter kann finanzielle Einbußen mit sich bringen, beispielsweise weil potenzielle Aufträge nicht zustande kommen oder Kunden sich dem Wettbewerb zuwenden.

Die Frage ist also nicht, ob Sie bei gegebenem Anlass ein Kritikgespräch führen, sondern wie Sie Kritik konkret formulieren. Dabei kann ein Kritikgespräch auch ein Gespräch zur Förderung des Mitarbeiters sein. Schließlich haben Sie ein gemeinsames Ziel, eine gemeinsame Aufgabe. Berechtigte,

Auf das Wie kommt es an

konstruktive Kritik, also klares Feedback, trägt dazu bei, diese Aufgabe zu bewältigen.

Ein Unbehagen bleibt: Wir alle hören ungern Kritik an uns, an unseren Leistungen. Gehen schnell in die Verteidigungsposition. Fühlen uns persönlich angegriffen. Oder reagieren nach dem Motto »Angriff ist die beste Verteidigung«. Deshalb ist gerade bei Kritikgesprächen viel Fingerspitzengefühl gefragt. Es kommt darauf an, dass wir bei Kritik konkret werden, dass wir »Ross und Reiter« nennen, dass wir Zahlen, Daten, Fakten wissen und die Kritik klar, fair, wertschätzend und wirksam formulieren!

CHECKLISTE: Kritikgespräch

1. Was genau liegt vor? Was haben Sie selbst gesehen oder festgestellt? Und warum liegt Ihnen der Mitarbeiter und/oder das Thema am Herzen?

2. Versetzen Sie sich in die Lage des Mitarbeiters: Was hätte er wann anders machen können? Welche Motive hatte er/könnte er gehabt haben, sich so zu verhalten, wie er es getan hat?

3. Definieren Sie das Gesprächsziel. Unterscheiden Sie zwischen einem optimalen Ziel und dem Minimum, das Sie erreichen wollen. Wählen Sie einen passenden, ruhigen Gesprächsort aus. Führen Sie Kritikgespräche persönlich, nicht am Telefon. Und vor allem nicht vor Dritten. Achten Sie auf Ihre Sitzposition!

4. Bei sehr schwierigen Themen bietet sich ein gemeinsamer Spaziergang an. Gerade Themen mit persönlichem Bezug lassen sich im Gehen einfacher besprechen, da so keine »offizielle Atmosphäre« aufkommt. Bewegung bewegt – und immer wieder werden Sie die Erfahrung machen, dass es sich auf einem Spaziergang leichter spricht und konstruktivere Gedanken aufkommen.

5. Achten Sie auf den Gesprächstermin: Wählen Sie am besten einen Termin am Abend. Kritik am frühen Morgen demotiviert den Mitarbeiter über den gesamten Tag. Kritik am Freitagabend oder am Samstag kann eine gute Entscheidung sein, denn so hat der Mitarbeiter ein paar Stunden mehr Zeit, über alles nachzudenken und dann am folgenden Montag mit einer anderen Haltung zum Kunden zu fahren.

Mit dieser Vorbereitung haben Sie bereits wichtige Weichen gestellt. Im Folgenden geht es um das Gespräch selbst:

HINTERGRUNDWISSEN:
Ablauf des Kritikgesprächs

1. Begrüßung
   Bauen Sie eine positive Atmosphäre auf. Geben Sie Ihr Vertrauen zu erkennen – durch eine persönliche Begrüßung, Händedruck und Augenkontakt.

2. Schildern Sie die Situation und die Fakten direkt und sofort und offen und einfach.
   Drücken Sie Ihr eigenes Empfinden aus.
   Nutzen Sie dazu Ich-Aussagen:
   Mir ist aufgefallen, …
   Ich bin irritiert, dass …
   Mich stört, …
   Ich bin etwas enttäuscht, dass …

3. Geben Sie dem Mitarbeiter Raum und Zeit, seine Sichtweise darzustellen.
   Fragen Sie bei Bedarf nach: »Wie sehen Sie die Situation?« »Wie denken Sie?«
   »Ihr Eindruck?«

4. Warten Sie. Warten Sie … auf die Quittung. Wir wollen ein Signal des Mitarbeiters haben. Hat er eingesehen, dass sein Verhalten wenig hilfreich, schlecht, ineffizient war im Sinne der Zielsetzung? Kommt die Reaktion von ihm aus … geht es weiter.

5. Vereinbaren Sie mit dem Mitarbeiter Maßnahmen und Ziele, um die Situation zu ändern. Fordern Sie ihn auf, aktiv zu werden: »Was wollen Sie nun tun?«

6. Achten Sie auf eine positive Verabschiedung. Formulieren Sie darin einen starken Appell. Vereinbaren Sie einen nächsten Gesprächstermin, um zu sehen, ob die vereinbarten Maßnahmen die gewünschten Erfolge gebracht haben.

Damit Kritikgespräche die gewünschte Wirkung erzielen, muss die Umsetzung der Ziele beobachtet werden. Sprechen Sie ein Lob aus, wenn Sie erste Veränderungen wahrnehmen. Zeichnet sich ab, dass die vereinbarten Ziele nicht eingehalten werden, ist vielleicht ein weiteres Kritikgespräch nötig.

9.5. Trennungsgespräch

Feedback und Wertschätzung
Am Ende einer Zusammenarbeit steht die Verabschiedung des Mitarbeiters und das damit verbundene Trennungsgespräch. Die Gründe für eine Trennung können vielfältig sein: der Mitarbeiter will sich beruflich verändern, verlagert seinen persönlichen Lebensmittelpunkt, geht in den Ruhestand oder ihm muss betriebsbedingt gekündigt werden.

Trennungsgespräche sind wichtig. Sie geben dem Mitarbeiter noch einmal Feedback. Drücken Wertschätzung aus. Bilden die Basis für eine eventuelle spätere Zusammenarbeit – man weiß ja nie, wo man sich noch einmal begegnet. Für die verbleibenden Mitarbeiter ist der Umgang mit scheidenden Kollegen zudem ein Hinweis darauf, wie ehrlich Ihre Wertschätzung ist. Räumen Sie dem scheidenden Kollegen keine Zeit für ein Gespräch oder einen freundlichen Abschied ein, kann dies in Ihrem Team zu Demotivation führen. Weil das Gefühl entsteht, nur als Angestellter wahrgenommen zu werden, nicht als Mensch. Nur dann wertgeschätzt zu werden, wenn man Leistung für die Firma erbringt.

Häufig unterschätzt werden die Informationen, die ein Unternehmen aus den Abschiedsgesprächen für sich gewinnen kann. Nehmen Sie sich deshalb Zeit für Ihren Mitarbeiter. Reden Sie mit ihm. Hören Sie aktiv zu.

Wie das Gespräch verläuft und welche Ziele Sie mit dem Gespräch verfolgen, hängt auch davon ab, ob der Mitarbeiter von selbst gekündigt hat oder ob ihm gekündigt wurde. Ich habe deshalb für beide Situationen Formulare vorbereitet, die Sie auf der Landingpage zum Buch herunterladen können.

CHECKLISTE: Verabschiedungsgespräch
Fall A: Mitarbeiter kündigt von sich aus

1. Vorbereitung

☐ Legen Sie die Gesprächsteilnehmer fest: Reden Sie als Führungskraft allein mit dem Mitarbeiter? Oder kommt ein Mitarbeiter aus der Personalabteilung dazu?

☐ Fixieren Sie das Gesprächsziel: Welche Gründe hat die Kündigung des Mitarbeiters? Ist seine Entscheidung endgültig oder kann er eventuell noch umgestimmt werden?

☐ Laden Sie die Beteiligten zum Gespräch ein.

2. Gespräch

☐ Bauen Sie eine persönliche Beziehung zu dem Mitarbeiter auf.

☐ Sprechen Sie Anlass und Thema des Gesprächs an: »Wir sprechen heute miteinander, weil ...«

❏ Erfragen Sie die Ursachen für die Kündigung: »Was hat Sie zu diesem Schritt veranlasst?« »Warum haben Sie gekündigt?« Hören Sie sich die Sicht des Mitarbeiters an.

❏ Stellen Sie Ihre Sicht dar, und bedanken Sie sich für die gemeinsamen Ziele, die Sie erreicht haben.

❏ Formulieren Sie, was Sie sich für die Zukunft wünschen. Möchten Sie beispielsweise, dass der Mitarbeiter seinen Entschluss überdenkt? Mit Ihnen in Kontakt bleibt? Oder Ihr Unternehmen auch in Zukunft als potenziellen Arbeitgeber sieht?

❏ Beenden Sie das Gespräch herzlich.

3. Nachbereitung

❏ Werten Sie Ihre Notizen aus: Wollen und können Sie den nächsten Schritt des Mitarbeiters begleiten?

❏ Was können Sie für sich aus dem Gespräch mitnehmen?

❏ Welche Schwachstellen im Unternehmen lassen sich lokalisieren?

❏ Welche entsprechenden Maßnahmen wollen Sie veranlassen – organisatorisch, technisch oder personell?

Wenn das Ergebnis Ihres Gespräches ist, dass der Mitarbeiter seinen Entschluss überdenkt, legen Sie sich Ihre Notizen auf Wiedervorlage und vereinbaren Sie einen gemeinsamen Nachbesprechungstermin mit einem gewissen Zeitabstand. Möglicherweise hat sich die Situation im Unternehmen nach einiger Zeit geändert, sodass die Ursachen für die Kündigung nicht mehr gegeben sind. Und selbst, wenn er dann immer noch kündigen möchte, haben Sie in der Zwischenzeit eine wertvolle Lektion für die Verbesserung Ihrer Firma gelernt – und im besten Fall schon umgesetzt.

Anders verläuft das Gespräch, wenn dem Mitarbeiter durch das Unternehmen gekündigt wird. Vor- und Nachbereitung entsprechen zwar dem Verabschiedungsgespräch, der Gesprächsverlauf selbst gestaltet sich jedoch anders – wie die folgende Checkliste zeigt.

CHECKLISTE: Kündigungsgespräch
Fall B: Mitarbeiter wird gekündigt

❑ Bauen Sie eine persönliche Beziehung zu dem Mitarbeiter auf.

❑ Sprechen Sie Anlass und Thema des Gesprächs an:
»Wir sitzen heute zusammen, …
… weil wir uns trennen müssen.«
… um unsere Vertragsgrundlage, Arbeitsgrundlage aufzulösen.«
… weil wir das Arbeitsverhältnis auflösen, da …«
… weil die bisherigen Gespräche nicht den gewünschten Erfolg hatten. Deshalb wollen wir uns nun von Ihnen trennen …«

❑ Geben Sie eine Begründung für die Entscheidung. Achten Sie dabei darauf, nicht gegen das AGG (Allgemeines Gleichstellungsgesetz) zu verstoßen.

❑ Bedanken Sie sich noch einmal ausdrücklich für die gemeinsame Zeit und schließen Sie diese hiermit quasi ab. Wechseln Sie dann die Perspektive auf die Zeit nach der Trennung.

❑ Fragen Sie nach der Perspektive des Mitarbeiters. Geben Sie – wenn möglich – Anregungen und Motivation für die Zeit nach der Kündigung oder die Suche nach neuen (Job-)Möglichkeiten.

❑ Finden Sie einen positiven Abschluss des Gespräches.

Der Hinweis, Perspektiven beim Trennungsgespräch zu äußern, mag zunächst widersprüchlich erscheinen. Jedoch muss eine Trennung nicht unbedingt aufgrund der Leistungen des Mitarbeiters erfolgen, sondern kann auch betriebsbedingte Gründe haben. Vielleicht wird die Abteilung verkleinert, weil ein Auftrag weggebrochen ist. Oder es stehen andere

Restrukturierungsmaßnahmen an. Wenn Sie mit dem Mitarbeiter gern und gut zusammengearbeitet haben, sollten Sie Ihr Bedauern zum Ausdruck bringen. Möglicherweise gibt es nach einiger Zeit eine freie Position, für die Sie genau diesen Mitarbeiter zurückgewinnen wollen.

Fazit

**Dies ist für mich aus diesem Kapitel besonders wichtig –
um diese Punkte werde ich mich noch genauer kümmern:**

1) _____

2) _____

3) _____

4) _____

5) _____

6) _____

7) _____

8) _____

9) _____

10) _____

Teamspirit: So zünden Sie den richtigen Motivationsfunken

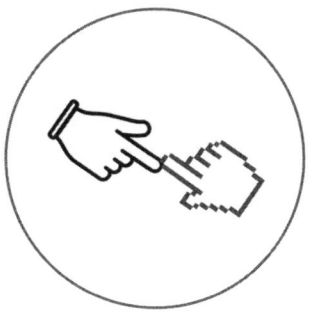

IHR CHECK AUF EINEN BLICK: Worum es in diesem Kapitel geht

WAS ist in diesem Aufgabengebiet zu tun?	▶ Vertriebsführung und Vertriebsmitarbeiter haben ständig mit einem großen Demotivator umzugehen: dem Nein des Kunden. ▶ Als Vertriebsleiter müssen Sie Ideen, Kompetenzen und Tools bereitstellen, um aus eins plus eins mehr als zwei zu machen, also aus einem guten Verkäufer plus noch einem guten Verkäufer mehr als zwei isolierte Einzelkämpfer zu machen, die sich aufreiben und damit weder Ihrem Unternehmen noch sich selbst nützen.
WARUM ist es zu tun?	▶ Wer nicht motiviert ist zu verkaufen, hat ein Umsatzproblem. ▶ Besteht ein Team nur aus übermotivierten Einzelkämpfern, die sich gegenseitig und in Konkurrenz überbieten wollen, wird die Gesamtleistung der Vertriebsabteilung auf Dauer nicht mehr größer, sondern kleiner. Daher müssen Sie die richtige Balance, die passende Dosis aus Wettbewerb, Kampfgeist, Wir-Gefühl und Teamspirit in Ihrem Team herstellen.
WIE konkret ist es zu tun?	▶ Sie hinterfragen, was Teamspirit in Ihrem Vertrieb und Ihrem Unternehmen wirklich konkret bedeutet. ▶ Sie lernen, welche unterschiedlichen Motivationstypen und Motivatoren es (im Vertrieb) gibt. ▶ Sie entwickeln ein Set an Motivierungsmöglichkeiten und Incentives, die zu Ihren Vertriebsmitarbeitern passen. ▶ Sie kommen vom Wettbewerb der Einzelnen zum Erfolg des ganzen Teams, von dem alle profitieren.

Trotz aller Kundenorientierung ist Enttäuschung im Vertrieb vorprogrammiert. Vertrieb ist immer auch ein Geschäft mit dem Nein. Ablehnung gehört dazu. Zwanzig Termine zu vereinbaren, um zehn Gespräche führen zu können und daraus drei Kunden zu gewinnen, dabei nicht zu wissen, welcher der zwanzig Angesprochenen der nächste Kunde sein wird, das schlaucht. Und dann gibt es selbst dafür noch immer keine Garantie. Es kann auch sein, dass von hundert angesprochenen Kunden erst die letzten dreißig zu Käufern werden. Sicher ist man in diesem Geschäft nie. Das macht es auch so interessant und lukrativ. In jeder Branche beherrschen das Vertriebsgeschäft immer nur wenige Verkäufer. Hundert Kunden ins Geschäft strömen zu sehen, von denen nicht mal jeder Zehnte etwas kauft, kann zu Zweifeln am eigenen Angebot führen. Zu Demotivation. Das Fatale: Ihre Kunden merken dies sogar. An der Ausstrahlung Ihrer Mitarbeiter. Ihrer Gestik. Ihrer Mimik. Der Argumentation. Der Begeisterung, mit denen Sie etwas präsentieren.

Frustration muss die Ausnahme bleiben Für Ihre Mitarbeiter, Ihr Team, für den Erfolg Ihres Unternehmens ist es deshalb wichtig, dass die Frustration nicht den Alltag beherrscht. Dass sie die Ausnahme bleibt. Dass Ihre Mitarbeiter eine höhere Frustrationstoleranz gegen das Nein des Kunden entwickeln. Nicht zum Zyniker werden, sondern ihr Feuer, ihre Begeisterung behalten.

Wie wir mit Schwierigkeiten umgehen, wie schnell wir der Enttäuschung erlauben, unser Empfinden zu bestimmen, hängt von unserer Frustrationstoleranz ab. Sie bestimmt, wie viele Rückschläge wir aushalten, bevor wir unsere Ziele aufgeben. Wie wir anstehende Aufgaben wie die Vereinbarung von Gesprächsterminen einfach ignorieren, um nicht wieder enttäuscht zu werden. Oder sogar selbst Gespräche absagen.

In diesen Momenten sind Sie als Coach gefragt. Als Anlaufstelle und Ratgeber für Ihre Mitarbeiter. Als derjenige, der gemeinsam mit Ihrem Mitarbeiter Ursachenforschung betreibt. Und der dabei hilft, die Frustrationstoleranz Ihres Mitarbeiters zu erhöhen.

PRAXISTIPP:
Gemeinsam Frustursachen ermitteln

Fragen Sie Ihren Mitarbeiter, warum genau er frustriert ist. Gibt es einen konkreten Auslöser? Hat er beispielsweise besonders viel Zeit in ein Projekt gesteckt, das dann nicht zum Abschluss gekommen ist? Oder hat sich seine Frustration als ein schleichender Prozess aufgebaut? Welche Erwartungen hat er in dieser Situation bzw. während des Prozesses an sich selbst gestellt? Prüfen Sie, ob diese Erwartungen irrational waren – also gar nicht erfüllt werden konnten. Helfen Sie ihm dabei, realistische Erwartungen zu formulieren. Klären Sie dabei auch, was Sie von ihm erwarten. Und warum Ihre Erwartungshaltung genau so aussieht.

Achten Sie darauf, dass Sie dem frustrierten Mitarbeiter in den kommenden Wochen regelmäßig Feedback zu seinen Leistungen geben. Loben Sie ihn dort, wo er es verdient. Üben Sie Kritik, wenn es angebracht ist. Setzen Sie ihm klare Ziele, die Sie auf kürzere Zeitspannen runterbrechen. So schaffen Sie gute Bedingungen für zeitnahe Erfolgserlebnisse.

10.1. Unterschiedliche Motivationstrigger ansprechen

Die Erreichung von Zielen und positives Feedback spornen nicht nur in aktuellen Frustsituationen an. Sie stärken unser Selbstbewusstsein auch dann, wenn es uns gut geht. Anerkennung für geleistete Arbeit zählt zu den wirkungsvollsten und einfachsten Mitteln, um das Team anzuspornen. Sie kostet nichts – aber sie ist nicht billig! Will heißen: Anerkennung muss immer echt, herzlich und wahrhaftig sein. Sie muss, wie auch ein Lob, direkt, klar und konkret erfolgen. Selbst wenn einmal kein Erfolg zu verzeichnen ist, kann Anerkennung den Weg zum Erfolg sprichwörtlich »unter die Füße« schieben!

Gleichbehandlung von Mitarbeitern ist ungerecht! Berücksichtigen Sie daher bei der Motivation Ihrer Mitarbeiter deren unterschiedliche Persönlichkeiten. Bauen Sie die entsprechenden »Treiber« in Ihre Formulierungen ein. Beispielsweise können Formulierungen wie »Bei diesem Projekt können Sie zeigen, was in Ihnen steckt« oder »Wenn Ihnen das gelingt, sprechen wir im nächsten Jahr über Ihre Karriere« ehrgeizige Mitarbeiter, Kämpfer und Hunter zu Bestleistungen motivieren. Bei neugierigen und aufgeschlossenen Mitarbeitern kann der Hinweis auf das Neue und Innovative der gestellten Aufgabe den Motivationsfunken zünden. Andere Mitarbeiter mögen bei der Betonung des Teamgedankens Feuer fangen oder durch die Veröffentlichung von Erfolgschancen durch Zahlen, Daten und Fakten.

Um herauszufinden, welche Motive Ihre Mitarbeiter antreiben, hilft Ihnen die MotivStrukturAnalyse MSA® (vgl. Seite 184). Und natürlich die gesunde Menschenkenntnis.

Wie können Sie Teamgeist entwickeln? Wovon reden wir, wenn wir von Teamgeist sprechen, wenn es darum geht, Einstellung und Motivation im Team zu entwickeln? Eines der überzeugendsten Beispiele ist mir im Ruhrgebiet begegnet. Ein alter Bergmann erzählte mir mit leuchtenden Augen, wie sehr die Menschen früher auch als Team zusammengehalten haben. Damals, als im Ruhrgebiet noch Kohle gefördert wurde und die Kumpels unter erschwerten und häufig gefährlichen Bedingungen unter Tage gearbeitet haben. Als sich einer auf den anderen verlassen können musste. Als jeder kleine Fehler Leben kosten konnte. Das hat zusammengeschweißt. Teamgeist war überlebenswichtig! Wenn einer ging – egal aus welchem Grund – ging das gesamte Team. Zog zur nächsten Zeche, um dort wieder gemeinsam acht, zehn Stunden unter Tage zu malochen.

Kein Fußballteam gewinnt ohne Druck. Gemeinsam wollen sie den Sieg. Teamspirit und Wettbewerbsdenken, das funktioniert. Wenn die Mannschaft entsprechend motiviert ist. Siegen will. Und dies mit Freude. Wenn buchstäblich die Mannschaftsenergie den Ball »irgendwie ins Tor treibt, egal wer schießt«. Ein schönes Beispiel dafür ist das Spiel des BVB gegen Mainz 05, das Dortmund 4:2 gewann. Im Anschluss an das Spiel brachte Thomas Tuchel, damals noch Trainer von Mainz 05, auf den Punkt, was den BVB zum Sieg geführt hatte: die Entschlossenheit zur Bestleistung, das geschlossene Team und die Spielfreude. Gegen dieses Team war Mainz wehrlos.

Jürgen Klopp, damals Trainer des BVB, hatte seiner Mannschaft neben dem Sieg gegen Mainz ein weiteres Ziel mitgegeben: den Sprung in die Champions League. Zum vierten Mal hintereinander. Ein Ziel, das motiviert. Und das mit zum Sieg geführt hat. Heute ist Klopp mit Liverpool auf dem Weg ins internationale Geschäft im Fußball. Er ist ein gutes Beispiel für Stimmung, Leistung und Ergebnisse in Teams!

Wenn die Chemie im Team stimmt, wenn die Rollen klar verteilt, die Aufgaben und Ziele bewusst sind, und wenn dann noch »Druck von außen« dazu kommt, dann stimmt die Einstellung, dann passt die Motivation und der berühmte Funken zündet!

Heute ist dies so kaum mehr vorstellbar. Der berufliche Werdegang ist individuell geworden. Ob und wie oft jemand seinen Job wechselt, hängt von zahlreichen Aspekten ab. Vielleicht ist jemand aus persönlichen Gründen umgezogen. Oder strebt den nächsten Karriereschritt an. Oder aber er fühlt sich in seinem aktuellen Job überfordert. Kommt nicht mit seinen Kollegen klar. Oder auch mit seinem Chef. Ganz gleich, woran es liegt: »Zehn Euro mehr oder ein Extra-Urlaubstag« reichen nicht als Anreiz. Dafür ist der Aufwand zu groß. Der Bewerbungsprozess zu langwierig. Und die Gefahr, wieder nicht den Traumjob erhalten zu haben, zu groß – schließlich kann in der Probezeit jederzeit ohne Gründe gekündigt werden.

Das heißt nun nicht, dass das Einkommen bei der Wahl des Arbeitgebers keine Rolle mehr spielt. Oder – sofern es ein deutlicher Unterschied ist – kein Grund für einen Jobwechsel sein kann. Klare Ziele sind wichtig. Und Geld spielt natürlich noch eine Rolle. Dies hat eine Studie der Gesellschaft für Konsumforschung bestätigt, bei der 978 Arbeitnehmer gefragt wurden, weshalb sie ihren Arbeitsplatz wechseln würden. 61,6 Prozent der Befragten gaben »schlechte Bezahlung« als einen von bis zu drei Gründen an. Aber: Auf Platz 2 schaffte es der Grund »schlechtes Arbeitsklima«, der von 53,9 Prozent angegeben wurde. »Fehlende Weiterentwicklungsmöglichkeiten« lagen immerhin mit 22 Prozent auf Platz 4.

Geld ist nicht alles Geld ist damit zwar weiterhin wichtig, aber nicht mehr allein entscheidend bei der Frage, ob Arbeitnehmer bei einem Arbeitgeber bleiben oder doch den Job wechseln. Oder um die Frage, wann der richtige Zeitpunkt für eine Neuorientierung ist. Auch bei der Entscheidung für einen neuen Arbeitgeber ist das Einkommen nur eines von mehreren Kriterien. Und das ist verständlich: Wir verbringen mehr Zeit am Arbeitsplatz als mit unserem Partner, unserer Familie. Wir reden am Tag mehr mit unseren Kolleginnen und Kollegen als mit unseren Kindern. Und wir nehmen diesen Arbeitstag mit nach Hause. Um Teamgeist und Motivation zu entwickeln, müssen natürlich die Menschen zueinander passen. Und die Voraussetzungen sollten stimmen: Klare Ziele, Bezahlung und Wir-Gefühl sind erste, gute Bedingungen, unter denen Leistung möglich wird.

Doch das ist nicht alles. Wir möchten stolz auf das sein, was wir leisten. Uns mit unseren Aufgaben identifizieren. Wollen gefordert werden, wachsen, uns weiterentwickeln. In einem Unternehmen, für ein Unternehmen, für das man gerne arbeitet. Mit dessen Werten wir uns identifizieren können. In Teams, in denen wir uns wohlfühlen, in denen motiviert gearbeitet wird. Weil alle an einem Strang ziehen. Weil wir Unterstützung bekommen. Weil wir füreinander einstehen – fast so wie die Kumpels früher. Teamgeist und Motivation.

Dieses Streben nach einem angenehmen Arbeitsklima, nach einem Job, der begeistert, der inspiriert, bringt nicht nur für Arbeitnehmer Vorteile mit sich, sondern natürlich auch für den Arbeitgeber, Ihr Unternehmen. Denn klar ist umgekehrt: Demotivierte Mitarbeiter leisten weniger. Sind häufiger krank. Sie schaden dem Unternehmen. Das belegt auch der regelmäßig erscheinende Engagement-Index des Beratungsunternehmens Gallup. Kennen Sie auch, oder? Demnach machen 61 Prozent der Mitarbeiter in Deutschland Dienst nach Vorschrift. Kommen pünktlich und gehen genauso pünktlich. Spulen ihr Pflichtprogramm ab und machen nicht mehr als nötig. Sie engagieren sich nicht. 24 Prozent haben sogar innerlich gekündigt. Das hat fatale Folgen – für die Wirtschaft im Ganzen und die Unternehmen selbst. Auf zwischen 112 und 138 Milliarden Euro jährlich belaufen sich die volkswirtschaftlichen Kosten aufgrund innerer Kündigung – so das Beratungsunternehmen in seiner Studie »Engagement-Index 2012«. In den Unternehmen selbst macht sich dies unter anderem durch eine geringere Innovationskraft und weniger Verbesserungsvorschläge in den Bereichen Prozesse, Produkte oder Service merkbar. Durch fehlende Begeisterung beim Job, höhere Fehlzeiten – und eine höhere Fluktuation.

Demotivierte Mitarbeiter kosten Sie Geld

Einer der wichtigsten Gründe für die Demotivation geht laut Studie auf die Personalführung zurück. Auf die Frage, ob sich ein Mitarbeiter wie ein Partner oder eher wie ein Untergebener behandelt fühlt. Wie mit seinen Ideen zur Verbesserung von Produkten und Prozessen umgegangen wird. Ob man sie ignoriert – oder prüft. Ob sie umgesetzt werden. Ob er erfährt, wie das Unternehmen dadurch profitiert hat.

Anders ausgedrückt: Sie haben es in der Hand, ob Ihre Mitarbeiter offen für Abwerbungsversuche der Mitbewerber sind. Ob sie Bestleistungen erbringen. Ob sie sich im Team gegenseitig fördern und helfen oder ob sie sich bekämpfen. Ob Ihr Team – und damit Ihr Unternehmen – erfolgreich ist.

10.2. Mitarbeiter motivieren und inspirieren

Nun möchte niemand mehr die früheren Arbeitsbedingungen des Bergbaus zurück haben, auch wenn sie noch so teamfördernd waren. Und ehemalige Bergarbeiter selbst in hohem Alter noch trotz aller Gefahren leuchtende Augen bekommen, wenn sie von ihrer Arbeit berichten. Noch immer inspiriert sind. Junge Menschen an ihrer Geschichte, ihren Erlebnissen teilhaben lassen – durch Führungen in ehemaligen Zechen beispielsweise.

Doch wie können Mitarbeiter heute noch motiviert werden?

Fordern und fördern Der bereits erwähnte Gallup-Engagement-Index hat das Zusammenspiel von Motivation und Führung eindrucksvoll belegt. Natürlich können Sie nicht aus jedem Teammitglied einen inspirierten Mitarbeiter machen. Sie können aber verhindern, dass es zur Demotivation kommt, zu inneren Kündigungen. Sie können ein Arbeitsklima schaffen, in dem sich Mitarbeiter gefordert und gefördert fühlen. In dem sie Teil einer großen Idee werden. Ihre persönlichen Werte im Unternehmen, im Team wiederfinden. Sich bestätigt fühlen in dem, was sie machen. Darin bestärkt werden, neue Ideen zu verfolgen. Quer zu denken. Neugierig zu sein und Dinge zu hinterfragen. Ein Arbeitsklima, das Kreativität und Offenheit erlaubt. In dem es kein Gerangel und kein Misstrauen gibt, sondern ein faires Miteinander. In dem Sie als Vorbild agieren.

HINTERGRUNDWISSEN:
So wirkt sich Führung auf die Mitarbeitermotivation aus

Wie wirkt sich Führungsverhalten auf die Motivation und Identifikation der Arbeitnehmer und in der Konsequenz auf deren Engagement aus? Dieser Frage geht das Beratungsunternehmen Gallup mit seinem Engagement-Index jährlich (zuletzt 2016) nach – die Ergebnisse verändern sich über die Jahre nur leicht (siehe Gallup-Engagement-Index 2001–2016 unter: http://www.gallup.de/file/190037/Grafik_EngagementIndex_deu_oT_2016.pdf, dok. Febr. 2017). Pointiert hat Gallup dies 2012 (befragt wurden damals 2818 Arbeitnehmer) herausgearbeitet:

- 89 Prozent der Arbeitnehmer mit hoher emotionaler Bindung gaben an, dass sie ihre Sichtweisen offen und ohne Furcht einbringen können. Bei den Mitarbeitern, die innerlich gekündigt haben (keine Bindung zum Unternehmen), waren dies nur 13 Prozent.

- Der Aussage »Mein Vorgesetzter ist offen für neue Ideen und Vorschläge« stimmten 85 Prozent der Mitarbeiter mit hoher Bindung zu, aber nur 9 Prozent der Mitarbeiter ohne Bindung.

- Die Aussage »Ich werde ermuntert, neue Ideen und Verbesserungsvorschläge einzubringen« wurde von 78 Prozent der Mitarbeiter mit hoher Bindung bestätigt. Bei den Mitarbeitern ohne Bindung waren es 9 Prozent.

- Auch die Art, wie Führungskräfte mit Fehlern umgehen, wirkt sich auf die Motivation aus. Dies zeigt die Aussage »In meinem Arbeitsumfeld werden Fehler als Möglichkeit gesehen, zu lernen und besser zu werden«. Von den Mitarbeitern mit hoher emotionaler Bindung bestätigten dies 73 Prozent, von denen ohne Bindung nur 6 Prozent.

- Krasse Unterschiede auch bei der Aussage »In meinem Unternehmen werden unterschiedliche Meinungen und Ideen geschätzt«, der 80 Prozent der Mitarbeiter mit hoher emotionaler Bindung zustimmten, aber nur 4 Prozent der Mitarbeiter ohne Bindung.

(Quelle: http://www.gallup.com/services/176552/pr%C3%A4sentation-zum-gallup-engagement-index-2012.aspx)

Dabei geht es keineswegs darum, eine »Wir haben uns alle lieb«-Stimmung zu erzeugen, niemandem wehzutun. Die Mitarbeiter sollten sich aber sicher sein, dass sie entspannt und ohne Angst arbeiten können. Dass es faire Regeln gibt, nach denen ihre Leistung beurteilt wird. Dass konstruktive Kritik geübt wird. Dass Kreativität, Neugier und Querdenken nicht als Humbug abgetan, sondern als Bereicherung wahrgenommen werden.

Wenn Ihnen dies durch Ihr Führungsverhalten gelingt, wird der Großteil Ihres Teams gerne und motiviert arbeiten. Dies ist die Basis, auf der das Grundrauschen des Vertriebs stattfinden kann. Auf der weitere Motivationsmaßnahmen Ihr Team zu Bestleistungen führen können. Ohne diese Basis werden alle anderen Maßnahmen zur Motivation und Inspiration der Mitarbeiter verpuffen.

PRAXISTIPP:
So wecken Sie bei anderen Begeisterung

Persönliche Ziele zu erreichen, erfordert Willenskraft, Ausdauer und die Fähigkeit, sich immer wieder für die Sache zu begeistern. Andere dazu zu bringen, sich für ein Anliegen einzusetzen, erfordert jedoch weit mehr. Denn hier haben Sie es mit verschiedenen Unbekannten zu tun. Über die eigene Verfassung können Sie sich jederzeit ein Bild machen – der mentale und rationale Zustand anderer Menschen erschließt sich nicht ohne Weiteres. Das heißt: Es reicht nicht aus, die Weichen zu stellen und den Zug ins Rollen zu bringen. Während der gesamten Wegstrecke zum Erfolg sind Sie als Führungskraft gefragt, Blockaden beiseite zu räumen und eine eventuell nachlassende Motivation neu zu beleben.

Diesen Praxistipp habe ich bereits 2005 in meinem allerersten Buch formuliert, das 2017 nochmal unter dem Titel »Agiere jetzt! 7 Aktionsgesetze für mehr Erfolg im Leben« aufgelegt wurde. Bis heute unterschreibe ich jedes Wort!

10.3. Motivierende Führung ist in erster Linie Kommunikation

Um bei Ihren Mitarbeitern Begeisterung zu entfachen und diese aufrechtzuerhalten, sollten Sie wissen, wie Ihr Team tickt. Wer zu den Best-Performern gehört. Wer mehr Aufmerksamkeit oder gezielte Unterstützung braucht. Hierbei hilft die Teamanalyse.

PRAXISTIPP:
Die Teamanalyse

Vertriebsteams lassen sich in die Kategorien Selbstgänger oder Best-Performer, Mittelfeld und Mitarbeiter mit eher schwachen Ergebnissen einteilen. Jede Kategorie braucht eigene Anreize, um zu (persönlichen) Bestleistungen motiviert zu werden. Die Best-Performer motivieren sich selbst. Sie brennen von innen. Sie haben gern Erfolg und stehen oben auf den Ergebnislisten. Sie kennen ihre Kunden und können verkaufen.

Anders das Mittelfeld: Diesen Mitarbeitern fehlt häufig der letzte Biss. Ihnen liegt das Verkaufen, aber es fehlt das entscheidende Etwas.

Mitarbeiter mit schwachen Ergebnissen hingegen können sich entweder nicht oder nicht mehr mit dem Produkt oder nicht mit ihrem Job identifizieren. Oder aber ihnen fehlen schlichtweg wichtige Kernkompetenzen für den Verkauf.

Was bedeutet das für Sie? Schauen Sie sich Ihr Team genau an. Erstellen Sie für jeden Mitarbeiter ein Leistungsprofil. Finden Sie heraus, wo die persönliche Motivation des Einzelnen liegt, welche Stärken er hat, wie Sie ihn unterstützen können. Dies kann eine neue Rolle im Team sein. Ein Training oder eine stärkere persönliche Führung. Vielleicht muss es auch eine Trennung sein. Nicht schön, gehört aber in der Führung immer auch dazu. Legen Sie den Fokus in der Führung auf die Selbstgänger, die Best-Performer. Hier wird ein großer Teil der Umsatzverantwortung liegen. Hier schaffen Sie die Regeln für den Erfolg. Und daran richten sich das Mittelfeld und auch die eher schwachen Mitarbeiter im Team aus.

Eines der wesentlichen Instrumente, um Ihr Team zu motivieren, ist Kommunikation. Vermitteln Sie Ihren Mitarbeitern, dass ihre Leistung wahrgenommen wird. Nehmen Sie sich Zeit für Gespräche. Erkennen Sie Erfolge an.

10.4. Wettbewerb und Kampfgeist

Manchmal reichen Worte als Motivationsinstrument nicht aus. Beispielsweise, wenn Ihr Team gemeinsam ein Ziel erreicht hat. Einen neuen Auftrag geholt oder eine Umsatzmarke geknackt hat. Schaffen Sie für besondere Erfolge wiederkehrende Rituale oder Events, die Sie kultivieren. Beispiele für solche Events können sein:

- Grillfeste im Sommer
- der »Day out of the box« im Winter
- das After-Work-Bier am Dienstag im Ruders (Düsseldorfer Ritual)
- die Harley-Tour
- das Golfturnier
- der Ausflug mit Odin nach Korfu
- die Weihnachtsfeier
- der Bowling-Abend

Ihre Leute brauchen solche Events. Das sind vertriebliche Hygienefaktoren! Sie sind zudem die Basis für Teamgeist und damit auch die Voraussetzung für Top-Resultate. Für die meisten Vertriebsprofis sind solche Events eine gute Chance, emotional aufzutanken, sie fühlen etwas »Heimat« und »Familie« und wissen, dass sie Teil eines großen Ganzen sind. Solche Rituale geben Orientierung, Richtung und Halt!

Team des Monats und »Rennlisten« Hat ein Mitarbeiter oder ein kleineres Team den Erfolg erzielt, sollten Sie auch dafür Ausdrucksformen und Rituale haben wie zum Beispiel den Mitarbeiter oder das Team des Monats. Oder Sie sorgen für eine eigene Rubrik im Intranet, in der Mitarbeiter und Projekte vorgestellt werden. Sie können auch »Rennlisten« aufstellen, in denen die fünf umsatzstärksten Mitarbeiter eines Monats, Quartals oder Jahres angezeigt werden.

Achten Sie darauf, dass im Unternehmensalltag Zeit für den persönlichen Austausch bleibt und Mitarbeiter ins Gespräch kommen. Stoßen Sie den Austausch an. Fragen Sie gezielt nach: »Wie haben Sie denn Herrn XY doch noch zum Abschluss bringen können?«, »Welcher Aspekt war für die Auftragsvergabe ausschlaggebend?« oder »Wie haben Sie es geschafft, dass wir uns gegenüber dem Wettbewerber durchsetzen konnten?« Mit solchen kleinen Aktionen können Sie auch die Motivation bei außergewöhnlich langen Arbeitstagen aufrechterhalten.

Wahrscheinlich können wir davon ausgehen, dass die Menschen, die sich für eine Vertriebskarriere interessieren, tendenziell grundsätzlich wettbewerbsbetont sind. Diesen Rückschluss lässt zumindest eine Umfrage von Cegos Deutschland aus dem Jahr 2010 zu. Dazu wurden 950 Vertriebsführungskräfte und -mitarbeiter aus Unternehmen mit unterschiedlicher Größe aus unterschiedlichen Branchen befragt, was sie wirklich motiviert. Das Ergebnis:

Umfrage Cegos Deutschland 2010

- Anerkennung ihrer Leistung
- persönliche Entwicklungsmöglichkeiten
- Gesamtvergütung
- Investition in die Entwicklung ihrer Kompetenzen
- gute Beziehung zu ihrem Management
- Zielsystem im Unternehmen
- interne Verkaufswettbewerbe und Incentives

Bestleistungen erbringen Mitarbeiter vor allem dann, wenn sie gefordert werden. Das gilt auch für Vertriebsmitarbeiter: Sie kennen Druck. Wollen sich beweisen. Zeigen, dass sie gut sind. Wollen gefordert und gefördert werden. Und zwischendurch auch ihre Routine durchbrechen.

Eine Möglichkeit, mit der Sie den Kampfgeist Ihres Teams entfachen können, sind Verkaufswettbewerbe und Incentives. Dies bietet sich vor allem in umsatzschwachen Phasen an oder wenn ein Produkt gezielt stärker verkauft werden soll.

Doch Vorsicht: Es reicht keineswegs aus, eine Zeitspanne zu definieren, in der der interne Wettbewerb stattfindet, und hinterher den Verkäufer mit den meisten Leads auszuzeichnen. Diese Wettbewerbsregeln demotivieren alle durchschnittlich guten Vertriebsmitarbeiter, da sie sich gegenüber den Topverkäufern von Anfang an keine Chance ausrechnen.

**Intelligente
Verkaufs-
wettbewerbe**
Gefragt sind vielmehr intelligente Verkaufswettbewerbe, die den Wettbewerbsgedanken untereinander anfachen. In denen sich die Mitarbeiter gegenseitig messen können, sich – auf fairer Ebene – gegeneinander anstacheln. Mit realen Zielen, bei denen jeder die Chance hat, zu den Gewinnern zu gehören. Dieser Kampfgeist, dieses innere Feuer, gehört zum Vertrieb. Es steigert die Motivation und den Ehrgeiz.

Je nach Branche kann beispielsweise die Aufgabe gestellt werden, in der Wettbewerbsphase den Verkauf eines Produktes um zehn Prozent zu erhöhen. Kunden, die Ihr Produkt weiterverkaufen, von gemeinsamen Marketingmaßnahmen zu überzeugen. Oder Sie können die ersten drei zu Gewinnern küren, die zuerst eine festgelegte Zahl von Leads erreicht haben.

Läuft der Wettbewerb über einen längeren Zeitraum, können Sie das Feuer brennen lassen, indem der Wettbewerb visualisiert wird. Nehmen wir an, die Aufgabe lautet, innerhalb eines halben Jahres 600 Leads zu gewinnen. An dem Wettbewerb beteiligen sich vier Teams mit jeweils drei Mitarbeitern. Nun können Sie natürlich irgendwo auf einer Pinnwand die aktuellen Leads verzeichnen. Das ist langweilig. Und geht vielleicht sogar in anderen Informationen unter. Nutzen Sie das Intranet. Stellen Sie visuell dar, welches Team die Spitzenposition einnimmt. Sprechen Sie den aktuellen Status in den Teammeetings an.

Damit diese Strategie gelingt, dürfen die internen Wettbewerbe nicht zum Betriebsalltag gehören, sonst verlieren sie an Reiz. Und es sollte etwas zu gewinnen geben. Das müssen keine teuren Armbanduhren mehr sein. Tipp: Überlegen Sie sich einen »emotional aufladbaren« Gewinn, beispielsweise einen Grill zuzüglich einer ordentlichen Portion Grillgut, sodass sich Ihr komplettes Team gleich mit über eine Einladung freuen darf. Einfach? Stimmt. Aber was einfach ist, das läuft. Und es muss nicht teuer sein. Es geht um das Signal als solchem. Tun Sie das, wenn Sie Erfolg als Führungskraft im Vertrieb haben wollen!

Emotional aufladbare Gewinne

Auch äußere Anlässe wie die Olympischen Spiele oder die Fußballweltmeisterschaft lassen sich für interne Wettbewerbe nutzen. Übertragen Sie die Spielregeln der WM auf Ihr Vertriebsteam. Lassen Sie kleinere Gruppen »gegeneinander spielen«, tippen Sie auf die Ergebnisse. Durchlaufen Sie den Prozess vom Achtelfinale bis zum Pokal. Diesen überreichen Sie dann dem Siegerteam.

Unabhängig davon, wie der Wettbewerb konkret aussieht: Kommunizieren Sie klare, eindeutige Regeln. Achten Sie darauf, dass jedes Team die Chance hat, zu gewinnen. Setzen Sie realistische Ziele – alles andere führt zu Demotivation.

Wenn Sie sich fragen, ob sich auch Ihre Mitarbeiter der Gen Y und Z von herkömmlichen Incentives und Wettbewerben begeistern lassen, antworte ich mit einem entschiedenen »Ja, aber …« Zum einen zieht es nach wie vor die wettbewerbsorientierten, den schnellen Erfolg suchenden jungen Nachwuchskräfte in den Vertrieb, das hat sich nicht geändert.

Zum anderen steht es Ihnen natürlich frei, am besten gemeinsam im Team die jeweils passenden Incentive-Modelle zu finden, die auch diejenigen Nachwuchsführungskräfte und jungen Vertriebler begeistern, die anders gestrickt sind. Kunst, Kultur, Sport, Wellness, Freizeit. Wie sinnvoll darf es sein? Oder Spenden an ein soziales Projekt, das demjenigen besonders am Herzen liegt, Engagement des Unternehmens für eine NGO oder eine Friedensaufgabe. Man muss die Menschen nur fragen, was für sie wirklich wichtig ist, was ein Incentive im besten Sinne des Wortes für sie sein könnte. Ihre jungen Mitarbeiter werden Ihnen mit Sicherheit keine Antwort schuldig bleiben!

10.5. Incentives und Teamevents

»Man of the Month« – »Woman of the Term"

Es sind nicht nur Wettbewerbe, die die Motivation erhöhen und Begeisterung schaffen. Auch Incentives und Teamevents können zur Umsatzsteigerung beitragen. Sie sind Belohnung und Teamentwicklungsmaßnahme zugleich. Drücken Anerkennung aus und schaffen ein Schuldkonto bei den Mitarbeitern – was bedeutet, dass diese nach der Maßnahme durch ein besonderes Engagement oder einen zusätzlichen Zeitinvest ihrerseits dem Unternehmen etwas »Gutes zurückgeben« möchten.

Besondere Leistungen verdienen besondere Anerkennung. Beispielsweise durch die monatliche Auszeichnung »Man of the Month« oder die halbjährliche »Woman of the Term«, die

Ganz gleich, wie gut die Stimmung ist, wie begeistert der Großteil des Teams das Incentive annimmt, es kann immer wieder vorkommen, dass sich ein Mitarbeiter oder auch eine Gruppe verweigert. Lieber zuschaut als mitmacht. Oder sogar versucht, dass Incentive aktiv zu stören. Hier hilft nur die persönliche Ansprache. Erklären Sie dem Verweigerer, dass das Team ihn braucht – im Büro und beim Incentive. Dass nur gemeinsam das Ziel erreicht, die Aufgabe gelöst werden kann.

intern vergeben werden. Je nach Zielsetzung haben Sie hier verschiedene Möglichkeiten:

- Ranking nach Umsatz oder Verkaufszahlen – der / die Topverkäufer / in wird ausgezeichnet
- Toplisten ja. Floplisten nein.
- Auszeichnung für das Erreichen kurzfristiger, sehr ambitionierter Ziele
- Auszeichnung für eine besonders kreative oder erfolgreiche Verkaufsstrategie
- Auszeichnung für eine herausragende Leistung, die dem gesamten Team zugutekommt – auch wenn sie sich nicht direkt in Verkaufszahlen niederschlägt

Wichtig ist auch hier, dass Sie die Regeln klar und transparent kommunizieren. Nur so vermeiden Sie den Eindruck, dass die Auszeichnung nicht nach Fakten, sondern nach persönlichen Befindlichkeiten vergeben wurde.

Maßnahmen zur Mitarbeitermotivation und zum Teambuilding gibt es viele. Die Kunst liegt darin, sie zielgerichtet einzusetzen. In der aktuellen Situation die Maßnahme auszuwählen, mit der Sie am besten Ihr Ziel erreichen. Dabei ist es hier genauso wie im Privatleben: Je besser Sie die Motivation

Ihrer Mitarbeiter kennen, umso leichter lässt sich das geeignete Incentive auswählen. Denn je persönlicher und individueller die Anreize sind, umso mehr Wirkung entfalten sie.

ÜBERSICHT:
Mögliche Maßnahmen des Teambuildings

Zielgruppe	Ziel / Anlass	Incentive / Anreiz
Komplettes Team	allgemeine Maßnahme	Reinigungsservice: Anzüge, Hemden, Kostüme und Blusen werden von der Reinigung abgeholt und gereinigt geliefert
Komplettes Team	allgemeine Maßnahme	Mittagservice: gemeinsames Mittagessen, tägliche Lieferung durch ein Restaurant
Komplettes Team	allgemeine Maßnahme	wiederaufladbare Gutscheinkarte für steuerfreie Sachbezüge
Komplettes Team	allgemeine Maßnahme	Wetten abschließen: Gewinner-Verlierer-Prinzip
Komplettes Team	kurzfristige Ziele / Aktions-zeiträume	Frühstück in Paris
Komplettes Team	kurzfristige Ziele / Aktions-zeiträume	Teamprämien für Events: Klettertour, Floßfahrt auf der Isar, Iglu bauen

Komplettes Team	kurzfristige Ziele/Aktionszeiträume	Incentive-Reisen
Topverkäufer	allgemeine Maßnahme	Zusatzprovision; Bargeld für Nebenkosten
Topverkäufer	allgemeine Maßnahme	Ehrung der Top 10 im Verkauf am Jahresende mit Party für das gesamte Team
Topverkäufer	kurzfristige Ziele/Aktionszeiträume	Executive Coaching
Topverkäufer	kurzfristige Ziele/Aktionszeiträume	hochwertige Sachprämien, die dem Persönlichkeitstyp und den individuellen Interessen entsprechen
Spitzenverkäufer	allgemeine Maßnahme	mehrstufige Ziele
Spitzenverkäufer	allgemeine Maßnahme	exklusive Weiterbildung
Spitzenverkäufer	allgemeine Maßnahme	Zugang zu Vorteilsportal für Mitarbeiter
Spitzenverkäufer	allgemeine Maßnahme	Sachprämien, die dem Persönlichkeitstyp und den individuellen Interessen entsprechen
Spitzenverkäufer	kurzfristige Ziele/Aktionszeiträume	Mitarbeiterwettbewerbe
Spitzenverkäufer	kurzfristige Ziele/Aktionszeiträume	verschiedene Incentives wie Sportevent etc.
Top 10	allgemeine Maßnahme	Quartalsbonus
Top 10	allgemeine Maßnahme	Jahresbonus

Top 10	allgemeine Maßnahme	Sachprämien, die dem Persön-lichkeitstyp und den individuellen Interessen entsprechen
Top 10	allgemeine Maßnahme	Ranking »Man of the Month«
Top 10	allgemeine Maßnahme	internes Prämienprogramm mit Sachprämien ausgewählter Marken
Top 10	kurzfristige Ziele / Aktions-zeiträume	Mitarbeiterwettbewerbe: Wetten, Winner-Loser-Prinzip

Dies ist für mich aus diesem Kapitel besonders wichtig – um diese Punkte werde ich mich noch genauer kümmern:

1) _____

2) _____

3) _____

4) _____

5) _____

6) _____

7) _____

8) _____

9) _____

10) _____

Literaturverzeichnis

1. Bücher und Buchbeiträge

Belz, Christian: Stark im Vertrieb. Die 11 Hebel für ein schlagkräftiges Verkaufsmanagement. Schäffer-Poeschel, 2013

Binckebanck, Lars / Hölter, Ann-Kristin / Tiffert, Alexander (Hrsg.): Führung von Vertriebsorganisationen. Strategie – Koordination – Umsetzung. Springer Gabler, 2013

Binckebanck, Lars / Elste, Rainer (Hrsg.): Digitalisierung im Vertrieb: Strategien zum Einsatz neuer Technologien in Vertriebsorganisationen. Springer Gabler, 2015

Buhr, Andreas: Agiere jetzt! 7 Aktionsgesetze für mehr Erfolg im Leben. go! LiveVerlag, 2017

Buhr, Andreas / Müller, Wolfgang: go! Die Kunst das Leben zu meistern. go! LiveVerlag, 3. Aufl. 2016

Buhr, Andreas: Die Umsatz-Maschine. Wie Sie mit VertriebsIntelligenz® Umsätze steigern. GABAL Verlag, 3. Aufl. 2006

Buhr, Andreas: Erfolgsfaktor Hybride Beratung. Wolters Kluwer, 2015

Buhr, Andreas: Führungsprinzipien. Worauf es bei Führung wirklich ankommt. GABAL Verlag, 2016

Buhr, Andreas: Machen statt meckern! Die 10 Prinzipien der Clean Leadership: Erfolgreich auf dem Weg zur Spitze. go! LiveVerlag, 2. Aufl. 2015

Buhr, Andreas: Vermittler trifft Kunde. Strategien für ein typgerechtes Verkaufsgespräch. Wolters Kluwer, 2. Aufl. 2012

Buhr, Andreas (Hrsg.): Training ist der Erfolg von morgen. go! LiveVerlag, 2016

Buhr, Andreas et al. (Hrsg.): Das Sales-Master-Training: Ihr Expertenprogramm für Spitzenleistungen im Verkauf. Gabler, 2. Aufl. 2010

Buhr, Andreas: Finanzvertrieb geht heute anders. Neue Wege für erfolgreiche Vermittler. Wolters Kluwer, 2013

Buhr, Andreas: Vertrieb geht heute anders. Wie Sie den Kunden 3.0 begeistern. GABAL Verlag, 7. Aufl. 2016

Buhr, Andreas: Vertrieb geht heute anders. Fünf Regeln für den Vertrieb 24/7. go! LiveVerlag, 2015

Buhr, Andreas: Vertriebsintelligentes Recruiting. So werden Sie unwiderstehlich für neue Vertriebspartner. In: Kleinhenz, Susanne (Hrsg.): Erfolg-Reich-Sein in der Zukunft. Edition live-academy, 2010

Dannenberg, Holger / Zupancic, Dirk: Excellence in Sales: Optimising Customer and Sales Management, Gabler / Mercuri, 2008

Dannenberg, Holger / Zupancic, Dirk: Spitzenleistungen im Vertrieb: Optimierungen im Vertriebs- und Kunden-management. Gabler / Mercuri, 2007

Drucker, Peter F.: The Effective Executive: The Definitive Guide to Getting the Right Things Done. HarperBusiness, 2006

Drucker, Peter F.: Was ist Management? Das Beste aus 50 Jahren. Econ, 2002

Feltes, Florian: Mitarbeiterführung und Social-Media-Nutzung im Führungsalltag von Generation-Y-Führungskräften. Eine explorative Analyse mittels Mixed-Methods-Ansatz. Luxemburg, 2016 (Dissertation)

Fürstberger, Günther / Ineichen, Tanja: Commitment gewinnen als laterale Führungskraft. Haufe, 2016

Gierke, Christiane: Das ist ja´ne Marke! Bekannter, beliebter

und erfolgreicher mit Persönlichkeitsmarketing®. GABAL
Verlag, 2012

Gloger, Boris / Margetisch, Jürgen: Das Scrum-Prinzip:
Agile Organisationen aufbauen und gestalten. Schäffer-
Poeschel, 2014

Goleman, Daniel / Boyatzis, Richard / Mc Kee, Annie:
Emotionale Führung. Ullstein, 2003

Malik, Fredmund: Führen Leisten Leben: Wirksames
Management für eine neue Zeit. Campus, 2006

Neuberger, Oswald: Führen und führen lassen: Ansätze,
Ergebnisse und Kritik der Führungsforschung.
UTB, 2002

Robertson, Brian J. : Holacracy: The Revolutionary
Management System that Abolishes Hierarchy.
Penguin, 2015

Scheel, Alexander / Steinmetz, Heike: Erfolgreiche Personalsuche im Social Web. Data Becker, 2012

Scheelen, Frank / Christiani, Alexander: Stärken stärken.
Talente entdecken, entwickeln und einsetzen. Redline,
2013

Simon, Hermann: Preisheiten: Alles, was Sie über Preise
wissen müssen. Campus, 2013

Ulbricht, Carsten: Social Media und Recht. Haufe, 2013

Wickinghoff, Heinrich / Dietze, Ulrich: Führung im Vertrieb.
Mit der richtigen Führung zu besseren Vertriebs-
ergebnissen. GABAL Verlag, 2014

Winkelmann, Peter: Vertriebskonzeption und Vertriebssteuerung: Die Instrumente des integrierten Kunden-
managements. Vahlen, vollst. überarb. Aufl. 2012

Zenger, John H. / Folkman, Joseph R.: The Extraordinary
Leader. Turning good Managers into great Leaders.
McGraw Hill, 2009

2. Fachlich spezialisierte Websites

Dirks & Diercks Rechtsanwälte Partnerschaftsgesellschaft:
www.socialmediarecht.de
GALLUP: http://www.gallup.com/strategicconsulting/
160349/gallup-studien.aspx
reimus.NET GmbH: www.controllingportal.de
trendence Institut: http://www.trendence.com/
unternehmen/rankings/germany.html
Wertekommission – Initiative wertebewusste Führung e. V.:
https://www.wertekommission.de/events/
fuehrungskraeftebefragung-2015/
Wolf, Frank: besser 2.0, Blog: http://besser20.de

3. Studien, Fachbeiträge und Whitepapers

»8 predictions for the world in 2030«; World Economic
Forum; dokumentiert hier: https://www.weforum.org/
agenda/2016/11/8-predictions-for-the-world-in-2030/;
dokumentiert am 04.03.2017
Binckebanck, Lars / Buhr, Andreas: Training im Verkauf geht
heute anders; in: Sales Management Review 1/2017,
S. 12–21
Boniversum Consumer Information, o. O., 2012
Buhr, Andreas mit Feltes, Florian / Universität Luxemburg:
»Wie Social Media und das Internet das Führungs-
verhalten in Unternehmen beeinflussen«; Studie 2016;
veröffentlicht als Whitepaper. go! LiveVerlag, 2017
Buhr, Andreas: Der Mensch steht im Zentrum des
Führungshandelns; in: Magazin für Business & Bildung;
go! LiveVerlag, Ausgabe 42/2015, S. 5 ff.; dokumentiert
unter: http://magazin.buhr-team.com
Buhr, Andreas: Motivationsschub herbeiführen!; in:
absatzwirtschaft, 2/2009

Buhr, Andreas: Neue Wege zum Mitarbeiter 3.0; in: CASH (Cash.Finanzberater), Ausgabe 1/2014, S. 98 ff.

Bundesverband Informationswirtschaft Telekommunikation und neue Medien e. V. BITKOM, Vertriebskennzahlen für ITK-Unternehmen – Leitfaden Vertriebs-Measurement, Berlin, o. J.

Der Kunde entscheidet mit. IBM Institute for Business Value, o. O., 2014

Die Wirtschaftslage im deutschen Interaktiven Handel B2C 2011 / 2012

Engaging the 21st century workforce. Global Human Capital Trends 2014. Deloitte, 2014

Gebhardt, Christian / Handschuh, Martin: Wie die Digitalisierung den B2B-Vertrieb verändert; in: Sales Management Review 1/2016, S. 44–55

Hypscher, Patrick: Mit der Digitalisierung rechnen; in: wirtschaft+weiterbildung, 3/2017, S. 28–31

Ketchum Leadership Communication Monitor, Mai 2014; dokumentiert hier: http://www.ketchum.com/ Leadership-communication-monitor-2014; dokumentiert am 20.02.2017

Ketchum Leadership Communication Monitor 2016; dokumentiert hier: http://www.ketchum.com/ Leadership-communication-monitor-2016; dokumentiert am 20.02.2017

Kompetenzmanagement-Studie 2013. Scheelen AG, Waldshut-Tiengen, 2013

Künftige Arbeitswelt: Führungskräfte müssen umdenken!. Think!Tank, 2/2013, o. O., 2013

McKinsey 2016, https://www.mckinsey.de/ arbeitgeberwahl-toptalente-setzen-auf-kollegiale-zusammenarbeit-und-fachliche-weiterentwicklung, https://www.mckinsey.de/files/230915_pm_most_wanted.pdf

mmb Institut: Digitale Bildung auf dem Weg ins Jahr 2025. Essen, 2016. Link: https://www.learntec.de/data/studie-

zur-25.-learntec/schlussbericht_studie-im-rahmen-
der-25.-learntec.pdf; dokumentiert im Februar 2017

»Most wanted« 2013, Arbeitgeberstudie. »Spaß schlägt
Gehalt«. e-fellows.net, o. O., 2013; dokumentiert hier:
http://www.e-fellows.net/Karriere/Beruf-und-Karriere/
Arbeitgeberstudie-Most-Wanted-2013; dokumentiert am
10.03.2017

»Most wanted« 2016, Arbeitgeberstudie: »Was sich
e-fellows vom Job wünschen«; dokumentiert hier: http://
www.e-fellows.net/Karriere/Beruf-und-Karriere/Most-
Wanted-Studie-2016; dokumentiert am 10.03.2017

Omni-Chanel Commerce in Deutschland, PAC Pierre
Audoin Consultants, o. O., 2014; dokumentiert hier:
https://www.pac-online.com/download/11382/140553;
dokumentiert am 27.02.2017

Otto Group (Hrsg.): Otto Group Trendstudie zum ethischen
Konsum. Studie I (2007), II (2009), III (2011), IV (2013).
Übersicht dokumentiert hier: http://www.ottogroup.com/
de/medien/meldungen/Verbraucherlegen- grossen-Wert-
auf-faire-Arbeitsbedingungen.php. Studie IV (2013);
dokumentiert im April 2015 hier: http://www.ottogroup.
com/media/docs/ de/trendstudie/1_Otto_Group_
Trendstudie_2013.pdf

»Research Online Purchase Offline. The Role of the Internet
on the Path to Purchase«, o. O., 2011; dokumentiert hier:
https://docs.google.com/file/d/0B3aHCyCTg-vqMjYz
YjBmNmYtZTA–NC00NmU5LWI3MWUtMDRjNmU–
ZmRkMzI5/ edit?hl=de&authkey=CMnvtZ –L&pli=1.
Google Research auf: http://www.full-value-of-
search.de/

Sales Performance. Cegos Gruppe, Witten, 2010

Schmäh, Marco: Projektbericht: Forschungsprojekt
VertriebsIntelligenz® 2010 (Teil I). ESB Business School
Reutlingen Universität / go!Akademie für Führung und
Vertrieb AG; erhältlich über die Buhr & Team AG,
Düsseldorf

Schüller, Anne M.: Touchpoint-Barcamp – Eine neue Form von Mitarbeiter-Großgruppenveranstaltung, 14. Juni 2015. http://www.managementportal.de/artikel/ fachbeitraege/25-corporate-culture/522-touchpoint-barcamp-eine-neue-form-von-mitarbeiter-grossgruppen-veranstaltung.html

Seidenglanz, René / Nachtwei, Jens / Fischer, Annina: Der Vertriebsmanager – das geheimnisvolle Wesen. In: Profession Vertriebsmanagement. Quadriga Media, 2016. Link: https://www.researchgate.net/publication/304156533_ Profession_Vertriebsmanagement_2016 (dok. Febr. 2017)

Stepper, John über »Working Out Loud«, siehe: http:// cogneon.de/2015/06/08/working-out-loud-1-treffen-in-frankfurt-am-main/

The Aspen Institute and Booz Allen Hamilton Inc. (Hrsg.): »Deriving Value from Corporate Values«, 2005; dokumentiert: https://www.aspeninstitute.org/sites/default/ files/content/docs/bsp/VALUE%2520SURVEY%2520 FINAL.PDF (dok. Feb 2017)

Van Dick, Dirk et al.: Digital Leadership. Die Zukunft der Führung in Unternehmen. Studie, herausgegeben von CLBO, DGFP, Groß&Cie., Personalwirtschaft, o. O., 2016

YouGovPsychonomics (Hrsg.): »Mode oder Trend? Social Media im Finanzdienstleistungsmarkt«, Köln, 2011

Zenger / Folkman / Edinger: Wie außergewöhnliche Führungskräfte Gewinne verdoppeln: Der Zusammenhang zwischen Führungsqualität und Unternehmenserfolg. Dt. Fassung des Whitepapers »Double your profit«, erschienen bei Scheelen AG, Waldshut-Tiengen, 2014

Stichwortverzeichnis

Über den Autor

 Andreas Buhr, CSP. Unternehmer. Redner. Autor. Der erfolgreiche Unternehmer ist Gründer der Buhr & Team Akademie für Führung und Vertrieb AG mit Stammsitz in Düsseldorf, die europaweit mittelständische und große Unternehmen sowie internationale Konzerne in Führung und Vertrieb trainiert. Bekannt ist Andreas Buhr auch als internationaler Vortragsredner, als Trainer sowie als Herausgeber und Autor. Seit 2005 hat Andreas Buhr mehr als 30 Bücher, Hörbücher und Anthologien zu den Themen Führung und Vertrieb geschrieben und produziert.

Die Orientierung an klassischen ethischen Werten in der Führung von Unternehmen und Vertriebsmannschaften steht im Zentrum der Arbeit und vieler Veröffentlichungen von Andreas Buhr – denn bei aller Umsatzorientierung gilt: Wertschätzung bringt Wertschöpfung.

Andreas Buhr ist Initiator der Wirtschafts-Weiterbildungsinitiative WIR SIND UMSATZ® powered by Salesleaders, die seit 2010 mit dem 24-Stunden-Charity-Bildungsmarathon bereits mehr als 100 000 Menschen online erreicht hat. Andreas Buhr hat als Redner über 500 000 Menschen live begeistert.

Er ist zudem Mitveranstalter und einer der SALESLEADERS®
(www.salesleaders.de), die mit ihren Vertriebskongressen für
Teilnehmer aus Unternehmen und Wirtschaft in DACH und
auch international – wie in New York 2017 – zahlreiche Impulse setzen. 2013 bis 2015 war er amtierender Präsident der
German Speakers Association (GSA), des zweitgrößten Verbands professioneller Vortragsredner weltweit. Andreas Buhr
lebt in Düsseldorf, ist verheiratet und Vater von zwei Söhnen.

So erreichen Sie als Leserin oder Leser dieses Buches Andreas
Buhr persönlich:

a.buhr@buhr-team.com
www.andreas-buhr.com

Weitere Impulse für Ihren wirtschaftlichen Erfolg:

Buhr, Andreas
Führungsprinzipien: Worauf es bei Führung wirklich ankommt
Führung ist komplex – aber der Motor jeder unternehmerischen Entwicklung. Umso wichtiger sind Prinzipien, die Ihnen für jegliche Entscheidung ein solides Fundament bieten. Die zehn wichtigsten Führungsprinzipien bringt Erfolgsautor Andreas Buhr in seinem Praxis-ratgeber auf den Punkt. Schnörkellos, als Fazit seiner über 30-jährigen Führungserfahrung, mit vielen Tipps und Übungen.
Auch als E-Book für Kindle!

Gebundene Ausgabe
GABAL Verlag, 2016
160 Seiten
ISBN: 978-3-86936-702-6
EUR 19,90

Machen statt meckern!
Die 10 Prinzipien der Clean Leadership: Erfolgreich auf dem Weg zur Spitze
Andreas Buhr, der Experte für Führung und Vertrieb, stellt in seinem neuen Buch klar, wie wichtig Motivation und Werte wie Zuverlässig-keit, Authentizität und Nachhaltigkeit sind. Denn sie sind die Basis für Clean Leadership, also wertvolle, saubere Führung – und ohne diese Führung läuft alles aus dem Ruder! Mit lockerer Schreibe und anschaulichen Beispielen gibt Andreas Buhr seine langjährige Erfahrung als Unternehmer, Keynote Speaker und Coach an Sie weiter.

Gebundene Ausgabe
go! Live Verlag, 2015,
3. Aufl., 172 Seiten
ISBN: 978-3-981216196
EUR 19,95

Der Online-Kurs zum Erfolgsbuch!
www.machen-statt-meckern.com
Sind Sie es leid, mit ständigem Jammern und Meckern um Ihre unternehmerische Motivation gebracht zu werden?
Herausragende Führung ist heutzutage wichtiger denn je! Das Modell dafür heißt Clean Leadership: saubere, klare und wesentliche Führung. Durch Meckern geht es nicht vorwärts. Erfolg ist, was auf das erfolgt, was Sie tun! Und wie Sie es tun. Tauchen Sie tief in die Welt der Clean Leadership ein und erfahren Sie, wie Sie die beste Führungs-kraft werden, die Sie sein können.

Online-Training
www.machen-statt-meckern.com

Buhr, Andreas
Vertrieb geht heute anders.
Wie Sie den Kunden 3.0 begeistern
Bereits in der 7. Auflage ist „Vertrieb geht
heute anders" ein absoluter Bestseller bei
GABAL. Im Buch und im Hörbuch steht der neue,
kritische Kunde 3.0 mit seinen Anforderungen
und Wünschen im Zentrum – und wie Sie als
Unternehmer oder Vertriebsmitarbeiter ihn
begeistern können.

Auch in Russland und Taiwan erschienen!

Gebundene Ausgabe
GABAL Verlag, 7. Aufl.
ISBN: 978-3-86936-230-4
EUR 29,90

Hörbuch
GABAL Verlag
6 CDs im Case
ASIN: B00H8X2JJW
EUR 39,90

**auch als Hörbuch-
Download erhältlich**

Buhr, Andreas
Agiere jetzt!
7 Aktionsgesetze für mehr Erfolg im Leben
Nie wurde mehr Motivation, Wissen, Können und
Durchsetzungsvermögen im Beruf und im privaten
Alltag von Ihnen gefordert als jetzt gerade. Und
morgen? Dreht sich das Rad noch schneller. Und
damit brauchen Sie noch bessere Strategien, um die
Ziele zu erreichen, die Ihnen wichtig sind. Um bei
den richtigen Gelegenheiten Aktionskraft zu entwickeln. Um vom Opfer der Umstände zum mächti-
gen Gestalter des eigenen Lebens zu werden.

Gebundene Ausgabe
go! LiveVerlag
190 Seiten
ISBN: 978-3-981822014
EUR 19,90

Buhr, Andreas mit Müller, Wolfgang
go! Die Kunst das Leben zu meistern
Sie wollen im Leben weiterkommen, Ihre beruflichen Ziele erreichen und dabei Lebensglück
und Selbstverwirklichung erfahren? Dieses Buch
liefert Ihnen die richtige Strategie, Ihr Lebensrad
voll in Schwung zu bringen!

Broschiert
go! LiveVerlag 2016
3., aktualisierte Auflage
190 Seiten
ISBN: 978-3-9812161-2-7

Buhr, Andreas (Hg.)
Training ist der Erfolg von morgen. So bringen
Sie Ihr Unternehmen voran
Unternehmen, die in diesen turbulenten Zeiten
langfristig erfolgreich sein wollen, setzen auf
Training und sind fokussiert auf kompetente,
motivierte Mitarbeiter.
In diesem Buch verraten renommierte Experten
und die erfahrenen, internationalen Trainerin-
nen und Trainer der Buhr & Team Akademie AG
viele Tools und Strategien, damit Unternehmer
und Führungskräfte Veränderungen und Herausforderungen meistern und so den Grundstein für
Erfolge von morgen legen.

Hardcover mit Umschlag
go! LiveVerlag 2016
168 Seiten
ISBN: 978-3-981822007
EUR 19,90

Buhr, Andreas
Erfolgsfaktor hybride Beratung. Wie Sie den
Kunden 3.0 nachhaltig begeistern
Auf die neuen Kunden 3.0 müssen auch Versiche-
rungs- und Finanzdienstleister eingestellt sein,
denn in naher Zukunft werden auch Lebens- und
Berufsunfähigkeitsversicherungen sowie
andere Versicherungsprodukte vorwiegend auf
hybridem Wege abgeschlossen!

Broschiert
Wolters Kluwer
Deutschland, 2015
100 Seiten
ISBN: 978-3-896994752
EUR 10,60

Buhr, Andreas
Finanzvertrieb geht heute anders
Neue Wege für erfolgreiche Vermittler
Finanzprodukte sind weiterhin Vertrauenssache!
Das hat sich auch in Zeiten hybrider Beratung
nicht geändert – im Gegenteil! Neu sind
allerdings die Kommunikationswege und die
Anforderungen, die Ihre Kunden an Sie stellen.
Top-Referent Andreas Buhr, Experte für Führung
im Vertrieb, zeigt, wie Sie weiterhin für Ihre
Produkte begeistern können.

Broschiert
Wolters Kluwer
Deutschland, 2013
96 Seiten
ISBN: 987-3-896994363
EUR 6,95

Buhr, Andreas
Vermittler trifft Kunde.
Strategien für ein typgerechtes
Verkaufsgespräch

Taschenbuch
LexisNexis, 2010
72 Seiten
ISBN: 978-3-896994042
EUR 6,96

In diesem praktischen kleinen Handbuch zeigt Andreas Buhr als der Experte für Führung im Vertrieb aus seiner langjährigen Branchenerfahrung Strategien auf, wie sich Vertriebsmitarbeiter schnell auf die Persönlichkeit jedes einzelnen Interessenten einstellen und durch die richtige und individuell passende Produkt-Präsentation positive Gefühle beim Kunden auslösen können. Die quasi natürliche Folge: Steigerung des Vertriebserfolgs.

Trainings, Vorträge & Trainerausbildungen
- 3.0 Inhouse Akademie zu allen Aspekten von Führung und Vertrieb
- Vorträge zu den Themen „Vertrieb geht heute anders" und „Führung geht heute anders"
- Offene Seminare
- Trainerausbildung „Deine Stärken. Dein Weg."
- Weiterbildung für Führungskräfte im Verkauf

... all das finden Sie direkt bei der
Buhr & Team Akademie für Führung und Vertrieb:
info@buhr-team.com oder Tel.: 0211 – 9 66 66 45
Lassen Sie sich einfach unverbindlich sowie kostenfrei beraten!

Top-Angebote im Onlineshop
Immer neue Angebote – schauen Sie hier rein:
http://shop.buhr-team.com